目 录

第一章 环境监测的含义

第一节 环境监测的目的、分类、原则及特点

环境监测（Environmental Monitoring）是指运用化学、生物学、物理学及公共卫生学等方法，间断或连续地测定代表环境质量的指标数据，研究环境污染物的检测技术，监视环境质量变化的过程。

环境监测是环境科学的一个分支学科，是随环境问题的日益突出及科学技术的进步而产生和发展起来的，并逐步形成系统的、完整的环境监测体系。

随着工业和科学的发展，环境监测的内容也由工业污染源监测，逐步发展到对大环境的监测。监测对象不仅是影响环境质量的污染因子，还包括对生物、生态变化的监测。

为了全面、确切地表明环境污染对人群、生物的生存和生态平衡的影响程度，做出正确的环境质量评价，现代环境监测不仅要监测环境污染物的成分和含量，往往还要对其形态、结构和分布规律进行监测。

一、环境监测的目的

环境监测的目的是准确、及时、全面地反映环境质量现状及发展趋势，为环境管理、污染源控制、环境规划等提供科学依据。具体可归纳如下：①根据环境质量标准，评价环境质量；②根据污染分布情况，追踪寻找污染源，为实现监督管理、控制污染提供依据；③收集本地数据，积累长期监测资料，为研究环境容量，实施总量控制、目标管理、预测预报环境质量提供数据；④为保护人类健康，保护环境，合理使用自然资源，制定环境法规、标准、规划等服务。

二、环境监测的分类

环境监测可按其监测对象、监测性质、监测目的等进行分类。

（一）按监测对象分类

按监测对象主要可分为水质监测、空气和废气监测、土壤监测、固体废物监测、生物污染监测、声环境监测和辐射监测等。

1. 水质监测

水质监测是指对水环境（包括地表水、地下水和近海海水）、工农业生产废水和生活污水等的水质状况进行监测。

2. 空气和废气监测

空气监测是指对环境空气质量（包括室外环境空气和室内环境空气）进行的监测。废气监测是指对大气污染源（包括固定污染源和移动污染源）排放废气进行的监测。

3. 土壤监测

土壤监测包括土壤质量现状监测、土壤污染事故监测、场地监测、土壤背景值调查等。

4. 固体废物监测

固体废物监测是指对工业产生的有害固体废物、城市垃圾和农业废物中的有毒有害物质进行监测。内容包括危险废物的特性鉴别、毒性物质含量分析和固体废物处理过程中的污染控制分析。

5. 生物污染监测

生物污染监测主要是对生物体内的污染物质进行的监测。

6. 声环境监测

声环境监测是指对城市区域环境噪声、社会生活环境噪声、工业企业厂界环境噪声以及交通噪声的监测。

7. 辐射监测

辐射监测包括辐射环境质量监测、辐射污染源监测、放射性物质安全运输监测以及辐射设施退役、废物处理和辐射事故应急监测等。

（二）按监测性质分类

按监测性质可分为环境质量监测和污染源监测。

1. 环境质量监测

环境质量监测主要是监测环境中污染物的浓度大小和分布情况，以确定环境的质量状况。包括水质监测、环境空气质量监测、土壤质量监测和声环境质量监测等。

2. 污染源监测

污染源监测是指对各种污染源排放口的污染物种类和排放浓度进行的监测。包括各种

环境监测与环境治理探究

陶 玲 徐 娜 于 坤◎著

吉林科学技术出版社

图书在版编目（CIP）数据

环境监测与环境治理探究 / 陶玲，徐娜，于坤著
. -- 长春：吉林科学技术出版社，2023.6
ISBN 978-7-5744-0640-7

Ⅰ．①环… Ⅱ．①陶… ②徐… ③于… Ⅲ．①环境监
测一研究②环境综合整治一研究 Ⅳ．①X8②X3

中国国家版本馆 CIP 数据核字(2023)第 136516 号

环境监测与环境治理探究

著	陶 玲 徐 娜 于 坤
出 版 人	宛 霞
责任编辑	赵海娇
封面设计	金熙腾达
制 版	金熙腾达
幅面尺寸	185mm×260mm
开 本	16
字 数	317 千字
印 张	14
印 数	1–1500 册
版 次	2023年6月第1版
印 次	2024年2月第1次印刷

出 版	吉林科学技术出版社
发 行	吉林科学技术出版社
地 址	长春市福祉大路5788号
邮 编	130118
发行部电话/传真	0431-81629529 81629530 81629531
	81629532 81629533 81629534
储运部电话	0431-86059116
编辑部电话	0431-81629518
印 刷	三河市嵩川印刷有限公司

书 号	ISBN 978-7-5744-0640-7
定 价	84.00元

前　言

　　环境监测是准确、及时、全面地反映环境质量现状及发展趋势的技术手段，为环境科学研究、环境规划、环境影响评价、环境工程设计、环境保护管理和环境保护宏观决策等提供不可缺少的基础数据和重要信息。环境监测是环境保护工作的基础，是执行环境保护法规的依据，是污染治理及环境科学研究、规划和管理不可缺少的重要手段。

　　环境监测对现有环境做出的数据能够帮助环境的治理。首先，环境监测能够帮助环境对于其受到污染的问题提前做出相应的预防措施，从而能够阻止环境的再度恶化；其次，环境监测能够从本质上找到污染源，通过不断地预防和治理，保护环境并且构建可持续发展的环境；最后，环境监测在高科技技术的辅助下更加增强了环境保护的有效性。

　　环境监测在环境的管理以及环境污染的管理过程中具有很重要的地位，其促进作用主要从以下几个方面体现出来。其一，有针对性。环境监测是通过不同的方式对现有的环境问题进行监测，从而能够有针对地解决目前逐渐恶化的环境污染问题。其二，具有区域特征。其监测的区域主要是在工业工厂、农业生产以及日常生活等地方。环境监测通过相对准确地监测出污染物的含量分析该地区受污染的程度，从而对当地环境"对症下药"，进行有效治理。须要注意的是，在环境监测过程中，人员在监测的时候应当注重主次之分，对于一些危害力度较大的污染物进行着重检查，这样就能够帮助人员在环境治理过程中具有着重点，并且提高环境治理的效率。其三，按步骤进行。按照一定的科学步骤对环境的治理与修复进行系统的研究与分析。

　　随着新技术的不断发展，一些现代化环境治理技术投入到了环境保护的实际应用中。这些新技术可很大程度上提高环境监测与环境治理的效率，从而加快环境数据的获得，也可提高数据的全面性、直观性和精确性，为决策者的决策提供更完善的数据支持。为此，本书就针对环境监测与环境治理展开探讨。从环境监测的基础理论出发，对其大气、水、土壤、噪音监测等相关部分进行探索与研究。随着经济的发展与科学的进步，人民的生活越来越富足，生产越来越高效，然而，与之相应的环境污染问题也愈发凸显出来。在明确环境污染问题后，本文也会从不同方面对环境治理与修复作出阐述与分析。以期对实现我们美好环境的构建与城市经济的健康发展出一份力。本书适合环境监测与治理研究者使用。

（二）环境监测技术的发展

早期的环境监测技术以化学分析为主要手段，对测定对象进行间断、定时、定点、局部的分析。这种分析结果不可能适应及时、准确、全面地反映环境质量动态和污染源动态变化的要求。随着科学技术的进步，环境监测技术迅速发展，仪器分析、计算机控制等现代化手段在环境监测中得到了广泛应用。环境监测从单一的环境分析发展到物理监测、生物监测、生态监测、遥感及卫星监测，从间断性监测逐步过渡到自动连续监测。监测范围从一个点或面发展到一个城市，从一个城市发展到一个区域。一个以环境分析为基础、以物理测定为主导、以生物监测为补充的环境监测技术体系已初步形成。

进入21世纪以来，随着科技进步和环境监测的需要，环境监测在传统的化学分析技术基础上，发展高精密度、高灵敏度、痕量、超痕量分析的新仪器、新设备，同时研发了适用于特定任务的专属分析仪器。计算机在监测系统中的普遍使用，使监测结果得到了快速处理和传递，多机联用技术的广泛采用，扩大了仪器的使用效率和应用价值。

今后一段时间，在发展大型、连续自动监测系统的同时，发展小型便携式仪器和现场快速监测技术将是环境监测技术的重要发展方向。广泛采用遥测遥控技术，以逐步实现监测技术的信息化、自动化和连续化。

第三节　环境标准

环境标准是指为了保护人群健康、社会物质财富和维持生态平衡，对大气、水、土壤等环境质量，对污染源、监测方法等，按照法定程序制定和批准发布的各种环境保护标准的总称，是环境法律法规体系的有机组成部分，也是保护生态环境的基础性、技术性方法和工具。

一、环境标准的作用

环境标准对于环境保护工作具有"依据、规范、方法"三大作用，是政策、法规的具体体现，是强化环境管理的基本保证。其作用体现在以下几个方面：

（一）环境标准是执行环境保护法规的基本手段

环境标准是执行环境保护法规的基本手段，又是制定环境保护法规的重要依据。在我国已经颁布的《环境保护法》《大气污染防治法》《水污染防治法》《海洋环境保护法》

和《固体废物污染环境防治法》等法律中都规定了相关实施环境标准的条款。它们是环境保护法规原则规定的具体化，提高了执法过程的可操作性，为依法进行环境监督管理提供了手段和依据，也是一定时期内环境保护目标的具体体现。

（二）环境标准是强化环境管理的技术基础

环境标准是实施环境保护法律、法规的基本保证，是强化环境监督管理的核心。如果没有各种环境标准，法律、法规的有关规定就难以有效实施，强化环境监督管理也无实际保证。如"三同时"制度、排污申报登记制度、环境影响评价制度等都是以环境标准为基础建立并实施的。在处理环境纠纷和污染事故的过程中，环境标准是重要依据。

（三）环境标准是环境规划的定量化依据

环境标准用具体的数值来体现环境质量和污染物排放应控制的界限。环境标准中的定量化指标，是制定环境综合整治目标和污染防治措施的重要依据。依据环境标准，才能定量分析评价环境质量的优劣；依据环境标准，才能明确排污单位进行污染控制的具体要求和程度。

（四）环境标准是推动科技进步的动力

环境标准反映着科学技术与生产实践的综合成果，是社会、经济和技术不断发展的结果。应用环境标准可进行环境保护技术的筛选评价，促进无污染或少污染的先进工艺的应用，推动资源和能源的综合利用等。

此外，大量环境标准的颁布，对促进环保仪器设备以及样品采集、分析、测试和数据处理等技术方法的发展也起到了强有力的推动作用。

二、环境标准的分级和分类

环境标准体系是指根据环境标准的性质、内容和功能，以及它们之间的内在联系，将其进行分级、分类，构成一个有机统一的标准整体，其既具有一般标准体系的特点，又具有法律体系的特性。然而，世界上对环境标准没有统一的分类方法，可以按适用范围划分，按环境要素划分，也可以按标准的用途划分。应用最多的是按标准的用途划分，一般可分为环境质量标准、污染物排放标准和基础方法标准等；按标准的适用范围可分为国家标准、地方标准和环境保护行业标准；而按环境要素划分，有大气环境质量标准、水质标准和水污染控制标准、土壤环境质量标准、固体废物标准和噪声控制标准等。其中，对单项环境要素又可按不同的用途再细分，如水质标准又可分为生活饮用水卫生标准、地表水环境质量标准、地下水环境质量标准、渔业用水水质标准、农田灌溉水质标准、海水水质标准等。而环境质量标准和污染物排放标准是环境保护标准的核心组成部分，其他的监测方法、标准样品、技术规范等标准是为实施这两类标准而制定的配套技术工具。

目前我国已形成以环境质量标准和污染物排放标准为核心，以环境监测标准（环境监测方法标准、环境标准样品、环境监测技术规范）、环境基础标准（环境基础标准和标准制修订技术规范）和管理规范类标准为重要组成部分，由国家、地方两级标准构成的"两级五类"环境保护标准体系，纳入了环境保护的各要素、领域。

（一）国家环境保护标准

国家环境保护标准体现国家环境保护的有关方针、政策和规定。依据环境保护法，国务院环境保护主管部门负责制定国家环境质量标准，并根据国家环境质量标准和国家经济、技术条件，制定国家污染物排放标准。针对不同环境介质中有害成分含量、排放源污染物及其排放量制定的一系列针对性标准构成了我国的环境质量标准和污染物排放标准，环境保护法明确赋予其判别合法与否的功能，直接具有法律约束力。

环境监测标准、环境基础标准和管理规范类标准、配套质量排放标准由国务院环境保护部门履行统一监督管理环境的法定职责而具有不同程度、范围的法律约束力。国务院环境保护主管部门还负责制定监测规范，会同有关部门组织监测网络，统一规划国家环境质量监测站（点）的设置，建立监测数据共享机制，加强对环境监测的管理。相关行业、专业等各类环境质量监测站（点）的设置应当符合法律法规规定和监测规范的要求。监测机构应当使用符合国家标准的监测设备，遵守监测规范。监测机构及其负责人对监测数据的真实性和准确性负责。

同时，国家鼓励开展环境基准研究。

（二）地方环境保护标准

根据环境保护法，省、自治区、直辖市人民政府对国家环境质量标准中未作规定的项目，可以制定地方环境质量标准；对国家环境质量标准中已作规定的项目，可以制定严于国家环境质量标准的地方环境质量标准。地方环境质量标准应当报国务院环境保护主管部门备案。地方人民政府对国家污染物排放标准中未作规定的项目，可以制定地方污染物排放标准；对国家污染物排放标准中已作规定的项目，可以制定严于国家污染物排放标准的地方污染物排放标准。地方污染物排放标准应当报国务院环境保护主管部门备案。地方污染物排放标准应当参照国家污染物排放标准的体系结构制定，可以是行业型污染物排放标准和综合型污染物排放标准。

各地制定的地方标准优先于国家标准执行，体现了环境与资源管理的地方优先的管理原则。但各地除应执行各地相应标准的规定外，尚须执行国家有关环境保护的方针、政策和规定等。

国家环境保护标准尚未规定的环境监测、管理技术规范，地方可以制定试行标准，一旦相应的国家环保标准发布后这类地方标准即终止使命。地方环境质量标准和污染物排放标准中的污染物监测方法，应当采用国家环境保护标准。国家环境保护标准中尚无适用于地方环境质量标准和污染物排放标准中某种污染物的监测方法时，应当通过实验和验证，选择适用的监测方法，并将该监测方法列入地方环境质量标准或者污染物排放标准的附录。适用于该污染物监测的国家环境保护标准发布、实施后，应当按新发布的国家环境保护标准的规定实施监测。

我国现行的环境标准分为五类，下面分别简要介绍。

1. 环境质量标准

环境质量标准是为保护自然环境、人体健康和社会物质财富，对环境中有害物质和因素所做的限制性规定，而制定环境质量标准的基础是环境质量基准。所谓环境质量基准（环境基准），是指环境中污染物对特定保护对象（人或其他生物）不产生不良或者有害影响的最大剂量或浓度，是一个基于不同保护对象的多目标函数或一个范围值，如大气中 SO_2 年平均浓度超过 0.115 mg/m³ 时，对人体健康就会产生有害影响，这个浓度值就称为"大气中 SO_2 的基准"。因此，环境质量标准是衡量环境质量和制定污染物控制标准的基础，是环保政策的目标，也是环境管理的重要依据。

2. 污染物排放标准

污染物排放标准指为实现环境质量标准要求，结合技术经济条件和环境特点，对排入环境的有害物质和产生污染的各种因素所做的限制性规定。由于我国幅员辽阔，各地情况差别较大，因此不少省、市制定并报国家环境保护部门备案了相应的地方排放标准。

3. 环境基础标准

环境基础标准指在环境标准化工作范围内，对有指导意义的符号、代号、图式、量纲、导则等所做的统一规定，是制定其他环境标准的基础。

4. 环境监测标准

环境监测标准是保障环境质量标准和污染物排放标准有效实施的基础，其内容包含环境监测方法标准、环境标准样品和环境监测技术规范等。根据环境管理需求和监测技术的不断进步，以水、空气、土壤等环境要素为重点，积极鼓励采用先进的分析手段和方法，污水和废水监测，固定污染源废气监测和移动污染源排气监测，固体废物的产生、贮存、处置、利用排放点的监测以及防治污染设施运行效果监测等。

（三）按监测目的分类

1. 监视性监测

监视性监测又叫常规监测或例行监测，是对各环境要素进行定期的经常性的监测。其主要目的是确定环境质量及污染状况，评价控制措施的效果，衡量环境标准实施情况，积累监测数据。一般包括环境质量的监视性监测和污染源的监督监测，目前我国已建成了各级监视性监测网站。

2. 特定目的监测

特定目的监测又叫特例监测，具体可分为污染事故监测、仲裁监测、考核验证监测和咨询服务监测等。

（1）污染事故监测

污染事故发生时，及时进行现场追踪监测，确定污染程度、危害范围和大小、污染物种类、扩散方向和速度，查明污染发生的原因，为控制污染提供科学依据。

（2）仲裁监测

主要解决污染事故纠纷，对执行环境法规过程中产生的矛盾进行裁定。纠纷仲裁监测由国家指定的具有权威的监测部门进行，以提供具有法律效力的数据作为仲裁凭据。

（3）考核验证监测

主要是对环境管理制度和措施实施考核。其包括人员考核、方法验证、新建项目的环境考核评价、污染治理后的验收监测等。

（4）咨询服务监测

主要是为环境管理、工程治理等部门提供服务，以满足社会各部门、科研机构和生产单位的需要。

3. 研究性监测

研究性监测又称科研监测，属于高层次、高水平、技术比较复杂的一种监测，通常由多个部门、多个学科协作共同完成。其任务是研究污染物或新污染物自污染源排出后，迁移变化的趋势和规律，以及污染物对人体和生物体的危害及影响程度。包括标准方法研制监测、污染规律研究监测、背景调查监测以及综合评价监测等。

此外，按监测方法的原理又可分为化学监测、物理监测、生态监测等；按监测技术的手段可以分为手工监测和自动监测等；按专业部门分类可以分为气象监测、卫生监测、资源监测等。

三、环境监测的原则

在环境监测中，由于人力、监测手段、经济条件、仪器设备等限制，不可能无选择地监测分析所有的污染物，应根据需要和可能，坚持以下原则：

（一）选择监测对象的原则

①在实地调查的基础上，针对污染物的性质（如物化性质、毒性、扩散性等），选择那些毒性大、危害严重、影响范围广的污染物。②对选择的污染物必须有可靠的测试手段和有效的分析方法，从而保证能获得准确、可靠、有代表性的数据。③对监测数据能做出正确的解释和判断。如果该监测数据既无标准可循，又不能了解对人体健康和生物的影响，会使监测工作陷入盲目的地步。

（二）优先监测的原则

需要监测的项目往往很多，但不可能同时进行，必须坚持优先监测的原则。对影响范围广的污染物要优先监测，燃煤污染、汽车尾气污染是全世界的问题，许多公害事件就是由它们造成的。因此，目前在大气中要优先监测的项目有二氧化硫、氮氧化物、一氧化碳、臭氧、飘尘及其组分、降尘等。水质监测可根据水体功能的不同，确定优先监测项目，如饮用水源要根据饮用水标准列出的项目安排监测。对于那些具有潜在危险，并且污染趋势有可能上升的项目，也应列入优先监测。

四、环境监测的特点

环境监测涉及的知识面、专业面宽，它不仅需要有坚实的化学分析基础，而且还需要有足够的物理学、生物学、生态学和工程学等多方面的知识。在做环境质量调查或鉴定时，环境监测也不能回避社会性问题，必须考虑一定的社会评价因素。因此，环境监测具有多学科性、边缘性、综合性和社会性等特征。

（一）环境监测的综合性

环境监测主体包括对水体、土壤、固体废物、生物体中污染指标的监测，其中污染物种类繁多、成分复杂；监测分析则涉及化学、物理、生物、水文气象和地理学等多方面。而实施环境监测得到的数据，不只是一个个简单的孤立数据，其中还包含着大量可探究、可追踪的丰富信息。通过数据的科学处理和综合分析，可以掌握污染物的变化规律以及多种污染物之间的相互影响。因此，环境监测的综合性就体现在监测方法、监测对象以及监测数据等综合性方面。判断环境质量仅对目标污染物进行某一地点、某一时间的分析测试是不够的，必须对相关污染因素、环境要素在一定范围、时间和空间内进行多元素、全方位的测定，综合分析数据信息的"源"与"汇"，这样才能对环境质量做出确切、可靠的评价。

（二）环境监测的持续性

环境监测数据具有空间和时间的可比性和历史积累价值，只有在具有代表性的监测点位上持续监测才有可能揭示环境污染的发展趋势和发展轨迹。因此，在环境监测方案的制订、实施和管理过程中应尽可能实施持续监测，并逐步布设监测网络，合理分布空间，提高标准化、自动化水平，积累监测数据构建数据信息库。

（三）环境监测的追踪性

环境监测数据是实施环境监管的依据，为保证监测数据的有效性，必须严格规范地制订监测方案，准确无误地实施，并全面科学地进行数据综合分析。即对环境监测全过程实施质量控制和质量保证，构建起完整的环境监测质量保证体系。

第二节 环境监测的方法、内容与含义

一、环境监测的方法与内容

环境监测的方法与技术包括采样技术、样品前处理技术、理化分析测试技术、生物监测技术、自动监测与遥感技术、数据处理技术、质量保证与质量控制技术等。它们是环境监测的基础，以根表示。环境监测的对象与内容包括水污染监测、大气污染监测、土壤污染监测、生物体污染监测、固体废物污染监测、噪声污染监测、放射性污染监测等。每一个监测对象又有各自若干监测指标及监测方法，以树枝和分枝表示。

二、环境监测技术的含义

（一）常用的环境监测技术

一般来说，环境监测技术包括采样技术、测试技术和数据处理技术。按照测试技术的不同，可将环境监测技术分为现场快速监测技术、采样后实验室分析监测技术、连续自动

监测技术和遥感监测技术；按照采样技术的不同，可以将环境监测技术分为手工采样实验室分析技术、自动采样实验室分析技术和被动式采样实验室分析技术；按照监测技术原理的不同，可以将环境监测技术分为物理监测、化学监测、生物监测和生态监测等。

1. 实验室分析技术

目前，实验室对污染物的成分、结构与形态分析主要采用化学分析法和仪器分析法。经典的化学分析法主要有容量法（Volumetric Method）和重量法（Gravimetric Method）两类，其中容量法包括酸碱滴定法、氧化还原滴定法、配位滴定法和沉淀滴定法。化学分析法因其准确度高、所需仪器设备简单、分析成本低，所以仍被广泛采用。仪器分析法是以物理和化学分析法为基础的分析方法，主要分为光谱分析（Spectrometric Analysis）、电化学分析（ElectrochemLcal Analysis）、色谱分析（Chromatographic Analysis）、质谱法（Mass Spectrometry）、核磁共振波谱法（Nuclear Magnetic Resonance Spectroscopy）、流动注射分析（Flow Injection Analysis）以及分析仪器联用技术。光谱分析法常见的有可见分光光度法、紫外分光光度法、红外分光光度法、原子吸收光谱法、原子发射光谱法、原子荧光光谱法、X射线荧光光谱法和化学发光法等；电化学分析法常见的有电导分析法、电位分析法、电解分析法、极谱法、库仑法等；色谱分析法包括气相色谱法（GC）、高效液相色谱法（HPLC）、离子色谱法（IC）、超临界流体色谱法（SFC）以及薄层色谱法（TLC）等；分析仪器联用技术常见的有气相色谱-质谱（GC-MS）联用技术、液相色谱-质谱（LC-MS）联用技术等。

2. 现场快速监测技术

现场快速监测技术主要有试纸法、速测管法、化学测试组件法及便携式分析仪器测试法等。现场快速监测技术主要用来进行污染事故的应急监测。

3. 连续自动监测技术

连续自动监测技术是以在线自动分析仪器为核心，运用自动采样、自动测量、自动控制、数据处理和传输等现代技术，对环境质量或污染源进行24小时连续监测。目前，其应用于地表水水质连续自动监测、污水连续自动监测、环境空气质量连续自动监测、固定污染源烟气排放连续自动监测、大气酸沉降连续自动监测、沙尘暴连续自动监测等。

4. 生物监测技术

生物监测技术就是利用植物、动物在污染环境中产生的反应信息来判断环境质量的方法。其常采用的手段包括：生物体污染物含量的测定，观察生物体在环境中的受害症状，生物的生理生化反应，生物群落结构和种类变化，等等。

分步有序地完善该类标准的制定和修订，实验室验证工作还须同步进行，同时力求提高环境监测方法的自动化和信息化水平。

5. 环境管理类标准

结合环境管理需求，根据环境保护标准体系的特点，建立形成了管理规范类标准，为环境管理各项工作提供全面支撑。这类标准包括：建设项目和规划环境影响评价、饮用水源地保护、化学品环境管理、生态保护、环境应急与风险防范等各类环境管理规范类标准，还包含各类环境标准的实施机制与评估方法等，对现行各类管理规范类标准进行必要的制定和修订；通过及时掌握各行业先进技术动态与发展趋势，并参与全球环境保护技术法规相关工作等，不断推进我国环境保护标准与国际相关标准的接轨。

三、制定环境标准的原则

制定环境标准要体现国家关于环境保护的方针、政策和符合我国国情，使标准的依据和采用的技术措施实现技术先进、经济合理、切实可行，力求获得最佳的环境效益、经济效益和社会效益。

（一）遵循法律依据和科学规律

以国家环境保护方针、政策、法律、法规及有关规章为依据，以保护人体健康和改善环境质量为目标，以促进环境效益、经济效益和社会效益三者的统一为基础，制定环境标准。环境标准的科学性体现在设置标准内容有科学实验和实践的依据，具有重复性和再现性，能够通过交叉实验验证结果。如环境质量标准的制定则是依据环境基准研究和环境状况调查的结果，包括环境中污染物含量对人体健康和生态环境的"剂量-效应"关系研究，以及对环境中污染物分布情况和发展趋势的调查分析。

（二）区别对待原则

制定环境标准要具体分析环境功能、企业类型和污染物危害程度等不同因素，区别对待，宽严有别。按照环境功能不同，对自然保护区、饮用水源保护区等特殊功能环境，标准必须严格，对一般功能环境，标准限制相对宽些。按照污染物危害程度不同，标准的宽严也不一，对剧毒物要从严控制，而制定污染物排放标准则是以环境保护优化经济增长为原则，依据环境容量和产业政策的要求，确定标准的适用范围和控制项目，并对标准中的排放限值进行成本效益分析。

（三）适用性与可行性原则

制定环境标准，既要根据生物生存和发展的需要，同时还要考虑到经济合理、技术可行；而适用性则要求标准的内容有针对性，能够解决实际问题，实施标准能够获得预期的效益。这两点都要求从实际出发做到切实可行，要对社会为执行标准所花的总费用和收到的总效益进行"费用-效益"分析，寻求一个既能满足人群健康和维护生态平衡的要求，又使防治费用最小，能在近期内实现的环境标准。如制定的污染物排放标准并不是越严越好，必须考虑产业政策允许、技术上可达、经济上可行，体现的是在特定环境条件下各排污单位均应达到的基本排放控制水平。

（四）协调性与适应性原则

协调性要求各类标准的内容协调，没有冲突和矛盾。同时，要求各个标准的内容完整、健全，体系中的相关标准能够衔接与配合，如质量标准与排放标准、排放标准与收费标准、国内标准与国际标准之间应该体现相互协调和相互配套，使相关部门的执法工作有法可依，共同促进。

（五）国际标准和其他国家或国际组织相关标准的借鉴

一个国家的标准能够综合反映国家的技术、经济和管理水平。在国家标准的制定、修改或更新时，积极逐步采用或等效采用国际标准必然会促进我国环境监测水平的提高。逐步做到环境保护基础标准和通用方法标准与国际相关标准的统一，也可以避免国际合作等过程中执行标准时可能产生的责任不明确事件的发生。

（六）时效性原则

环境标准不是一成不变的，它与一定时期的技术经济水平以及环境污染与破坏的状况相适应，并随着技术经济的发展、环境保护要求的提高、环境监测技术的不断进步及仪器普及程度的提高须进行及时调整或更新，通常几年修订一次。修订时，每一标准的标准号不变，变化的只是标准的年号和内容。

第二章　水和废水检测

第一节　水质监测方案的制订

一、地表水监测方案的制订

（一）基础资料的调查和收集

在制订监测方案之前，应尽可能完备地收集欲监测水体及所在区域的有关资料，主要有以下几方面：

第一，水体的水文、气候、地质和地貌资料。如水位、水量、流速及流向的变化；降雨量、蒸发量及历史上的水情；河流的宽度、深度、河床结构及地质状况；湖泊沉积物的特性、间温层分布、等深线等。

第二，水体沿岸城市分布、工业布局、污染源及其排污情况、城市给排水情况等。

第三，水体沿岸的资源现状和水资源的用途；饮用水源分布和重点水源保护区；水体流域土地功能及近期使用计划等。

第四，历年的水质监测资料等。

（二）监测断面和采样点的设置

1. 河流监测断面和采样点设置

对于江、河水系或某一个河段，水系的两岸必定遍布很多城市和工厂企业，由此排放的城市生活污水和工业污水成为该水系受纳污染物的主要来源，因此要求设置四种断面，即对照断面、控制断面、消减断面和背景断面。

（1）对照断面

具有判断水体污染程度的参比和对照作用或提供本底值的断面。它是为了解流入监测河段前的水体水质状况而设置。这种断面应设在河流进入城市或工业区以前的地方。设置这种断面必须避开各种污水的排污口或回流处。常设在所有污染源上游处，如排污口上游

100～500m处，一般一个河段只设一个对照断面（有主要支流时可酌情增加）。

（2）控制断面

为及时掌握受污染水体的现状和变化动态，进而进行污染控制而设置的断面。这类断面应设在排污区下游，较大支流汇入前的河口处；湖泊或水库的出入河口及重要河流入海口处；国际河流出入国境交界处及有特殊要求的其他河段（如临近城市饮水水源地、水产资源丰富区、自然保护区、与水源有关的地方病发病区等）。控制断面一般设在排污口下游500～1000m处。断面数目应根据城市工业布局和排污口分布情况而定。

（3）消减断面

当工业污水或生活污水在水体内流经一定距离而达到（河段范围）最大限度混合时，其污染状况明显减缓的断面。这种断面常设在城市或工业区最后一个排污口下游1500m以外的河段上。

（4）背景断面

当对一个完整水体进行污染监测或评价时，须设置背景断面。对于一条河流的局部河段来说，通常只设对照断面而不设背景断面。背景断面一般设置在河流上游不受污染的河段处或接近河流源头处，尽可能远离工业区、城市居民密集区和主要交通线以及农药和化肥施用区。通过对背景断面的水质监测，可获得该河流水质的背景值。

在设置监测断面后，应先根据水面宽度确定断面上的采样垂线，然后再根据采样垂线的深度确定采样点数目和位置。一般是当河面水宽小于50m时，设一条中泓垂线；当河面水宽为50～100m时，在左右近岸有明显水流处各设一条垂线；当河面水宽为100～1000m时，设左、中、右三条垂线；河面水宽大于1500m时，至少设五条等距离垂线。每一条垂线上，当水深小于或等于5m时，只在水面下2.3～2.5m处设一个采样点；水深5～10m时，在水面下2.3～2.5m处和河底以上约2.5m处各设1个采样点；水深10～50m时，要设三个采样点，水面下2.3～2.5m处一点，河底以上约2.5m处一点，1/2水深处一点；水深超过50m时，应酌情增加采样点个数。

监测断面和采样点位置确定后，应立即设立标志物。每次采样时以标志物为准，在同一位置上采样，以保证样品的代表性。

2. 湖泊、水库中监测断面和采样点的设置

湖泊、水库监测断面设置前，应先判断湖泊、水库是单一水体还是复杂水体，考虑汇入湖、库的河流数量、水体径流量、季节变化及动态变化、沿岸污染源分布等，然后按以下原则设置监测断面。

①在进出湖、库的河流汇合处设监测断面。

②以功能区为中心（如城市和工厂的排污口、饮用水源、风景游览区、排灌站等），在其辐射线上设置弧形监测断面。

③在湖库中心，深、浅水区，滞流区，不同鱼类的洄游产卵区，水生生物经济区等设置监测断面。

湖、库采样点的位置与河流相同。但由于湖、库深度不同，会形成不同水温层，此时应先测量不同深度的水温、溶解氧等，确定水层情况后，再确定垂线上采样点的位置。位置确定后，同样须要设立标志物，以保证每次采样在同一位置上。

（三）采样时间和频率的确定

为使采取的水样具有代表性，能反映水质在时间和空间上的变化规律，必须确定合理的采样时间和采样频率。一般原则如下：

第一，对较大水系干流和中、小河流，全年采样不少于 6 次，采样时间分为丰水期枯水期和平水期，每期采样两次；

第二，流经城市、工矿企业、旅游区等的水源每年采样不少于 12 次；

第三，底泥在枯水期采样一次；

第四，背景断面每年采样一次。

二、地下水监测方案的制订

（一）基础资料的调查和收集

第一，收集、汇总监测区域的水文、地质、气象等方面的有关资料和以往的监测资料。例如，地质图、剖面图、测绘图、水井的成套参数、含水层、地下水补给、径流和流向，以及温度、湿度、降水量等。

第二，调查监测区域内城市发展、工业分布、资源开发和土地利用情况，尤其是地下工程规模、应用等；了解化肥和农药的施用面积和施用量；查清污水灌溉、排污、纳污和地表水污染现状。

第三，测量或查知水位、水深，以确定采水器和泵的类型、所需费用和采样程序。

第四，在完成以上调查的基础上，确定主要污染源和污染物，并根据地区特点与地下水的主要类型把地下水分成若干个水文地质单元。

（二）采样点的设置

第一，地下水背景值采样点的确定。采样点应设在污染区外，如须查明污染状况，可贯穿含水层的整个饱和层，在垂直于地下水流方向的上方设置。

第二，受污染地下水采样点的确定。对于作为应用水源的地下水，现有水井常被用作日常监测水质的现成采样点。当地下水受到污染需要研究其受污情况时，则常需设置新的采样点。例如，在与河道相邻近地区新建了一个占地面积不太大的垃圾堆场的情况下，为了监测垃圾中污染物随径流渗入地下，并被地下水挟带转入河流的状况，应设置地下水监测井。如渗透性较大，污染物会在此水区形成一个条状的污染带，那么监测井位置应处在污染带内。

一般地下水采样时应在液面下 2.3~2.5m 处采样，若有间温层，可按具体情况分层采样。

（三）采样时间和频率的确定

采样时间与频率一般是：每年应在丰水期和枯水期分别采样检验一次，12 天后再采检一次，可作为监测数据报出。

三、水污染源监测方案的制订

（一）基础资料的调查和收集

1. 调查污水的类型

工业废水、生活污水、医院污水的性质和组成十分复杂，它们是造成水体污染的主要原因。根据监测的任务，首先须要了解污染源所产生的污水类型。工业废水、生活污水、医院污水等所生成的污染物具有较大的差别。相对而言，工业污水往往是我们监测的重点，这是由于工业用水不仅在数量上而且在污染物的浓度上都是比较大的。

工业废水可分为物理污染污水、化学污染污水、生物及生物化学污染污水三种主要类型以及混合污染污水。

2. 调查污水的排放量

对于工业废水，可通过对生产工艺的调查，计算出排放水量并确定需要监测的项目；对于生活污水和医院污水则可在排水口安装流量计或自动监测装置进行排放量的计算和统计。

3. 调查污水的排污去向

调查内容有：①车间、工厂、医院或地区的排污口数量和位置；②直接排入还是通过渠道排入江、河、湖、库、海中，是否有排放渗坑。

（二）采样点的设置

1. 工业废水源采样点的确定

①含汞、镉、总铬、砷、铅、苯并芘等第一类污染物的污水，不分行业或排放方式，一律在车间或车间处理设施的排出口设置采样点。

②含酸、碱、悬浮物、生化需氧量、硫化物、氟化物等第二类污染物的污水，应在排污单位的污水出口处设采样点。

③有处理设施的工厂，应在处理设施的排放口设点。为对比处理效果，在处理设施的进水口也可设采样点，同时采样分析。

④在排污渠道上，选择道直、水流稳定、上游无污水流入的地点设点采样。

⑤在排水管道或渠道中流动的污水，因为管道壁的滞留作用，使同一断面的不同部位流速和浓度都有变化，所以可在水面下 1/4～1/2 处采样，作为代表平均浓度水样采集。

2. 综合排污口和排污渠道采样点的确定

①在一个城市的主要排污口或总排污口设点采样。

②在污水处理厂的污水进出口处设点采样。

③在污水泵站的进水和安全溢流口处布点采样。

④在市政排污管线的入水处布点采样。

（三）采样时间和频率的确定

工业废水的污染物含量和排放量常随工艺条件及开工率的不同而有很大差异，故采样时间、周期和频率的选择是一个比较复杂的问题。

一般情况下，可在一个生产周期内每隔 0.5h 或 1h 采样 1 次，将其混合后测定污染物的平均值。如果取几个生产周期（如 3～5 个周期）的污水样监测，可每隔 2h 取样 1 次。对于排污情况复杂、浓度变化大的污水，采样时间间隔要缩短，有时需要 5～10min 采样 1 次，这种情况最好使用连续自动采样装置。对于水质和水量变化比较稳定或排放规律性较好的污水，待找出污染物浓度在生产周期内的变化规律后，采样频率可大大降低，如每月采样测定 2 次。

城市排污管道大多数受纳 10 个以上工厂排放的污水，由于在管道内污水已进行了混合，故在管道出水口，可每隔 1h 采样 1 次，连续采集 8h；也可连续采集 24h，然后将其混合制成混合样，测定各污染组分的平均浓度。

我国《地表水和污水监测技术规范》中对向国家直接报送数据的污水排放源规定：工

业废水每年采样监测 2~4 次；生活污水每年采样监测 2 次，春、夏季各 1 次；医院污水每年采样监测 4 次，每季度 1 次。

第二节　水样的采集、保存和预处理

一、水样的采集

（一）采样设备

采集表层水样，可用桶、瓶等容器直接采集。目前我国已经生产出不同类型的水质监测采样器，如单层采水器、直立式采水器、深层采水器、连续自动定时采水器等，广泛用于废水和污水采样。

常用的简易采水器，是一个装在金属框内用绳吊起的玻璃瓶或塑料瓶，框底装有重锤，瓶口有塞，用绳系牢，绳上标有高度。采样时，将采样瓶降至预定深度，将细绳上提打开瓶塞，水样即流入并充满采样瓶，然后用塞子塞住。

急流采水器适于采集地段流量大、水层深的水样。它是将一根长钢管固定在铁框上，钢管是空心的，管内装橡皮管，管上部的橡皮管用铁夹夹紧，下部的橡皮管与瓶塞上的短玻璃管相接，橡皮塞上另有一长玻璃管直通至样瓶底部。采集水样前，须将采样瓶的橡皮塞子塞紧，然后沿船身垂直方向伸入特定水深处，打开铁夹，水样即沿长玻璃管流入样瓶中。此种采水器是隔绝空气采样，可供溶解氧测定。

此外还有各种深层采水器和自动采水器。

沉积物采样分表层沉积物采样和柱状沉积物采样。表层沉积物采样是用各种掘式和抓式采样器，用手动绞车或电动绞车进行采样；柱状沉积物采样是采用各种管状或筒状的采样器，利用自身重力或通过人工锤击，将管子压入沉积物中直至所需深度，然后将管子提取上来，用通条将管中的柱状沉积物样品压出。

（二）盛样容器

采集和盛装水样或底质样品的容器要求材质化学稳定性好，保证水样各组分在贮存期内不与容器发生反应，能够抵御环境温度从高温到严寒的变化，抗震，大小、形状和重量适宜，能严密封口并容易打开，容易清洗并可反复使用。常用材料有高压聚乙烯塑料（以 P 表示）、一般玻璃（C）和硬质玻璃或硼硅玻璃（BC）。不同监测项目水样容器应采用适

环境监测与环境治理探究

当的材料。

水质监测，尤其是进行痕量组分测定时，常常因容器污染造成误差。为减少器壁溶出物对水样的污染和器壁吸附现象，须注意容器的洗涤方法。应先用水和洗涤剂洗净，用自来水冲洗后备用。常用洗涤法是用重铬酸钾－硫酸洗液浸泡，然后用自来水冲洗和蒸馏水荡洗；用于盛装重金属监测样品的容器，须用10%硝酸或盐酸浸泡数小时，再用自来水冲洗，最后用蒸馏水洗净。容器的洗涤还与监测对象有关，洗涤容器时要考虑到监测对象。如测硫酸盐和铬时，容器不能用重铬酸钾－硫酸洗液；测磷酸盐时不能用含磷洗涤剂；测汞时容器洗净后尚须用1+3硝酸浸泡数小时。

（三）采样方法

第一，在河流、湖泊、水库及海洋采样应有专用监测船或采样船，如无条件也可用手划或机动的小船。如果位置合适，可在桥或坎上采样。较浅的河流和近岸水浅的采样点可以涉水采样。采样容器口应迎着水流方向，采样后立即加盖塞紧，避免接触空气，并避光保存。深层水的采集，可用抽吸泵采样，利用船等行驶至特定采样点，将采水管沉降至规定的深度，用泵抽取水样即可。采集底层水样时，切勿搅动沉积层。

第二，采集自来水或从机井采样时，应先放水数分钟，使积留在水管中的杂质及陈旧水排除后再取样。采样器和塞子须用采集水样洗涤3次。对于自喷泉水，在涌水口处直接采样。

第三，从浅埋排水管、沟道中采集废（污）水，用采样容器直接采集。对埋层较深的排水管、沟道，可用深层采水器或固定在负重架内的采样容器，沉入检测井内采样。

第四，采用自动采水器可自动采集瞬时水样和混合水样。当废（污）水排放量和水质较稳定时，可采集瞬时水样；当排放量较稳定，水质不稳定时，可采集时间等比例水样；当二者都不稳定时，必须采集流量等比例水样。

（四）水样采集量和现场记录

水样采集量根据监测项目确定，不同的监测项目对水样的用量和保存条件有不同的要求，所以采样量必须按照各个监测项目的实际情况分别计算，再适当增加20%～30%。底质采样量通常为1～2kg。

采样完成并加好保存剂后，要贴上样品标签或在水样说明书上做好详细记录，记录内容包括采样现场描述与现场测定项目两部分。采样现场描述的内容包括：样品名称、编号、采样断面、采样点、添加保存剂种类和数量、监测项目、采样者、登记者、采样日期和时间、气象参数（气温、气压、风向、风速、相对湿度）、流速、流量等。水样采集后，对有条件进行现场监测的项目进行现场监测和描述，如水温、色度、臭味、pH、电导率、溶解氧、透明度、氧化还原电位等，以防变化。

二、流量的测量

（一）流速仪法

使用流速仪可直接测量河流或废（污）水的流量。流速仪法通过测量河流或排污渠道的过水截面积，以流速仪测量水流速，从而计算水流量。流速仪法测量范围较宽，多数用于较宽的河流或渠道的流量测量。测量时须根据河流或渠道深度和宽度确定垂直测点数和水平测点数。流速仪有多种规格，常用的有旋杯式和旋桨式两种，测量时将仪器放到规定的水深处，按照仪器说明书要求操作。

（二）浮标法

浮标法是一种粗略测量小型河、渠中水流速的简易方法。测量时选取一平直河段，测量该河段 2m 间距内起点、中点和终点 3 个过水横断面面积，求出其平均横断面面积。在上游河段投入浮标（如木棒、泡沫塑料、小塑料瓶等），测量浮标流经确定河段（ L ）所需要的时间，重复测量多次，求出所需时间的平均值（ t ），即可计算出流速（ L/t ），进而可按下式计算流量：

$$Q = K \times \bar{v} \times S \tag{2-1}$$

式中 Q ——水流量，m^3/s；

$\bar{v}$ ——浮标平均流速，m/s，等于 L/t；

S ——过水横断面面积，m^2；

K ——浮标系数，与空气阻力、断面上流速分布的均匀性有关，一般须用流速仪对照标定，其范围为 0.84~0.90。

（三）容积法

容积法是将污水接入已知容量的容器中，测定其充满容器所需时间，从而计算污水流量的方法。本法简单易行，测量精度较高，适用于污水量较小的连续或间歇排放的污水。但溢流口与受纳水体应有适当落差或能用导水管形成落差。

（四）溢流堰法

溢流堰法适用于不规则的污水沟、污水渠中水流量的测量。该法是用三角形或矩形、梯形堰板拦住水流，形成溢流堰，测量堰板前后水头和水位，计算流量。流量计算公式如下：

$$Q = Kh^{5/2} \tag{2-2}$$

$$K = 1.354 + \frac{0.04}{h} + \left(0.14 + \frac{0.2}{\sqrt{D}}\right)\left(\frac{h}{B} - 0.09\right)^2 \tag{2-3}$$

式中　Q ——水流量，m^3/s；

h ——过堰水头高度，m；

K ——流量系数；

D ——从水流底至堰缘的高度，m；

B ——堰上游水流高度，m。

在下述条件下，上式误差 $< \pm 1.4\%$。

$0.5m \leqslant B \leqslant 1.2m$

$0.1m \leqslant D \leqslant 0.75m$

$0.07m \leqslant h \leqslant 0.26m$

$h \leqslant \dfrac{B}{3}$

三、水样的运输与保存

（一）样品的运输

水样采集后，应尽快送到实验室分析测定。通常情况下，水样运输时间不超过24h。在运输过程中应注意：装箱前应将水样容器内外盖盖紧，对盛水样的玻璃磨口瓶应用聚乙烯薄膜覆盖瓶口，并用细绳将瓶塞与瓶颈系紧；装箱时用泡沫塑料或波纹纸板垫底和间隔防震；需冷藏的样品，应采取制冷保存措施；冬季应采取保温措施，以免冻裂样品瓶。

（二）样品的保存

水样在存放过程中，可能会发生一系列理化性质的变化。由于生物的代谢活动，会使水样的pH、溶解氧、生化需氧量、二氧化碳、碱度、硬度、磷酸盐、硫酸盐、硝酸盐和某些有机化合物的浓度发生变化；由于化学作用，测定组分可能被氧化或还原。如六价铬在酸性条件下易被还原为三价铬，余氯可能被还原变为氯化物，硫化物、亚硫酸盐、亚铁、碘化物和氰化物可能因氧化而损失；由于物理作用，测定组分会被吸附在容器壁上或悬浮颗粒物的表面上，如金属离子可能与玻璃器壁发生吸附和离子交换，溶解的气体可能损失或增加，某些有机化合物易挥发损失等。为了避免或减少水样的组分在存放过程中的变化和损失，部分项目要在现场测定。不能尽快分析时，应根据不同监测项目的要求，放在性能稳定的材料制成的容器中，采取适宜的保存措施。

为了减缓水样在存放过程中的生物作用、化合物的水解和氧化还原作用及挥发和吸附作用，须对水样采取适宜的保存措施。包括：①选择适当材料的容器；②控制溶液的 pH；③加入化学试剂抑制氧化还原反应和生化反应；④冷藏或冷冻以降低细菌活性和化学反应速率。

四、水样的预处理

（一）水样的消解

当对含有机物的水样中的无机元素进行测定时，须对水样进行消解处理。消解处理的目的是破坏有机物、溶解颗粒物，并将各种价态的待测元素氧化成单一高价态或转变成易于分离的无机化合物。消解主要有湿式消解法和干灰化法两种。消解后的水样应清澈、透明、无沉淀。

1. 湿式消解法

（1）硝酸消解法

对于较清洁的水样，可用此法。具体方法是：取混匀的水样 50～200mL 于锥形瓶中，加入 5～10mL 浓硝酸，在电热板上加热煮沸，缓慢蒸发至小体积，试液应清澈透明，呈浅色或无色，否则，应补加少许硝酸继续消解。蒸至近干时，取下锥形瓶，稍冷却后加 2% HNO_3（或 HCl）20mL，温热溶解可溶盐。若有沉淀，应过滤，滤液冷却至室温后于 50mL 容量瓶中定容，备用。

（2）硝酸-硫酸消解法

这两种酸都是强氧化性酸，其中硝酸沸点低（83℃），而浓硫酸沸点高（338℃），两者联合使用，可大大提高消解温度和消解效果，应用广泛。常用的硝酸与硫酸的比例为5：2。消解时，先将硝酸加入水样中，加热蒸发至小体积，稍冷，再加入硫酸、硝酸，继续加热蒸发至冒大量白烟，冷却后加适量水温热溶解可溶盐。若有沉淀，应过滤，滤液冷却至室温后定容，备用。为提高消解效果，常加入少量过氧化氢。该法不适用于含易生成难溶硫酸盐组分（如铅、钡、银等元素）的水样。

（3）硝酸-高氯酸消解法

这两种酸都是强氧化性酸，联合使用可消解含难氧化有机物的水样。方法要点是：取适量水样于锥形瓶中，加 5~10mL 硝酸，在电热板上加热、消解至大部分有机物被分解。取下锥形瓶，稍冷却，再加 2~5mL 高氯酸，继续加热至开始冒白烟，如试液呈深色再补加硝酸，继续加热至冒浓厚白烟将尽，取下锥形瓶，冷却后加 2% HNO_3 溶解可溶盐。若有沉淀，应过滤，滤液冷却至室温后定容备用。因为高氯酸能与羟基化合物反应生成不稳定的高氯酸酯，有发生爆炸的危险，所以应先加入硝酸氧化水样中的羟基有机物，稍冷后再加高氯酸处理。

（4）硫酸-磷酸消解法

两种酸的沸点都比较高，其中，硫酸氧化性较强，磷酸能与一些金属离子如 Fe^{3+} 等络合，两者结合消解水样，有利于测定时消除 Fe^{3+} 等离子的干扰。

（5）硫酸-高锰酸钾消解法

该方法常用于消解测定汞的水样。高锰酸钾是强氧化剂，在中性、碱性、酸性条件下都可以氧化有机物，其氧化产物多为草酸根，但在酸性介质中还可继续氧化。消解要点是：取适量水样，加适量硫酸和 5% 高锰酸钾溶液，混匀后加热煮沸，冷却，滴加盐酸羟胺破坏过量的高锰酸钾。

（6）多元消解法

为提高消解效果，在某些情况下需要通过多种酸的配合使用，特别是在要求测定大量元素的复杂介质体系中。例如处理测定总铬废水时，须使用硫酸、磷酸和高锰酸钾消解体系。

（7）碱分解法

当酸消解法造成某些元素挥发或损失时，可采用碱分解法。即在水样中加入氢氧化钠和过氧化氢溶液，或者氨水和过氧化氢溶液，加热沸腾至近干，稍冷却后加入水或稀碱溶液温热溶解可溶盐。

（8）微波消解法

此方法主要是利用微波加热的工作原理，对水样进行激烈搅拌、充分混合和加热，能够有效提高分解速度，缩短消解时间，提高消解效率。同时，避免了待测元素的损失和可能造成的污染。

2. 干灰化法

干灰化法又称高温分解法。具体方法是：取适量水样于白瓷或石英蒸发皿中，于水浴上先蒸干，固体样品可直接放入坩埚中，然后将蒸发皿或坩埚移入马弗炉内，于 450~550℃灼烧至残渣呈灰白色，使有机物完全分解去除。取出蒸发皿，稍冷却后，用适量 2%

HNO_3（或 HC1）溶解样品灰分，过滤后滤液经定容后供分析测定。本方法不适用于处理测定易挥发组分（如砷、汞、镉、硒、锡等）的水样。

（二）水样的富集与分离

1. 挥发、蒸发和蒸馏

挥发、蒸发和蒸馏主要是利用共存组分的挥发性不同（沸点的差异）进行分离。

（1）挥发

此方法是利用某些污染组分挥发度大，或者将欲测组分转变成易挥发物质，然后用惰性气体带出而达到分离的目的。例如，汞是唯一在常温下具有显著蒸气压的金属元素，用冷原子荧光法测定水样中的汞时，先将汞离子用氯化亚锡还原为原子态汞，通入惰性气体将其带出并送入仪器测定。

（2）蒸发

蒸发一般是利用水的挥发性，将水样在水浴、油浴或沙浴上加热，使水分缓慢蒸出，而待测组分得以浓缩。该法简单易行，无须化学处理，但存在缓慢、易吸附损失的缺点。

（3）蒸馏

蒸馏分离是利用各组分的沸点及其蒸气压大小的不同实现分离的方法，分为常压蒸馏、减压蒸馏、水蒸气蒸馏、分馏法等。加热时，较易挥发的组分富集在蒸气相，通过对蒸气相进行冷凝或吸收，使挥发性组分在馏出液或吸收液中得到富集。

2. 液-液萃取法

液-液萃取也叫溶剂萃取，是基于物质在互不相溶的两种溶剂中分配系数不同，从而达到组分的富集与分离。具体分为以下两类：

（1）有机物的萃取

分散在水相中的有机物易被有机溶剂萃取，利用此原理可以富集分散在水样中的有机污染物。常用的有机溶剂有三氯甲烷、四氯甲烷、正己烷等。

（2）无机物的萃取

多数无机物质在水相中均以水合离子状态存在，无法用有机溶剂直接萃取。为实现用有机溶剂萃取，通过加入一种试剂，使其与水相中的离子态组分相结合，生成一种不带电、易溶于有机溶剂的物质。根据生成可萃取物类型的不同，可分为整合物萃取体系、离子缔合物萃取体系、三元络合物萃取体系和协同萃取体系等。在环境监测中常用的是整合物萃取体系，利用金属离子与整合剂形成疏水性的整合物后被萃取到有机相，主要应用于金属阳离子的萃取。

3. 沉淀分离法

沉淀分离法是基于溶度积原理，利用沉淀反应进行分离。在待分离试液中，加入适当的沉淀剂，在一定条件下，使欲测组分沉淀出来，或者将干扰组分析出沉淀，以达到组分分离的目的。

4. 吸附法

吸附法是利用多孔性的固体吸附剂将水中的一种或多种组分吸附于表面，以达到组分分离的目的。常用的吸附剂主要有活性炭、硅胶、氧化铝、分子筛、大孔树脂等。被吸附富集于吸附剂表面的组分可用有机溶剂或加热等方式解析出来，进行分析测定。

第三节 金属污染物的测定

一、原子吸收分光光度法测定多种金属

原子吸收分光光度法是利用某元素的基态原子对该元素的特征谱线具有选择性吸收的特性来进行定量分析的方法。按照使被测元素原子化的方式可分为火焰法、无火焰法和冷原子法三种形式。

压缩空气通过文丘里管把试液吸入原子化系统，试液被撞击为细小的雾滴随气流进入火焰。试样中各元素化合物在高温火焰中气化并解离成基态原子，这一过程称为原子化过程。此时，让从空心阴极灯发出的具有特征波长的光通过火焰，该特征光的能量相当于待测元素原子由基态提高到激发态所需的能量。因而被基态原子吸收，使光的强度发生变化，这一变化经过光电变换系统放大后在计算机上显示出来。被吸收光的强度与蒸气中基态原子浓度的关系在一定范围内符合比耳定律，因此，可以根据吸光度的大小，在相同条件下制作的标准曲线上求得被测元素的含量。

在无火焰原子吸收分光光度法中，元素的原子化是在高温的石墨管中实现的。石墨管同轴地放置在仪器的光路中，用电加热使其达到近3000℃，使置于管中的试样原子化并同时测得原子化期间的吸光度值。此法具有比火焰原子吸收法更高的灵敏度。

冷原子吸收分光光度法仅适用于常温下能以气态原子状态存在的元素，实际上只能用来测定汞蒸气，可以说是一种测汞专用的方法。

二、汞

汞及其化合物属于极毒物质。天然水中含汞极少，一般不超过 0.1μg/L。工业废水中

汞的最高允许排放浓度为 0.05mg/L。汞的测定方法有冷原子吸收法、冷原子荧光法、二硫腙分光光度法等。

（一）冷原子吸收法

汞是常温下唯一的液态金属，具有较高的蒸气压（20℃时汞的蒸气压为 0.173Pa，在 25℃时以 1L/min 流量的空气流经 10cm² 的汞表面，每 1m³ 空气中含汞约为 30mg），而且汞在空气中不易被氧化，以气态原子存在。由于汞具有上述特性，可以直接用原子吸收法在常温下测定汞，故称为冷原子吸收法。采用此法，由于可以省去原子化装置，使仪器结构简化。测定时干扰因素少，方法检出限为 0.05μg/L。冷原子吸收法测汞的专用仪器为测汞仪，光源为低压汞灯，发出汞的特征吸收波长 253.7nm 的光。

汞在污染水体中部分以有机汞，如甲基汞和二甲基汞形式存在，测总汞时须将有机物破坏，使之分解，并使汞转变为汞离子。一般用强氧化剂加以消解处理。浓硫酸-高锰酸钾可以氧化有机汞的化合物，将其中的汞转变成汞离子，然后用适当的还原剂（如氯化亚锡）将汞离子还原为汞。利用汞的强挥发性，以氮气或干燥清洁的空气作载气，将汞吹出，导入测汞仪进行原子吸收测定。

（二）冷原子荧光法

荧光是一种光致发光的现象。当低压汞灯发出的 253.7nm 的紫外线照射基态汞原子时，汞原子由基态跃迁至激发态，随即又从激发态回至基态，伴随以发射光的形式释放这部分能量，这样发射的光即为荧光。通过测量荧光强度求得汞的浓度。在较低浓度范围内，荧光强度与汞浓度成正比。冷原子荧光测汞仪与冷原子吸收测汞仪的不同之处是光电倍增管处在与光源垂直的位置上检测光强，以避免来自光源的干扰。冷原子荧光法具有更高的灵敏度，其方法检测限为 1.5ng/L。

三、砷

（一）分光光度法（光度法）

1. 二乙基二硫代氨基甲酸银光度法

此法 1952 年由 Vasak 提出。水样经前处理，以碘化钾和氯化亚锡使五价砷还原为三价砷，加入无砷锌粒，锌与酸产生的新生态氢使三价砷还原成气态砷化氢。用二乙基二硫代氨基甲酸银（AgDTC）的吡啶溶液吸收分离出来的砷化氢，吸收的砷化氢将银盐还原为单质银，这种单质银是颗粒极细的胶态银，分散在溶剂中呈棕红色，借此作为光度法测定砷的依据。显色反应为：

$$AsH_3 + 6AgDDTC \rightarrow 6Ag + 3HDDTC + As\,(DDTC)_3$$

吡啶在体系中有两种作用：As（DTC）$_3$为水不溶性化合物，吡啶既作为溶剂，又能与显色反应中生成的游离酸结合成盐，有利于显色反应进行得更完全。但是，由于吡啶易挥发，其气味难闻，后来改用AgDTC–三乙醇胺–氯仿作为吸收显色体系。在此，三乙醇胺作为有机碱与游离酸结合成盐，氯仿作为有机溶剂。本法选择在波长510nm下测定吸光度。取50mL水样，最低检出浓度为7ug/L。

2. 新银盐光度法

硼氢化钾（或硼氢化钠）在酸性溶液中，产生新生态的氢，将水中无机砷还原成砷化氢气体。以硝酸–硝酸银–聚乙烯醇–乙醇为吸收液，砷化氢将吸收液中的银离子还原成单质胶态银，使溶液呈黄色，颜色强度与生成氢化物的量成正比。黄色溶液在400nm处有最大吸收。颜色在2h内无明显变化（20℃以下）。化学反应如下：

$$BH_4^- + FH + 3H_2O \rightarrow 8[H] + H_3BO_3$$

$$As^{3+} + 3[H] \rightarrow AsH_3 \uparrow$$

$$6\,Ag^+ + ASH_3 + 3H_2O \rightarrow 6Ag + H_3AsO_3 + 6H^+$$

聚乙烯醇在体系中的作用是作为分散剂，使胶体银保持分散状态。乙醇作为溶剂。此法测定的精密度高，根据四个地区不同实验室测定，相对标准偏差为1.9%，平均加标回收率为98%。此法反应时间只需几分钟，而AgDC法则需1h左右。此法对砷的测定具有较好的选择性，但在反应中能生成与砷化氢类似氢化物的其他离子有正干扰，如锑、铋、锡、锗等；能被氢还原的金属离子有负干扰，如镍、钴、铁、锰、镉等；常见阴阳离子没有干扰。

在含2ug砷的250mL试样中加入0.15mol/L的酒石酸溶液20mL，可消除为砷量800倍的铝、锰、锌、镉，200倍的铁，80倍的镍、钴，30倍的铜，2.5倍的锡（Ⅳ），1倍的锡（Ⅱ）的干扰。用浸渍二甲基甲酰胺（DMF）脱脂棉可消除为砷量2.5倍的锑、铋和0.5倍的锗的干扰。用乙酸铅棉可消除硫化物的干扰。水体中含量较低的硫、硒对本法无影响。

（二）氢化物原子吸收法

硼氢化钾或硼氢化钠在酸性溶液中，产生新生态氢，将水样中无机砷还原成砷化氢气体，将其用N$_2$气载入石英管中，以电加热方式使石英管升温至900~1000℃。砷化氢在此温度下被分解形成砷原子蒸气，对来自砷光源的特征电磁辐射产生吸收。将测得水样中砷的吸光度值和标准吸光度值进行比较，确定水样中砷的含量。原子吸收光谱仪一般带有氢化物发生与测定装置作为附件供选择购置，一般装置的检出限为 0.25ug/L。

四、铬

铬的主要污染源是电镀、制革、冶炼等工业排放的污水。它以三价铬离子和铬酸根离子形式存在。微量的三价铬是生物体必需的元素，但超过一定浓度也有危害。六价铬的毒性强，且更易为人体吸收，因此被列为优先监测的项目之一。

铬的测定可用多种方法：原子吸收分光光度法可用来直接测定三价铬和六价铬的总量；含高浓度铬酸根的污水可用滴定法测定；在多种测定铬的光度法中，二苯碳酰二肼光度法对铬（V）的测定几乎是专属的，能分别测定两种价态的铬。

二苯碳酰二肼，又名二苯氨基脲、二苯卡巴肼。白色或淡橙色粉末，易溶于乙醇和丙酮等有机溶剂。试剂配成溶液后，易氧化变质，稳定性不好，应在冰箱中保存。

二苯碳酰二肼测定铬是基于与铬（IV）发生的显色反应，共存的铬（III）不参与反应。铬（IV）与试剂反应生成红紫色的络合物，其最大吸收波长为 540nm。其具有较高的灵敏度（$\varepsilon=4\times10^4$），最低检出浓度为 4ug/L。水样经高锰酸钾氧化后测得的是总铬，未经氧化测得的是 Cr（IV），将总铬减 Cr（IV），即得 Cr（III）。

第四节　非金属无机物的测定

一、亚硝酸盐

亚硝酸盐（NO2-N）是含氮化合物分解过程中的中间产物，它是有机污染的标志之一。亚硝酸盐极不稳定，可被氧化为硝酸盐，也可被还原为氨氮。因为在硝化过程中，由 NH_3 转化为 NO_2^- 过程比较缓慢，而由 NO_2^- 转化成 NO_3^- 比较快速，所以亚硝酸盐在天然水体中含量并不高，通常不超过 0.1mg/L。亚硝酸盐进入人体后，可使血液中正常携氧的铁血红蛋白氧化成高铁血红蛋白，使之失去输送氧的能力，还可与仲胺类反应生成具致癌性的亚硝胺类物质。

水中亚硝酸盐常用的测定方法有离子色谱法、气相分子吸收光谱法（HJ/T197-2005）和 N-（1-萘基）-乙二胺光度法。前两种方法简便、快速、干扰较少；光度法灵敏度较高，选择性较好。亚硝酸盐氮的测定通常用重氮偶合光度法，按使用试剂不同分为 N-（1-萘基）-乙二胺光度法和 α-萘胺光度法。下面主要介绍 N-（1-萘基）-乙二胺光度法

（GB 7493-87）的测定过程。

（一）N-（1-萘基）-乙二胺光度法原理

在磷酸介质中，当 pH 为 1.8 时，水中的亚硝酸根离子与 4-氨基苯磺酰胺（4-amino-benzenesu1fonamide）反应生成重氮盐，它再与 N-（1-萘基）-乙二胺二盐酸盐［N-（1-naph1hy1）-1.2-diaminae1hanedihydroch1o-ride］偶联生成红色染料，在 540nm 波长处测定吸光度。如果使用光程长为 10mm 的比色皿，亚硝酸盐氮的浓度在 0.2mg/L 以内其呈色符合比尔定律。

（二）仪器

第一，玻璃器皿，都应用 2mo1/L 盐酸仔细洗净，然后用水彻底冲洗。
第二，常用实验室设备及分光光度计。

（三）试剂

1. 实验用水（无硝酸盐的二次蒸馏水），采用下列方法之一制备

（1）加入高锰酸钾结晶少许于 1L 蒸馏水中，使成红色，加氢氧化钡（或氢氧化钙）结晶至溶液呈碱性，使用硬质玻璃蒸馏器进行蒸馏，弃去最初的 50mL 馏出液，收集约 700mL 不含锰盐的馏出液，待用。

（2）在 1L 蒸馏水中加入浓硫酸 1mL、硫酸锰溶液［每 100mL 水中含有 36.4g 硫酸锰（$MnSO_4 \cdot H_2O$）］0.2mL，滴加 0.04%（m/V）高锰酸钾溶液至呈红色（1~3mL），使用硬质玻璃蒸馏器进行蒸馏，弃去最初的 50mL 馏出液，收集约 700mL 不含锰盐的馏出液，待用。

2. 磷酸

15mo1/L，$\rho=1.70g/mL$。

3. 硫酸

18mo1/L，$\rho=1.84g/mL$。

4. 磷酸

1+9 溶液（1.5mo1/L）。溶液至少可稳定 6 个月。

5. 显色剂

在 500mL 烧杯内加入 250mL 水和 50mL 的 15mo1/L 磷酸，加入 20g 的 4-氨基苯磺酰

胺（$NH_2C_6H_4SO_2NH_2$）。再将 1g 的 N-（1-萘基）-乙二胺二盐酸盐（$C1OH_7HC_2H_4NH_2 \cdot 2HC1$）溶于上述溶液中，转移至 500mL 容量瓶，用水稀释至标线，摇匀。此溶液贮存于棕色试剂瓶中，保存在 2~5℃，至少可稳定 1 个月。

注：本试剂有毒性，避免与皮肤接触或吸入体内。

6. 高锰酸钾标准溶液

c（$1/5KMnO_4$）= 0.050mo1/L。溶解 1.6g 高锰酸钾（$KMnO_4$）于 1.2L 水中（一次蒸馏水），煮沸 0.5~1h，使体积减少到 1L 左右，放置过夜，用 G-3 号玻璃砂芯滤器过滤后，滤液贮存于棕色试剂瓶中避光保存。高锰酸钾标准溶液要进行标定和计算。

7. 草酸钠标准溶液

c（$1/2Na_2C_2O_4$）= 0.05mo1/L。溶解 105℃烘干 2h 的优级纯无水草酸钠（3.350±0.0004）g 于 750mL 水中，定量转至 1000mL 容量瓶中，用水稀释至标线，摇匀。

8. 亚硝酸盐氮标准贮备溶液

cN = 250mg/L。

（1）贮备溶液的配制。称取 1.232g 亚硝酸钠（$NaNO_2$），溶于 150mL 水中，定量转移至 1000mL 容量瓶中，用水稀释至标线，摇匀。本溶液贮存在棕色试剂瓶中，加入 1mL 氯仿，保存在 2~5℃，至少稳定 1 个月。

（2）贮备溶液的标定。在 300mL 具塞锥形瓶中，移入高锰酸钾标准溶液 50mL、浓硫酸 5mL，用 50mL 无分度吸管，使下端插入高锰酸钾溶液液面下，加入亚硝酸盐氮标准贮备溶液 50mL，轻轻摇匀，置于水浴上加热至 70~80℃，按每次 10mL 的量加入足够的草酸钠标准溶液，使高锰酸钾标准溶液褪色并使过量，记录草酸钠标准溶液用量 V_2，然后用高锰酸钾标准溶液滴定过量草酸钠至溶液呈微红色，记录高锰酸钾标准溶液总用量 V_1。

9. 亚硝酸盐氮中间标准液

cN = 50mg/L。取亚硝酸盐氮标准贮备溶液 50mL 于 250mL 容量瓶中，用水稀释至标线，摇匀。此溶液贮于棕色瓶内，保存在 2~5℃，可稳定 1 周。

10. 亚硝酸盐氮标准工作液

cN = 1mg/L。取亚硝酸盐氮中间标准液 10mL 于 500mL 容量瓶内，水稀释至标线，摇匀。此溶液使用时，当天配制。

注：亚硝酸盐氮中间标准液和标准工作液的浓度值，应采用贮备溶液标定后的准确浓度的计算值。

11. 氢氧化铝悬浮液

溶解 125g 硫酸铝钾 [$KA1$（SO_4）$_2.12H_2O$] 或硫酸铝铵 [NH_4A1（SO_4）$_2.12H_2O$]

于 1L 一次蒸馏水中，加热至 60℃，在不断搅拌下，徐徐加入 55mL 浓氢氧化铵，放置约 1h 后，移入 1L 量筒内，用一次蒸馏水反复洗涤沉淀，最后用实验用水洗涤沉淀，直至洗涤液中不含亚硝酸盐为止。澄清后，把上清液尽量全部倾出，只留稠的悬浮物，最后加入 100mL 水。使用前应振荡均匀。

12. 酚酞指示剂

$c = 10g/L$。0.5g 酚酞溶于 95%（体积分数）乙醇 50mL 中。

（四）操作步骤

1. 试样的制备

实验室样品含有悬浮物或带有颜色时，须去除干扰。水样最大体积为 50mL，可测定亚硝酸盐氮浓度高至 0.2mg/L。浓度更高时，可相应用较少量的样品或将样品进行稀释后，再取样。

2. 测定

用无分度吸管将选定体积的水样移至 50mL 比色管（或容量瓶）中，用水稀释至标线，加入显色剂 10mL，密塞，摇匀，静置，此时 pH 应为 1.8 ± 0.3。加入显色剂 20min 后、2h 以内，在 540nm 的最大吸光度波长处，用光程长 10mm 的比色皿，以实验用水做参比，测量溶液吸光度。

注：最初使用本方法时，应校正最大吸光度的波长，以后的测定均应用此波长。

3. 空白试验

按上述 2. 所述步骤进行空白试验，用 50mL 水代替水样。

4. 色度校正

如果实验室样品经处理后还具有颜色时，按 2. 所述方法，从水样中取相同体积的第二份水样，进行测定吸光度，只是不加显色剂，改加磷酸（1+9）10mL。

5. 标准曲线校准：

在一组 6 个 50mL 比色管（或容量瓶）内，分别加入 1.00mg/L 亚硝酸盐氮标准工作液 0、1.00、3.00、5.00、7.00 和 10.00mL，用水稀释至标线，然后加入显色剂 20min 后、2h 以内，在 540nm 的最大吸光度波长处，用光程长 10mm 的比色皿，以实验用水做参比，测量溶液吸光度。

从测得的各溶液吸光度，减去空白试验吸光度，得校正吸光度 A，绘制以氮含量（μg）对校正吸光度的校准曲线，亦可按线性回归方程的方法，计算校准曲线方程。

（五）注意事项

1. 采样和样品保存：实验室样品应用玻璃瓶或聚乙烯瓶采集，并在采集后尽快分析，不要超过 24h。若需短期保存（1~2d），可以在每升实验室样品中加入 40mg 氯化汞，并保存于 2~5℃。

2. 当试样 pH≥11 时，可能遇到某些干扰，遇此情况，可向水样中加入酚酞溶液 1 滴，边搅拌边逐滴加入磷酸溶液，至红色刚消失。经此处理，则在加入显色剂后，体系 pH 为 1.8±0.3，而不影响测定。

3. 水样若有颜色和悬浮物，可于每 100mL 水中加入 2mL 氢氧化铝悬浮液。搅拌、静置、过滤再取水样测定。

4. 水样中若含氯胺、氯、硫代硫酸盐、聚磷酸钠和三价铁离子，对测定有明显干扰。

5. 精密度和准确度：取平行双样测定结果的算术平均值为测定结果。

二、硝酸盐

（一）酚二磺酸光度法原理

利用硝酸盐在无水情况下与酚二磺酸反应生成邻硝基酚二磺酸，在碱性（氨性）溶液中生成黄色化合物，于 410nm 波长处进行分光光度测定。

（二）仪器

75~100mL 容量瓷蒸发皿；50mL 具塞比色管；分光光度计；恒温水浴。

（三）试剂

1. **浓硫酸**

$\rho = 1.64g/mL$。

2. **发烟硫酸**（$H_2SO_4 \cdot SO_3$）

含 13% 三氧化硫（SO_3）。

注：①发烟硫酸在室温较低时凝固，取用时，可先在 40~50℃ 隔水浴中加温使熔化。不能将盛装发烟硫酸的玻璃瓶直接置入水浴中，以免瓶裂引起危险。

②发烟硫酸中含三氧化硫（SO_3）浓度超过 13% 时，可用浓硫酸按计算量进行稀释。

3. **酚二磺酸** $[(C_6H_3(OH)(SO_3H_2)]$

称取 25g 苯酚置于 500mL 锥形瓶中，加 150mL 浓硫酸使之溶解，再加 95mL 发烟硫酸充分混合。瓶口插一小漏斗，置瓶于沸水浴中加热2h，得淡棕色稠液，贮于棕色瓶中，密塞保存。当苯酚色泽变深时，应进行蒸馏精制。若无发烟硫酸时，亦可用浓硫酸代替，但应增加在沸水浴中加热时间至7h。制得的试剂尤应注意防止吸收空气中的水分，以免因硫酸浓度的降低，影响硝基化反应的进行，使测定结果偏低。

4. 氨水（$NH_3 \cdot H_2O$）

p=0.90g/mL。

5. 氢氧化钠溶液

0.1mol/L。

6. 硝酸盐氮标准贮备液

CN = 100mg//L。将0.7218g经105～110℃干燥2h的硝酸钾（KNO_3）溶于水中，移入1000mL容量瓶，用水稀释至标线，混匀。加2mL氯仿作保存剂，至少可稳定6个月。每毫升本标准溶液含0.10mg硝酸盐氮。

7. 硝酸盐氮标准溶液

CN=10mg/L。吸取100mg/L硝酸盐氮标准贮备液50mL，置蒸发皿内，加0.1mol/L氢氧化钠溶液使pH调至8，在水浴上蒸发至干。加2mL酚二磺酸试剂，用玻璃棒研磨蒸发皿内壁，使残渣与试剂充分接触，放置片刻，重复研磨一次，放置10min，加入少量水，定量移入500mL容量瓶中，加水至标线，混匀。每毫升本标准溶液含0.01mg硝酸盐氮。贮于棕色瓶中，此溶液至少稳定6个月。

8. 硫酸银溶液

称取4.397g硫酸银（Ag_2SO_4）溶于水，稀释至1000mL。1mL此溶液可去除1mg氯离子（Cl）。

9. 硝酸盐氮标准溶液

CN=10mg/L。吸取100mg/L硝酸盐氮标准贮备液50mL，置蒸发皿内，加0.1mol/L氢氧化钠溶液使pH调至6，在水浴上蒸发至干。加2mL酚二磺酸试剂，用玻璃棒研磨蒸发皿内壁，使残渣与试剂充分接触，放置片刻，重复研磨一次，放置10min，加入少量水，定量移入500mL容量瓶中，加水至标线，混匀。每毫升本标准溶液含0.01mg硝酸盐氮。贮于棕色瓶中，此溶液至少稳定6个月。

10. EDTA 二钠溶液

称取50gEDTA二钠盐的二水合物（$C_{10}H_4N_2O_3Na_2 \cdot 2H_2O$），溶于20mL水中，使调成糊状，加入60mL氨水充分混合，使之溶解。

11. 氢氧化铝悬浮液

称取 125g 硫酸铝钾 [KA1 (SO$_4$)$_2$ · 12H$_2$O] 或硫酸铝铵 [NH4 A1 (SO$_4$) 2 · 12H$_2$O] 溶于 1L 水中，加热到 60℃，在不断搅拌下徐徐加入 55mL 氨水，使生成氢氧化铝沉淀，充分搅拌后静置，弃去上清液。反复用水洗涤沉淀，至倾出液无氯离子和铵盐。最后加入 300mL 水使成悬浮液。使用前振摇均匀。

12. 高锰酸钾溶液

3. 16g/L。

（四）操作步骤

1. 水样体积的选择

最大水样体积为 50mL，可测定硝酸盐氮浓度至 2.0mg/L。

2. 空白试验

取 50mL 水，以与水样测定完全相同的步骤、试剂和用量，进行平行操作。

3. 标准曲线的绘制

用分度吸管向一组 10 支 50mL 比色管中分别加入 10.0mg/L 硝酸盐氮标准溶液 0、0. 10、0. 30、0. 50、0. 70、1. 00、3. 00、5. 00、7. 00、10. 0mL，加水至约 40mL，加 3mL 氨水使成碱性，再加水至标线，混匀。硝酸盐氮含量分别为 0、0. 001、0. 003、0. 005、0. 007、0. 010、0. 030、0. 050、0. 070、0. 10mg。进行分光光度测定。所用比色皿的光程长 10mm。由除零管外的其他校准系列测得的吸光度值减去零管的吸光度值，绘制吸光度对硝酸盐氮含量（mg）的校准曲线。

4. 干扰的排除

（1）带色物质

取 100mL 水样移入 100mL 具塞量筒中，加 2mL 氢氧化铝悬浮液，密塞充分振摇，静置数分钟澄清后，过滤，弃去最初的滤液 20mL。

（2）氯离子

取 100mL 水样移入 100mL 具塞量筒中，根据已测定的氯离子含量，加入相当量的硫酸银溶液充分混合，在暗处放置 30min，使氯化银沉淀凝聚，然后用慢速滤纸过滤，弃去最初滤液 20mL。

注：如不能获得澄清滤液，可将已加过硫酸银溶液后的水样在近 80℃ 的水浴中加热，并用力振摇，使沉淀充分凝聚，冷却后再进行过滤；若同时须去除带色物质，则可在加入硫酸

银溶液并混匀后，再加入 2mL 氢氧化铝悬浮液，充分振摇，放置片刻待沉淀后，过滤。

（3）亚硝酸盐

当亚硝酸盐氮含量超过 0.2mg/L 时，可取 100mL 试样，加 1mL 硫酸溶液，混匀后，滴加高锰酸钾溶液，至淡红色保持 15min 不褪为止，使亚硝酸盐氧化为硝酸盐，最后从硝酸盐氮测定结果中减去亚硝酸盐氮量。

5. 样品的测定

（1）蒸发

取 50mL 水样（如果硝酸盐含量较高可酌量减少）置于蒸发皿中，用 pH 试纸检查，必要时用硫酸溶液或氢氧化钠溶液，调至微碱性 pH＝8，置水浴上蒸发至干。

（2）硝化反应

加 1mL 酚二磺酸试剂，用玻璃棒研磨，使试剂与蒸发皿内残渣充分接触，放置片刻，再研磨一次，放置 10min，加入约 10mL 水。

（3）显色

在搅拌下加入 3~4mL 氨水，使溶液呈现最深的颜色。若有沉淀产生，过滤，或滴加入二钠溶液，并搅拌至沉淀溶解。将溶液移入比色管中，用水稀释至标线，混匀。

（4）分光光度测定

在 410nm 波长下，选用合适光程长的比色皿，以水为参比，测量溶液的吸光度。

（五）注意事项

（1）实验室样品可贮于玻璃瓶或聚乙烯瓶中。硝酸盐氮的测定应在水样采集后立即进行，必要时，应保存在 4℃下，但不得超过 24h。

（2）氯化物对测定有干扰，使结果偏低。在处理水样时加硫酸银使氯离子生成氯化银沉淀。水中若含有亚硝酸盐（超过 0.2mg/L），则须将其氧化成硝酸盐。氧化剂用高锰酸钾，然后从测定结果中扣除亚硝酸盐含量。

三、氨氮

（一）纳氏试剂法原理

碘化汞和碘化钾的碱性溶液与氨反应生成淡黄棕色胶态化合物，其色度与氨氮含量成正比，通常可在波长 410~425nm 范围内测其吸光度，反应式如下：

$$2K_2[HgI_4] + NH_3 + 3KOH \rightarrow NH_2Hg_2IO(黄棕色) + 7KI + 2H_2O$$

本法最低检出浓度为 0.025mg/L（光度法），测定上限为 2mg/L。采用目视比色法，最低检出浓度为 0.02mg/L。水样作适当的预处理后，本法可适用于地面水、地下水、工业废水和生活污水。

（二）仪器

带氮球的定氮蒸馏装置：500mL 凯氏烧瓶、氮球、直形冷凝管；分光光度计；pH 计。

（三）试剂

1. 配制试剂用水均应为无氨水

无氨水，可选用下列方法之一进行制备。

（1）蒸馏法

每升蒸馏水中加 0.1mL 硫酸，在全玻璃蒸馏器中重蒸馏，弃去 50mL 初馏液，接取其余馏出液于具塞磨口的玻璃瓶中，密塞保存。

（2）离子交换法

使蒸馏水通过强酸性阳离子交换树脂柱。

2. 1mol/L 盐酸溶液

取 8.5mL 盐酸于 100mL 容量瓶中，用水稀释至标线。

3. 1mol/L 氢氧化钠溶液

称取 4g 氢氧化钠溶于水中，稀释至 100mL。

4. 轻质氧化镁（MgO）

将氧化镁在 500℃下加热，以除去碳酸盐。

5. 0.05%溴百里酚蓝指示液（pH=6.0~7.6）

称取 0.05g 溴百里酚蓝指示液溶于 50mL 水中，加 10mL 无水乙醇，用水稀释至 100mL。

6. 防沫剂

如石蜡碎片。

7. 吸收液

①硼酸溶液：称取 20g 硼酸溶于水，稀释至 1L。②0.01mol/L 硫酸溶液。

8. 纳氏试剂

可选择下列方法之一制备：

（1）称取 20g 碘化钾溶于约 25mL 水中，边搅拌边分次少量加入氯化汞（$HgCl_2$）结晶粉末（约 10g），至出现朱红色沉淀不易溶解时，改为滴加饱和氯化汞溶液，并充分搅拌，当出现微量朱红色沉淀不再溶解时，停止滴加氯化汞溶液。

另称取 60g 氢氧化钾溶于水，并稀释至 250mL，冷却至室温后，将上述溶液徐徐注入氢氧化钾溶液中，用水稀释至 400mL，混匀。静置过夜，将上清液移入聚乙烯瓶中，密塞保存。

（2）称取 16g 氢氧化钠，溶于 50mL 水中，充分冷却至室温。

另称取 7g 碘化钾和 10g 碘化汞（HgI_2）溶于水，然后将此溶液在搅拌下徐徐注入氢氧化钠溶液中。用水稀释至 100mL，贮于聚乙烯瓶中，密塞保存。

9. 酒石酸钾钠溶液

称取 50g 酒石酸钾钠（$KNaC_4H_4O_6 \cdot 4H_2O$）溶于 100mL 水中，加热煮沸以除去氨，放冷，定容至 100mL。

10. 铵标准贮备溶液

称取 3.819g 经 100℃ 干燥过的氯化铵（NH_4C_1）溶于水中，移入 1000mL 容量瓶中，稀释至标线。此溶液每毫升含 1.00mg 氨氮。

11. 铵标准使用溶液

移取 5mL 铵标准贮备液于 500mL 容量瓶中，用水稀释至标线。此溶液每毫升含 0.01mg 氨氮。

（四）操作步骤

1. 水样预处理

取 250mL 水样（如氨氮含量较高，可取适量并加水至 250mL，使氨氮含量不超过 2.5mg），移入凯氏烧瓶中，加数滴溴百里酚蓝指示液，用氢氧化钠溶液或盐酸溶液调节至 pH＝7 左右。加入 0.25g 轻质氧化镁和数粒玻璃珠，立即连接氮球和冷凝管，导管下端插入吸收液液面下。加热蒸馏，至馏出液达 200mL 时，停止蒸馏。定容至 250mL。

采用酸滴定法或纳氏比色法时，以 50mL 硼酸溶液为吸收液；采用水杨酸—次氯酸盐比色法时，改用 50mL 0.01mol/L 硫酸溶液为吸收液。

2. 标准曲线的绘制

吸取 0、0.50、1.00、3.00、5.00、7.00 和 10.0mL 铵标准使用液于 50mL 比色管中，加水至标线，加 1.0mL 酒石酸钾钠溶液，混匀。加 1.5mL 纳氏试剂，混匀。放置 10min 后，在波长 420nm 处，用光程 20mm 比色皿，以水为参比，测定吸光度。

由测得的吸光度，减去零浓度空白管的吸光度后，得到校正吸光度，绘制以氨氮含量（mg）对校正吸光度的标准曲线。

3. 水样的测定

①分取适量经絮凝沉淀预处理后的水样（使氨氮含量不超过0.1mg），加入50mL比色管中，稀释至标线，加0.1mL酒石酸钾钠溶液；②分取适量经蒸馏预处理后的馏出液，加入50mL比色管中，加一定量1mol/L氢氧化钠溶液以中和硼酸，稀释至标线。加1.5mL纳氏试剂，混匀。放置10min后，同标准曲线步骤测量吸光度。

4. 空白试验

以无氨水代替水样，作全程序空白测定。

（五）注意事项

（1）纳氏试剂中碘化汞与碘化钾的比例，对显色反应的灵敏度有较大影响。静置后生成的沉淀应除去。

（2）滤纸中常含痕量铵盐，使用时注意用无氨水洗涤。所用玻璃器皿应避免实验室空气中氨的沾污。

第五节　水中有机化合物的测定

一、化学耗氧量（COD）的测定

化学耗氧量是指在一定条件下，氧化1L水样中还原性物质所消耗的氧化剂的量，以氧的量mg/L表示。水体中还原性物质包括有机物和亚硝酸盐、硫化物、亚铁盐等无机物。化学耗氧量反映了水体受还原性物质污染的程度。基于水体被有机物污染是很普遍的现象，该指标也作为有机物相对含量的综合指标之一。

COD测定采用重铬酸钾法（GB 11914-89）。

第一，测定原理。在强酸性溶液中，用重铬酸钾氧化水样中的还原性物质，过量的重铬酸钾以试铁灵作指示剂，用硫酸亚铁铵标准溶液回滴，根据其用量计算水样中还原性物质消耗氧的量。

第二，测定步骤。参见COD的测定。

二、高锰酸盐指数的测定

以高锰酸钾为氧化剂氧化水样中的还原性物质所消耗的氧化剂的量称为高锰酸盐指数，以氧的量mg/L来表示。它所测定的实际上也是化学耗氧量，只是我国标准中仅将酸性重铬酸钾法测得的值称为化学耗氧量（COD）。

高锰酸盐指数测定分为酸性和碱性两种条件，分别适用于不同的水样。对于清洁的地表水和被污染的水体中氯离子含量不超过300mg/L的水样，通常采用酸性高锰酸钾法；对于含氯量高于300mg/L的水样，应采用碱性高锰酸钾法。因为在碱性条件下高锰酸钾的氧化能力比较弱，此时不能氧化水中的氯离子，使测定结果能较为准确地反映水样中有机物的污染程度。

三、五日生化需氧量（BOD_5）的测定

生物化学耗氧量（BOD）就是水中有机物和无机物在生物氧化作用下所消耗的溶解氧。由于生物氧化过程很漫长（几十天至几百天），目前世界上都广泛采用在20℃5天培养法，其测定的消耗氧量称为五日生化需氧量，即BOD_5。

BOD是反映水体被有机物污染程度的综合指标，也是研究污水的可生化降解性和生化处理效果的重要手段。它是生化处理污水工艺设计和动力学研究中的重要参数。

第一，测定原理。与测定DO一样，使用碘量法。对于污染轻的水样，取其两份，一份测其当时的DO；另一份在（20±1）℃下培养5天再测DO，两者之差即为BOD_5。

对于大多数污水来说，为保证水体生物化学过程所必需的三个条件，测定时须按估计的污染程度适当地加特制的水稀释，然后取稀释后的水样两份，一份测其当时的DO，另一份在（20±1）℃下培养5天再测DO，同时测定稀释水在培养前后的DO，按公式计算BOD_5值。

第二，稀释水。上述特制的、用于稀释水样的水，通称为稀释水。它是专门为满足水体生物化学过程的三个条件而配制的。配制时，取一定体积的蒸馏水，加$CaCl_2$、$FeCl_3$、$MgSO_4$等用于微生物繁殖的营养物，用磷酸盐缓冲液调pH至7.2，充分曝气，使溶解氧近饱和，达8mg/L以上。稀释水的pH值应为7.2，BOD_5必须小于0.2mg/L，稀释水可在20℃左右保存。

第三，接种稀释水。水样中必须含有微生物，否则应在稀释水中接种微生物，即在每升稀释水中加入生活污水上层清液1~10mL。或天然河水、湖水10~100mL，以便为微生物接种。这种水就称作接种稀释水，其BOD_5应在0.3~1.0mg/L的范围内。

对于某些含有不易被一般微生物所分解的有机物的工业废水，须进行微生物的驯化。这种驯化的微生物种群最好从接受该种废水的水体中取得。为此可以在排水口以下3~8km处取得水样，经培养接种到稀释水中；也可用人工方法驯化，采用一定量的生活污水，每

天加入一定量的待测污水，连续曝气培养，直至培养成含有可分解污水中有机物的种群为止。

为检查稀释水和微生物是否适宜以及化验人员的操作水平，将每升含葡萄糖和谷氨酸各 150mg 的标准溶液以 1∶50 的比例稀释后，与水样同步测定 BOD_5，测得值应在 180~230mg/L 之间，否则，应检查原因，予以纠正。

第四，水样的稀释。水样的稀释倍数主要是根据水样中有机物含量和分析人员的实践经验来进行估算的。通常有以下两种情况。

①对于清洁天然水和地表水，其溶解氧接近饱和，无须稀释。

②对于工业废水，有两种方法可以估算稀释倍数：a. 用 COD_{Cr} 值分别乘系数 0.075、0.15、0.25 获得；b. 由高锰酸盐指数来确定稀释倍数。

为了得到正确的 BOD 值，一般以经过稀释后的混合液在 20℃ 培养 5 天后的溶解氧残留量在 1mg/L 以上，耗氧量在 2mg/L 以上，这样的稀释倍数最合适。如果各稀释倍数均能满足上述要求，那么取其测定结果的平均值为 BOD 值；如果三个稀释倍数培养的水样测定结果均在上述范围以外，那么应调整稀释倍数后重做。

四、总有机碳（TOC）和总需氧量（TOD）的测定

（一）总有机碳（TOC）的测定

总有机碳是以碳的含量表示水体中有机物质总量的综合指标。TOC 的测定都采用燃烧法，能将有机物全部氧化，因此它比 BOD_5 或 COD 更能反映水样中有机物的总量。

目前广泛应用的测定 TOC 的方法是燃烧氧化非色散红外吸收法。其测定原理是：将一份定量水样注入高温炉内的石英管，在 900~950℃ 高温下，以铂和三氧化钴或三氧化二铬为催化剂，使有机物燃烧裂解转化为二氧化碳，然后用红外线气体分析仪测定 CO_2 含量，从而确定水样中碳的含量。但是在高温条件下，水样中的碳酸盐也会分解产生二氧化碳，因而上法测得的为水样中的总碳（TC）而非有机碳。

为了获得有机碳含量，一般可采用两种方法。一是将水样预先酸化，通入氮气曝气，驱除各种碳酸盐分解生成的二氧化碳后再注入仪器测定；另一种方法是使用装配有高低温炉的 TOC 测定仪，测定时将同样的水样分别等量注入高温炉（900℃）和低温炉（150℃）。在高温炉中，水样中的有机碳和无机碳全部转化为 CO_2，而低温炉的石英管中装有磷酸浸渍的玻璃棉，能使无机碳酸盐在 150℃ 分解为 CO_2，有机物却不能被分解氧化。将高、低温炉中生成的 CO_2 依次导入非色散红外气体分析仪，分别测得总碳（TC）和无机碳（IC），二者之差即为总有机碳（TOC）。

（二）总需氧量（TOD）的测定

总需氧量是指水中能被氧化的物质（主要是有机物质）在燃烧中变成稳定的氧化物时所需要的氧量，结果以 O_2 的量 mg/L 表示。TOD 也是衡量水体中有机物污染程度的一项指标。

用 TOD 测定仪测定 TOD 的原理是：将一定量水样注入装有铂催化剂的石英燃烧管，通入含已知氧浓度的载气（氮气）作为原料气，则水样中的还原性物质在 900℃ 下被瞬间燃烧氧化，测定燃烧前后原料气中氧浓度的减少量，便可求得水样的总需氧量值。

TOD 值能反映几乎全部有机物质经燃烧后变成 CO_2、H_2O、NO、SO_2……所需要的氧量，它比 BOD、COD 和高锰酸盐指数更接近于理论需氧量值。它们之间没有固定的相关关系，从现有的研究资料来看，BOD_5：TOD 为 0.1~0.6，COD：TOD 为 0.5~0.9，具体比值取决于污水的性质。

根据 TOD 和 TOC 的比例关系可粗略判断有机物的种类。对于含碳化合物，因为一个碳原子须消耗两个氧原子，即 O_2：C = 2.67，所以从理论上说，TOD = 2.67TOC。若某水样的 TOD：TOC = 2.67 左右，可认为主要是含碳有机物；若 TOD：TOC>4.0，则应考虑水中有较大量含 S、P 的有机物存在；若 TOD：TOC<2.6，就应考虑水样中硝酸盐和亚硝酸盐可能含量较大，它们在高温和催化条件下分解放出氧，使 TOD 测定呈现负误差。

五、挥发酚的测定

芳香环上连有羟基的化合物均属酚类。各种不同结构的酚具有不同的沸点和挥发性，根据酚类能否与水蒸气一起蒸出，可以将其分为挥发酚与不挥发酚。通常认为沸点在 230℃ 以下的为挥发酚（属一元酚），而沸点在 230℃ 以上的为不挥发酚。

在有机污染物中，酚属毒性较高的物质，人体摄入一定量会出现急性中毒症状；长期饮用被酚污染的水，可引起头昏、瘙痒、贫血及神经系统障碍。当水体中的酚含量大于 5mg/L 时，就可造成鱼类中毒死亡。酚的主要污染源是炼油、焦化、煤气发生站、木材防腐及化工等行业所排放的废水。

酚的主要分析方法有滴定分析法、分光光度法、色谱法等。目前各国普遍采用的是 4-氨基安替比林分光光度法，高浓度含酚废水可采用溴化滴定法。

现以分光光度法为例说明挥发酚的测定方法（HJ503-2009）。

第一，测定原理。酚类化合物在 pH = 10 的条件和铁氰化钾的存在下，与 4-氨基安替比林反应，生成橙红色的吲哚安替比林，在 510nm 波长处有最大吸收。若用氯仿萃取此染料，则在 460nm 波长处有最大吸收，可用分光光度法进行定量测定。

第二，测定步骤。参见酚的测定。

六、矿物油类测定

水中的矿物油来自工业废水和生活污水。工业废水中的石油类（各种烃类的混合物）污染物主要来自于原油开采、炼油企业及运输部门。矿物油漂浮在水体表面，影响空气与水体界面间的氧交换；分散于水中的油可被微生物氧化分解，消耗水中的溶解氧，使水质恶化。

矿物油中还含有毒性大的芳烃类。

测定矿物油的方法有重量法、非色散红外法、紫外分光光度法、荧光法、比浊法等。

（一）紫外分光光度法

石油及其产品在紫外光区有特征吸收。带有苯环的芳香族化合物的主要吸收波长为250~260nm；带有共轭双键的化合物主要吸收波长为215~230nm；一般原油的两个吸收峰波长为225nm和254nm；轻质油及炼油厂的油品可选225nm。

水样用硫酸酸化，加氯化钠破乳化，然后用石油醚萃取、脱水、定容后测定。标准油用受污染地点水样中石油醚萃取物。不同油品特征吸收峰不同，如难以确定测定波长时，可用标准油样在波长215~300nm之间扫描，采用其最大吸收峰处的波长，一般在220~225nm之间。

（二）非色散红外法

本法系利用石油类物质的甲基（$-CH_3$）、亚甲基（$-CH_2-$）在近红外区（3.4μm）有特征吸收，作为测定水样中油含量的基础。标准油可采用受污染地点水中石油醚萃取物。根据我国原油组分特点，也可采用混合石油烃作为标准油，其组成为：十六烷：异辛烷：苯 = 65：25：10（v/v）。

测定时，先用硫酸将水样酸化，加氯化钠破乳化，再用三氯三氟乙烷萃取，萃取液经无水硫酸钠过滤、定容，注入红外分析仪测其含量。

所有含甲基、亚甲基的有机物质都将产生干扰。如水样中有动、植物性油脂以及脂肪酸物质应预先将其分离。此外，石油中有些较重的组分不溶于三氯三氟乙烷，致使测定结果偏低。

第三章　空气质量和废气监测

第一节　空气污染基本知识

一、空气污染

包围在地球周围厚度为 1000~1400 km 的气体称为大气，其中近地面约 10 km 厚度的气层是对人类及生物生存起重要作用的空气层。平时所说的环境空气是指人群、动物、植物和建筑物等所暴露的室外空气。清洁的空气是人类和生物赖以生存的环境要素之一。

空气污染通常是指由于人类活动或自然过程引起某些物质进入空气中，呈现出足够的浓度，持续足够的时间，并因此而危害人体的舒适、健康和福利或危害了生态环境。

二、空气污染的危害

空气污染会对人体健康和动植物产生危害，对各种材料产生腐蚀损害。

对人体健康的危害可分为急性作用和慢性作用。急性作用，它是指人体受到污染的空气侵袭后，在短时间内即表现出不适或中毒症状的现象。历史上曾发生慢性作用是指人体在含低浓度污染物的空气长期作用下产生的慢性危害。这种危害往往不易引人注意，而且难以鉴别，其危害途径是污染物与呼吸道黏膜接触，主要症状是眼、鼻黏膜刺激，慢性支气管炎，哮喘，肺癌及因生理机能障碍而加重高血压、心脏病的病情。根据动物试验的结果，已确定有致癌作用的污染物质多达数十种，如某些多环芳烃、脂肪烃类、金属类（砷、镍、铍等）。近年来，世界各国肺癌发病率和死亡率明显上升，特别是工业发达国家增长尤其快速，而且城市高于农村。大量事实和研究证明，空气污染是重要的致癌因素之一。

空气污染对动物的危害与对人的危害情况相似，对植物的危害可分为急性、慢性和不可见三种。急性危害是在高浓度污染物作用下短时间内造成的危害，常使作物产量显著降低，甚至枯死。慢性危害是在低浓度污染物作用下长时间内造成的危害，会影响植物的正常发育，有时出现危害症状，但大多数症状不明显。不可见危害只造成植物生理上的障碍，使植物生长在一定程度上受到抑制，但从外观上一般看不出症状。常采用植物生产力测定、叶片内污染物分析等方法判断慢性和不可见危害情况。

空气污染能使某些物质发生质的变化，造成损失。如 SO_2 能很快腐蚀金属制品及使皮革、纸张、纺织制品等变脆，光化学烟雾能使橡胶轮胎龟裂等。

第二节　空气污染监测方案的制订

制订环境空气质量监测方案的程序同制订水质监测方案一样，首先要根据监测目的进行调查研究，收集相关的资料，然后经过综合分析，确定监测项目，设置监测点位，选定采样频率、采样方法和监测技术，建立质量保证程序和措施，提出进度安排计划和对监测结果报告的要求等。

一、环境空气质量监测点位布设

环境空气质量监测点位的布设应遵循代表性、可比性、整体性、前瞻性和稳定性的原则。根据监测评价的目的可将环境空气质量监测点位分为污染监控点、路边交通点、环境空气质量评价城市点、环境空气质量评价区域点和环境空气质量背景点。

（一）污染监控点

污染检控点为监测本地区主要固定污染源及工业园区等污染源聚集区对当地环境空气质量的影响而设置的监测点。每个点代表范围一般为半径 $100\sim500$ m 的区域，有时也可扩大到半径 $0.5\sim4$ km（较高的点源）的区域。原则上应设在可能对人体健康造成影响的污染物高浓度区以及主要固定污染源对环境空气质量产生明显影响的地区。

（二）路边交通点

路边交通点为监测道路交通污染源对环境空气质量影响而设置的监测点。其代表范围为人们日常生活和活动场所中受道路交通污染源排放影响的道路两旁及其附近区域。一般应在行车道的下风侧，根据车流量的大小、车道两侧的地形、建筑物的分布等情况确定路边交通点的位置，采样口距道路边缘距离不得超过 20m。

（三）环境空气质量评价城市点

环境空气质量评价城市点是以监测城市建成区的空气质量整体状况和变化趋势为目的

而设置的监测点，参与城市环境空气质量评价。每个点代表范围一般为半径 0.5~4 km 的区域，有时也可扩大到半径大于 4 km 的区域。

城市加密网格点是指将城市的建成区划为规则的正方形网格状，单个网格应不大于 2 km×2 km，加密网格点设在网格中心或网格线的交点上。

（四）环境空气质量评价区域点

以监测区域范围空气质量状况和污染物区域传输及影响范围为目的而设置的监测点，参与区域环境空气质量评价。区域点原则上应远离城市建成区和主要污染源 20 km 以上，应根据我国的大气环流特征设置在区域大气环流路径上。

（五）环境空气质量背景点

以监测国家或大区域范围的环境空气质量本底水平为目的而设置的监测点。每个点的代表性范围一般为半径 100 km 以上的区域。背景点原则上应远离城市建成区和主要污染源 50 km 以上，设置在不受人为活动影响的清洁地区。

二、调查及资料收集

（一）污染源分布及排放情况

通过调查，弄清监测区域内的污染源类型、数量、位置、排放的主要污染物及其排放量，同时还要了解所用原料、燃料及消耗量。注意区分高烟囱排放的较大污染源与低烟囱排放的小污染源。

（二）气象资料

污染物在空气中的扩散、迁移和一系列的物理、化学变化在很大程度上取决于当时当地的气象条件。因此，要收集监测区域的风向、风速、气温、气压、降水量、日照时间、相对湿度、温度垂直梯度和逆温层底部高度等资料。

（三）地形资料

地形对当地的风向、风速和大气稳定情况有影响，是设置监测网点应当考虑的重要因素。为掌握污染物的实际分布状况，监测区域的地形越复杂，要求布设的监测点越多。

（四）土地利用和功能分区情况

监测区域内土地利用情况及功能区划分也是设置监测网点应考虑的重要因素之一。不同功能区的污染状况是不同的，如工业区、商业区、混合区、居民区等。另外，还可以按照建筑物的密度、有无绿化地带等作进一步分类。

（五）人口分布及人群健康状况

环境保护的目的是维护自然环境的生态平衡，保护人群的健康。因此，掌握监测区域的人口分布、居民和动植物受空气污染危害情况及流行性疾病等资料，有助于监测方案的制订。

三、采样点布设方法

常见的采样点布设方法有功能区布点法、网格布点法、同心圆布点法和扇形布点法。

（一）功能区布点法

功能区布点法多用于区域性常规监测。布点时先将监测地区按环境空气质量标准划分成若干功能区，如工业区、商业区、居民区、交通密集区、清洁区等，再按具体污染情况和人力、物力条件在各区域内设置一定数目的采样点。各功能区的采样点数不要求平均，一般在污染较集中的工业区和人口较密集的居民区多设采样点。

（二）网格布点法

对于多个污染源，且在污染源分布较均匀的情况下，通常采用此布点法。该法是将监测区域地面划分成若干均匀网状方格，采样点设在两条直线的交点处或方格中心。网格大小视污染强度、人口分布及人力、物力条件等确定。若主导风向明显，下风向设点要多一些，一般约占采样点总数的60%。

主要用于多个污染源构成的污染群，且重大污染源较集中的地区。先找出污染源的中心，以此为圆心在地面上画若干个同心圆，再从圆心作若干条放射线，将放射线与圆周的交点作为采样点。圆周上的采样点数目不一定相等或均匀分布，常年主导风向的下风向应多设采样点。例如，同心圆半径分别取5 km、10 km、15 km、25 km，从里向外各圆周上分别设4、8、8、4个采样点。

（三）扇形布点法

扇形布点法适用于孤立的高架点源，且主导风向明显的地区。以点源为顶点，成45°扇形展开，夹角可大些，但不能超过90°，采样点设在扇形平面内距点源不同距离的若干弧线上。每条弧线上设3~4个采样点，相邻两点与顶点的夹角一般取10°~20°，在上风向应设对照点。

四、采样时间

采样时间是指每次采样从开始到结束所经历的时间，也称采样时段，分为 24 h 连续采样和间断采样。

24 h 连续采样是指 24 h 连续采集一个环境空气样品，监测污染物 24 h 平均浓度的采样方式。适用于测定环境空气中二氧化硫、二氧化氮、可吸入颗粒物、总悬浮颗粒物、苯并 [a] 芘、氟化物、铅的采样。

间断采样是指在某一时段或 1 h 内采集一个环境空气样品，监测该时段或该小时环境空气中污染物的平均浓度所采用的采样方法。

对环境空气中的总悬浮颗粒物、可吸入颗粒物、铅、苯并 [a] 芘及氟化物，其采样频率及采样时间应根据《环境空气质量标准》（GB 3095-2012）中各污染物监测数据统计的有效性规定确定；对其他污染物的监测，其采样频率及采样时间应根据监测目的、污染物浓度水平及监测分析方法的检测限确定。要获得 1h 平均浓度值，样品的采样时间应不少于 45min；要获得 24h 平均浓度值，气态污染物的累计采样时间应不少于 18h，颗粒物的累计采样时间应不少于 12h。

通常，硫酸盐化速率及氟化物采样时间为 7~30d。但要获得月平均浓度值，样品的采样时间应不少于 15d。

第三节 空气样品的采集方法和采样仪器

一、采样方法

按采样原理可将空气采样方法分为直接采样法、富集（浓缩）采样法和无动力采样法三种；按采样时间和方式可分为间断采样和 24h 连续采样。

（一）直接采样法

当大气污染物浓度较高，或测定方法较灵敏，用少量气样就可以满足监测分析要求时，用直接采样法。如用氢火焰离子化检测器测定空气中的苯系物。常用的采样工具有塑料袋、注射器、采样管和真空采样瓶等。

1. 塑料袋采样

应选择与气样中待测组分既不发生化学反应，也不吸附、不渗漏的塑料袋。常用的有聚四氟乙烯袋、聚乙烯袋及聚酯袋等。为减小对被测组分的吸附，可在袋的内壁衬银、铝等金属膜。采样时，袋内应保持干燥，先用现场气体冲洗 2~3 次，再充满气样，封闭进气口，带回实验室分析。用带金属衬里的采样袋可以延长样品的保存时间，如聚氯乙烯袋对一氧化碳可保存 10~15 h，而铝膜衬里的聚酯袋可保存 100 h。

2. 注射器采样

常用的 100 mL 注射器，适用于采集有机蒸气样品。采样时，先用现场气体抽洗 2~3 次，然后抽取 100 mL 样品，密封进气口，带回实验室在 12h 内进行分析。

3. 采气管采样

采气管是两端具有旋塞的管式玻璃容器，其容积为 100~500mL。采样时，打开两端旋塞，将二连球或抽气泵接在管的一端，迅速抽进比采气管容积大 6~10 倍的气样，完全置换出采气管中原有气体，关上两端旋塞。

4. 真空瓶采样

真空采样瓶是一种用耐压玻璃制成的固定容器，容积为 500~1000 mL。采样时，先用抽真空装置将采气瓶内抽至剩余压力达 1.33 kPa 左右。若瓶内预先装入吸收液，可抽至溶液冒泡为止，关闭旋塞。采样时，打开旋塞，被采空气即进入瓶内，关闭旋塞，则采样体积为真空采气瓶的容积。如果采气瓶内真空度达不到 1.33kPa，则实际采样体积应根据剩余压力进行计算。

5. 不锈钢采样罐采样

不锈钢采样罐的内壁经过抛光或硅烷化处理。可根据采样要求，选用不同容积的采样罐。使用前采样罐被抽成真空，采样时将采样罐放置现场，采用不同的限流阀可对空气进行瞬时采样或编程采样。该方法可用于空气中总挥发性有机物的采样。

（二）富集采样法

当大气中被测物质浓度很低，或所用分析方法灵敏度不高时，须用富集采样法对大气中的污染物进行浓缩。富集采样的时间一般都比较长，测得结果是在采样时段内的平均浓度。富集采样法有溶液吸收法、固体阻留法和低温冷凝法。

1. 溶液吸收法

溶液吸收法是采集空气中气态，蒸汽态及某些气溶胶态污染物的常用方法。采样时，用抽气装置将空气以一定流量抽入装有吸收液的吸收瓶（管）。采样结束后，倒出吸收液进行测定，根据测得结果及采样体积计算空气中污染物的浓度。

溶液吸收法常用的气样吸收瓶（管）有多孔玻璃筛板吸收瓶、气泡式吸收瓶和冲击式吸收瓶。

多孔玻璃筛板吸收瓶，分为小型（容积为 5~30 mL）和大型（容积为 50~100 mL）两种规格。

气样通过吸收瓶的筛板后，被分散成很小的气泡，且阻留时间长，大大增加了气液接触面积，从而提高了吸收效果。其不仅适合采集气态和蒸汽态物质，而且能采集气溶胶态物质。

气泡式吸收瓶，容积为 5~10 mL，适用于采集气态和蒸汽态污染物。采样时，吸收管要垂直放置，不能有泡沫溢出。

冲击式吸收瓶，分为小型（容积为 5~10 mL）和大型（容积为 50~100mL）两种规格，适用于采集气溶胶态物质。由于吸收瓶的进气管喷嘴孔径小，距瓶底又很近，当被采气样快速从喷嘴喷出冲向管底时，气溶胶颗粒因惯性作用冲击到管底而被分散，因此易被吸收液吸收。冲击式吸收管不适合采集气态和蒸汽态物质，因为气体分子的惯性小，在快速抽气情况下，容易随空气一起跑掉。

2. 固体阻留法

固体阻留法分为填充柱阻留法和滤膜阻留法。

（1）填充柱阻留法

填充柱是一根长 6~10 cm，内径为 3~5 cm 的玻璃管，或者是内壁抛光的不锈钢管，内装颗粒状或纤维状填充剂。采样时，让气样以一定流速通过填充柱，待测组分因吸附、溶解或化学反应等作用被阻留在填充剂上，从而达到富集采样的目的。采样后，通过解吸或溶剂洗脱，使被测组分从填充剂上释放出来。根据填充剂阻留作用的原理，填充柱可分为吸附型、分配型和反应型三种类型。

a. 吸附型填充柱。其填充剂是颗粒状固体吸附剂，如活性炭、硅胶、分子筛、高分子多孔微球等。这些多孔物质的比表面积大，对气体和蒸汽有较强的吸附能力。

b. 分配型填充柱。这类填充柱的填充剂是表面涂高沸点有机溶剂的惰性多孔颗粒物（如硅藻土），类似于气液色谱柱中的固定相。当被采集气样通过填充柱时，在有机溶剂（固定液）中分配系数大的组分保留在填充剂上而被富集。例如，空气中的有机氯农药（六六六、DDT 等）和多氯联苯（PCB）多以蒸汽或气溶胶态存在，用溶液吸收法采样效率低，但用涂渍 5% 甘油的硅酸铝载体填充剂采样，采集效率可达 90% 以上。

c. 反应型填充柱。这种柱的填充剂是由惰性多孔颗粒物（如石英砂、玻璃微球等）或纤维状物（如滤纸、玻璃棉等）表面涂渍能与被测组分发生化学反应的试剂制成，也可用能与被测组分发生化学反应的纯金属（如金、银、铜等）丝或细粒作填充剂，适用于采集气态、蒸汽态和气溶胶态物质。气样通过填充柱时，被测组分在填充剂表面因发生化学反应而被阻留。采样后，将反应产物用适宜溶剂洗脱或加热吹气解吸下来进行分析。例如，空气中的微量氨可用装有涂渍硫酸的石英砂填充柱富集，采样后用水洗脱下来进行测定。

（2）滤膜阻留法

该方法是将滤膜放在采样夹上，用抽气装置抽气。则空气中的颗粒物被阻留在滤膜上，称量滤膜上富集的颗粒物质量，根据采样体积，即可计算出空气中颗粒物的浓度。

滤膜采集空气中的气溶胶颗粒物是利用直接阻截、惯性碰撞、扩散沉降、静电引力和重力沉降等作用。滤膜的采集效率除与自身性质有关外，还与采样速度、颗粒物的大小等因素有关。低速采样时以扩散沉降为主，对细小颗粒物的采集效率高；高速采样时以惯性碰撞作用为主，对较大颗粒物的采集效率高。

常用的滤膜有玻璃纤维滤膜、聚氯乙烯纤维滤膜、微孔滤膜等。

玻璃纤维滤膜吸湿性小，耐高温，阻力小，但其机械强度差。其常用于采集空气中的悬浮颗粒物，样品用酸或有机溶剂提取，可用于不受滤膜组分及所含杂质影响的元素分析及有机污染物分析。

聚氯乙烯纤维滤膜吸湿性小，阻力小，有静电现象，采样效率高，不亲水，能溶于乙酸丁酯，适用于重量法分析，消解后可做元素分析。

微孔滤膜是由醋酸纤维素或醋酸-硝酸混合纤维素制成的多孔性有机薄膜，孔径细小，均匀，质量小，微孔滤膜阻力大，吸湿性强，有静电现象，机械强度好，可溶于丙酮等有机溶剂。不适用于进行重量分析，消解后适用于元素分析。由于金属杂质含量极低，因此特别适用于采集分析金属的气溶胶。

3. 低温冷凝法

空气中某些沸点比较低的气态污染物，如烯烃类、醛类等，在常温下用固体填充剂等方法富集效果不好，采用低温冷凝法可提高采集效率。

低温冷凝法是将 U 形管或蛇形采样管插入冷阱中，当空气流经采样管时，被测组分因冷凝而凝结在采样管底部。

制冷的方法有半导体制冷器法和制冷剂法。常用的制冷剂有冰（0℃）、冰-盐水（-10℃）、干冰-乙醇（-72℃）、干冰（-78.5℃）、液氧（-183℃）、液氮（-196℃）。

低温冷凝采样法具有效果好、采样量大，利于组分稳定等优点。但空气中的水蒸气、二氧化碳等组分也会同时被冷凝下来，在气化时，这些组分也会气化，增大了气体总体积，从而降低浓缩效果，甚至干扰测定。为此，应在采样管的进气端装置选择性过滤器（内装高氯酸镁、碱石棉、氯化钙等），以除去空气中的水蒸气和二氧化碳等。但所用干燥剂和净化剂不能与被测组分发生作用，以免引起被测组分损失。

（三）无动力采样法

将采样装置或气样捕集介质暴露于环境空气中，不需要抽气动力，利用环境空气中待测污染物分子的自然扩散、迁移、沉降或化学反应等原理直接采集污染物的采样方式。其监测结果可代表一段时间内环境空气污染物的时间加权平均浓度或浓度变化趋势。

自然降尘量、硫酸盐化速率及空气中氟化物的测定常采用无动力采样法。

二、采样仪器

（一）气态污染物采样器

气态污染物采样装置，主要由气样捕集装置、滤水井和气体采样器组成。

采样器主要由流量计、流量调节阀、稳流器、计时器及采样泵等组成。采样流量范围为 0.5~2.0 L/min。常见的采样器分为单路、双路和多路，一般可用交流、直流两种电源。双路采样器可同时采集两种污染物，多路采样器可以同时采集多种污染物，也可以采集平行样。有的采样器上带有恒温装置，将采样吸收瓶放在恒温装置内，就可以保证在采集样品过程中吸收液温度保持恒定。

这不仅可以提高吸收效率，而且可以保证待测组分的稳定。

（二）颗粒污染物采样器

常见的颗粒污染物采样器分为大流量和中流量两种。

1. 大流量采样器

大流量采样器由采样夹、抽气风机、流量记录仪、计时器及控制系统、壳体等组成。滤料夹可安装 20×25 cm 的长方形玻璃纤维滤膜，以 1.1~1.7m³/min 的流量采样 8~24 h。

2. 中流量采样器

采样器流量一般为 0.05~0.15m³/min。

（三）24h 连续采样系统

1. 采样系统组成

主要由采样头、采样总管、采样支管、引风机、气体样品吸收装置及采样器等组成。

（1）采样头

采样头为一个能防雨、防雪、防尘及其他异物（如昆虫）的防护罩，其材质为不锈钢或聚四氟乙烯。采样头、进气口距采样亭顶盖上部的距离应为 $1~2$ m。

（2）采样总管

通过采样总管将环境空气垂直引入采样亭内，采样总管内径为 $30~150$ mm，内壁应光滑。采样总管气样入口处到采样支管气样入口处之间的长度不得超过 3 m，其材质为不锈钢、玻璃或聚四氟乙烯等。为防止气样中的湿气在采样总管中发生凝结，可对采样总管采取加热保温措施，加热温度应在环境空气露点以上，一般在 40℃ 左右。在采样总管上，二氧化硫进气口应先于二氧化氮进气口。

（3）采样支管

通过采样支管将采样总管中的气样引入气样吸收装置。采样支管内径一般为 $4~8$ mm，内壁应光滑，采样支管的长度应尽可能短，一般不超过 0.5 m。采样支管的进气口应置于采样总管中心和采样总管气流层流区内。采样支管材质应选用聚四氟乙烯或不与被测污染物发生化学反应的材料。

（4）引风机

用于将环境空气引入采样总管内，同时将采样后的气体排出采样亭外的动力装置，安装于采样总管的末端。采样总管内样气流量应为采样亭内各采样装置所需采样流量总和的 $5~10$ 倍。采样总管进气口到出气口气流的压力降要小，以保证气样的压力接近于环境空气大气压。

（5）采样器

采样器应具有恒温、恒流控制装置和流量、压力及温度指示仪表，采样器应具备定时、自动启动及计时的功能。进行采样时，二氧化硫及二氧化氮吸收瓶在加热槽内的最佳温度分别为 $23~29$℃ 及 $16~24$℃，且在采样过程中保持恒定。要求计时器在 24 h 内的时间误差应小于 5 min。

2. 采样操作

采样前应对采样总管和采样支管进行清洗，并对采样系统的气密性、采样流量、温度控制系统及时间控制系统进行检查，确保各项功能正常后方可进行采样。采样时，将装有吸收液的吸收瓶，连接到采样系统中，启动采样器，进行采样。记录采样流量、开始采样时间、温度和压力等参数。采样结束后，取下样品，并将吸收瓶进、出口密封，填写气态污染物现场采样记录表。

3. 采样质量保证

（1）采样总管及采样支管应定期清洗，干燥后方可使用。一般采样总管至少每 6 个月清洗 1 次，采样支管至少每月清洗 1 次。

（2）吸收瓶阻力测定应每月 1 次，当测定值与上次测定结果之差大于 0.3 kPa 时，应做吸收效率测试，吸收效率应大于 95%。不符合要求的，不能继续使用。

（3）采样系统不得有漏气现象，每次采样前应进行采样系统的气密性检查。确认不漏气后，方可采样。

（4）使用临界限流孔控制采样流量时，采样泵的有载负压应大于 70 kPa，且 24 h 连续采样时，流量波动应不大于 5%。

（5）定期更换过滤膜，一般每周 1 次。当干燥器硅胶有 1/2 变色时，须进行更换。

第四节 颗粒物的测定

一、总悬浮颗粒物

总悬浮颗粒物（TSP）的测定是指一定体积的空气通过已恒重的滤膜，空气中的悬浮颗粒物被阻留在滤膜上，根据采样前后滤膜质量之差及采样体积，计算出 TSP 的质量浓度。滤膜经处理后，可进行化学组分分析。

根据采样流量不同，可分为大流量采样法和中流量采样法。大流量采样（1.1~1.7m³/min），使用大流量采样器连续采样 24 h，按下式计算 TSP 浓度：

$$c_{TSP} = \frac{W}{Q_n t} \tag{3-1}$$

式中，c_{TSP} 为 P 浓度，mg/m³；

W 为阻留在滤膜上的 TSP 质量，mg；

Q_n 为标准状态下的采样流量，m²/min；t 为采样时间，min。

按照技术规范要求，采样器在使用期内，每月应用孔板校准器或标准流量计对采样器流量进行校准。

二、可吸入颗粒物（飘尘）

粒径小于 10 pm 的颗粒物，称为可吸入颗粒物或飘尘，常用 PM2.5 这一符号表示。测定飘尘的方法有重量法、压电晶体振荡法、β 射线吸收法及光散射法等。

（一）重量法

重量法根据采样流量不同，分为大流量采样重量法和小流量采样重量法。

大流量法使用带有 10 μm 以上颗粒物切割器的大流量采样器采样。根据采样前后滤膜质量之差及采样体积,即可计算出飘尘的浓度。使用时,应注意定期清扫切割器内的颗粒物;采样时必须将采样头及入口各部件旋紧,以免空气从旁侧进入采样器造成测定误差。

小流量法使用小流量采样器,使一定体积的空气通过配有分离和捕集装置的采样器,首先将粒径大于 10 μm 的颗粒物阻留在撞击挡板的入口挡板外,飘尘则通过入口挡板被捕集在预先恒重的玻璃纤维滤膜上,根据采样前后的滤膜质量及采样体积计算飘尘的浓度,用 mg/m³ 表示。滤膜还可供进行化学组分分析。

(二) 压电晶体振荡法

这种方法以石英谐振器为测定飘尘的传感器。气样经粒子切割器剔除粒径大于 10 μm 的颗粒物,小于 10 μm 的飘尘进入测量气室。测量气室内有高压放电针、石英谐振器及电极构成的静电采样器,气样中的飘尘因高压电晕放电作用而带上负电荷,继之在带正电的石英谐振器电极表面放电并沉积,除尘后的气样流经参比室内的石英谐振器排出。因参比石英谐振器没有集尘作用,当没有气样进入仪器时,两谐振器固有振荡频率相同,无信号送入电子处理系统,数显屏幕上显示零。当有气样进入仪器时,则测量石英谐振器因集尘而质量增加,使其振荡频率 (f_1) 降低,两振荡器频率之差 (Δf) 经信号处理系统转换成飘尘浓度并在数显屏幕上显示,从而换算得知飘尘浓度。

(三) β 射线吸收法

该测量方法的原理基于 β 射线通过特定物质后,其强度衰减程度与所透过的物质质量有关,而与物质的物理、化学性质无关。它是通过测定清洁滤带(未采尘)和采尘滤带(已采尘)对 β 射线吸收程度的差异来测定采尘量的。

假设同强度的 β 射线分别穿过清洁滤带和采尘滤带后的强度为 N_0(计数)和 N(计数),则二者关系为:

$$N = N_0^{-K \cdot \Delta M} \tag{3-2}$$

式中, K——质量吸收系数,cm^2/rag;

ΔM——滤带单位面积上尘的质量,mg/cm^2。

设滤带采尘部分的面积为 S,采气体积为 V,则大气中含尘浓度 c 为

$$c = \frac{\Delta MS}{V} = \frac{S}{VK} \ln \frac{N_0}{N} \tag{3-3}$$

因此,当仪器工作条件选定后,气样含尘浓度只决定于 β 射线穿过清洁滤带和采尘滤带后的两次计数值。

β射线源可用 ^{14}C、^{60}Co 等；检测器采用计数管，对放射性脉冲进行计数，反映β射线的强度。

（四）颗粒物分布

飘尘粒径分布有两种表示方法，一种是不同粒径的数目分布，另一种是不同粒径的质量浓度分布。前者用光散射式粒子计数器测定，后者用根据撞击捕集原理制成的采样器分级捕集不同粒径范围的颗粒物，再用重量法测定。这种方法设备较简单，应用比较广泛，所用采样器称多级喷射撞击式或安德森采样器。

这种方法指的是标黄部分的整体方法。

第五节　降水监测

大气降水监测的目的是了解在降雨（雪）过程中通过大气中沉降到地球表面的沉降物的主要组成、性质及有关组分的含量，为分析大气污染状况和提出控制污染途径、方法提供基础资料和依据。

一、布设采样点的原则

降水采样点的设置数目应视区域具体情况而定。我国技术规范中规定，人口 50 万以上的城市布三个采样点，50 万以下的城市布两个点，一般县城可设一个采样点。采样点位置要兼顾城市、农村或清洁对照区。

采样点的设置位置应考虑区域的环境特点，如地形、气象、工农业分布等。采样点应尽可能避开排放酸、碱物质和粉尘的局地污染源、主要街道交通污染源，四周应无遮挡雨、雪的高大树木或建筑物。

二、样品的采集

（一）采样器

采集雨水使用聚乙烯塑料桶或玻璃缸，其上口直径为 20cm，高为 20cm，也可采用自动采样器；采集雪水用上口径为 40cm 以上的聚乙烯塑料容器。将足够数量的容积相同的采水瓶并行排列，当第一个瓶子装满后，则自动关闭，雨水继续流入第二、第三个瓶子等。例如，在一次性降雨中，每 1mm 降雨量收集 100mL 雨水，共收集三瓶，以后的雨水再收集在一起。

（二）采样方法

（1）每次降雨（雪）开始，立即将清洁的采样器放置在预定的采样点支架上，采集全过程（开始到结束）雨（雪）样。如遇连续几天降雨（雪），则每天上午 8 时开始，连续采集 24h 为一次样。

（2）采样器应高于基础面 1.2 m 以上。

（3）样品采集后，应贴上标签，编好号，记录采样地点、日期、采样起止时间、雨量等。降雨起止时间、降雨量、降雨强度等可使用自动雨量计测量。

（三）水样的保存

由于降水中含有尘埃颗粒物、微生物等微粒，所以除用于测定 pH 值和电导率的降水样无须过滤外，测定金属和非金属离子的水样均须用孔径 0.45 μm 的滤膜过滤。

降水中的化学组分含量一般都很低，易发生物理变化、化学变化和生物作用，故采样后应尽快测定。如需要保存，一般不主张添加保存剂，而应在密封后放于冰箱中。

三、降水中组分的测定

应根据监测目的确定监测项目。我国环境监测技术规范中对大气降水例行监测有明确的规定。pH 值、电导率、K^+、Na^+、Ca^{2+}、Mg^{2+}、SO_4^{2-}、NH_4^+、NO_3^-、Cl^-，每月测定不少于一次，每月选一个或几个随机降水样品分析上述十个项目。

降水的测定方法与"水和废水监测"中对应项目的测定方法相同，在此仅做简单介绍。

（一）pH 值的测定

pH 值测定是酸雨调查最重要的项目。清洁的雨水一般 pH 值为 5.6，雨水的 pH 值小于该值时即为酸雨。常用测定方法为 pH 玻璃电极法。

（二）电导率的测定

雨水的电导率大体上与降水中所含离子的浓度成正比，测定雨水的电导率能够快速地推测雨水中溶解物质的总量。一般用电导率仪或电导仪测定。

（三）硫酸根的测定

降水中的 SO_4^{2-} 主要来自气溶胶和颗粒物中可溶性硫酸盐及气态 NO_3^-。经催化氧化形成的硫酸雾，其一般浓度范围为几 mg/L 到 100 mg/L。该指标用于反映大气被含硫化合物污染的状况。其测定方法有铬酸钡—二苯碳酰二肼分光光度法、硫酸钡比浊法、离子色谱法等。

（四）硝酸根的测定

大气中 NO_2 和颗粒物中的可溶性硝酸盐进入降水中形成 NO_3^-，其浓度一般在几毫克每升，出现数十毫克每升的情况较少。该指标可反映大气被氮氧化物污染的状况，氮氧化物也是导致降水 pH 值降低的因素之一。测定方法有镉柱还原-偶氮染料分光光度法、紫外分光光度法及离子色谱法等。

（五）氯离子的测定

氯离子是衡量大气中因氯化氢导致降水 pH 值降低的标志，也是判断海盐粒子影响的标志，其浓度一般在几毫克每升，但有时高达几十毫克每升。测定方法有硫氰酸汞-高铁分光光度法、离子色谱法等。离子色谱法可以同时测定降水中的 F^-、Cl^-、NO_3^-、SO_4^{2-} 等。

（六）铵离子的测定

大气中的氨进入降水中形成铵离子，它们能中和酸雾，对抑制酸雨是有利的。然而，其随降水进入河流、湖泊后，会导致水富营养化。大气中氨的浓度冬天较低、夏天较高，一般在几毫克每升。其常用测定方法为钠氏试剂分光光度法或次氯酸钠-水杨酸分光光度法。

（七）钾、钠、钙、镁等离子的测定

降水中 K^+、Na^+ 的浓度一般在几毫克每升，常用空气-乙炔（贫焰）原子吸收分光光度法测定。

Ca^{2+} 是降水中的主要阳离子之一，其浓度一般在几毫克每升至数十毫克每升，它对降水中的酸性物质起着重要的中和作用。其测定方法有原子吸收分光光度法、络合滴定法、偶氮氯膦（Ⅲ）分光光度法等。

Mg^{2+} 在降水中的含量一般在几毫克每升以下，常用原子吸收分光光度法测定。

第六节　污染源监测

空气污染源包括固定污染源和流动污染源。对污染源进行监测的目的是检查污染源排放废气中的有害物质是否符合排放标准的要求；评价净化装置的性能和运行情况及污染防治措施的效果；为大气质量管理与评价提供依据。

污染源监测的内容包括：排放废气中有害物质的浓度（mg/m^3）；有害物质的排放量（kg/h）；废气排放量（m^3/h）。在有害物质排放浓度和废气排放量的计算中，都采用现行监测方法中推荐的标准状态（温度为0℃，大气压力为101.3 kPa 或760mmHg）下的干气体表示。

污染源监测要求生产设备处于正常运转状态下进行；根据生产过程所引起的排放情况的变化特点和周期进行系统监测；测定工业锅炉烟尘浓度时，应稳定运转，并不低于额定负荷的85%。

一、固定污染源监测

（一）采样点数目

烟道内同一断面上各点的气流速度和烟尘浓度分布通常是不均匀的，因此，必须按照一定原则进行多点采样。采样点的位置和数目主要根据烟道断面的形状、尺寸大小和流速分布情况确定。

1. 圆形烟道

在选定的采样断面上设两个相互垂直的采样孔，按照规定的方法将烟道断面分成一定数量的等面积同心圆环，沿着两个采样孔中心线设四个采样点。若采样断面上气流速度较均匀，可设一个采样孔，采样点数减半。当烟道直径小于0.3m，且流速均匀时，可在烟道中心设一个采样点。

2. 矩形（或方形）烟道

将烟道断面分成一定数目的等面积矩形小块，各小块中心即为采样点位置。

3. 拱形烟道

因这种烟道的上部为半圆形，下部为矩形，故可分别按圆形和矩形烟道的布点方法确定采样点的位置及数目。

当水平烟道内有积灰时，应将积灰部分的面积从断面内扣除，按有效面积设置采样点。

在能满足测压管和采样管达到各采样点位置的情况下，要尽可能地少开采样孔。一般开两个互成90°的孔，最多开四个。采样孔的直径应不小于75 mm。当采集有毒或高温烟气，且采样点处烟气呈正压时，采样孔应设置防喷装置。

（二）基本状态参数的测定

1. 温度的测量

对于直径小、温度不高的烟道，可使用长杆水银温度计。对于直径大、温度高的烟道，则要用热电偶测温毫伏计测量。根据所测温度的高低，应选用不同材料的热电偶。测量800℃以下的烟气可选用镍铬-康铜热电偶；测量1 300℃以下烟气选用镍铬-镍铝热电偶；测量1 600℃以下的烟气则需用铂-铂铑热电偶。

2. 压力的测量

烟气的压力分为全压（P_1）、静压（P_s）和动压（P_v）。静压是单位体积气体所具有的势能，表现为气体在各个方向上作用于器壁的压力。动压是单位体积气体具有的动能，是使气体流动的压力。全压是气体在管道中流动具有的总能量。在管道中任意一点上，三者的关系为：$P_1 = P_s + P_v$。测量烟气压力常用测压管和压力计。

（1）测压管

常用的测压管有两种，即标准皮托管和S形皮托管。它是一根弯成90°的双层同心圆管，其开口端与内管相通，用来测量全压；在靠近管头的外管壁上开有一圈小孔，用来测量静压。标准皮托管具有较高的测量精度，其校正系数近似等于1，但测孔很小，如果烟气中烟尘浓度大，易被堵塞，因此只适用于含尘量少的烟气，或用作其他测压管的校正。

S形皮托管由两根相同的金属管并联组成，其测量端有两个大小相等、方向相反的开口。测量烟气压力时，一个开口面向气流，接受气流的全压；另一个开口背向气流，接受气流的静压。由于气体绕流的影响，测得的静压比实际值小，因此，在使用前必须用标准皮托管进行校正。其开口较大，可用于测烟尘含量较高的烟气。

（2）压力计

常用的压力计有U形压力计和倾斜式微压计。

U形压力计较为常见，是一个内装工作液体的U形玻璃管。常用的工作液体有乙醇、水、汞，根据被测烟气的压力范围而定。U形压力计的误差可达1~2mmH₂O（1mmH₂O~9.80665Pa），故不适宜测量微小压力。

倾斜式微压计由一截面积（F）较大的容器和一截面积（f）很小的玻璃斜管组成，内装工作溶液，玻璃管上的刻度表示压力读数。测压时，将微压计容器开口与测压系统中压力较高的一端相连，斜管与压力较低的一端相连，作用在两个液面上的压力差使液柱沿斜管上升。

（三）含湿量的测定

与大气相比，烟气中的水蒸气含量较高，变化范围较大，为便于比较，监测方法规定以除去水蒸气后标准状态下的干烟气为基准表示烟气中有害物质的测定结果。含湿量的测定方法有重量法、冷凝法、干湿球温度计法等。

1. 重量法

一定体积的烟气，通过装有吸收剂的吸收管，吸收管增加的重量即为所采烟气中的水蒸气质量。

装置所带的过滤器可防止烟尘进入采样管；保温或加热装置可防止水蒸气冷凝。U 形吸湿管由硬质玻璃制成，常用的吸湿剂有氯化钙、氧化钙、硅胶、氧化铝、五氧化二磷、过氯酸镁等。

2. 冷凝法

一定体积的烟气，通过冷凝器，根据获得的冷凝水量和从冷凝器排出的烟气中的饱和水蒸气量计算烟气的含湿量。含湿量可按下式计算：

$$X_W = \frac{1.24G_W + V_S \dfrac{P_Z}{P_A + P_r} \times \dfrac{273}{273 + t_r} \times \dfrac{P_A + P_r}{101.3}}{1.24G_W + \dfrac{273}{273 + t_r} \times \dfrac{P_A + P_r}{101.3}} \times 100\% \qquad (3-4)$$

式中 G_W 为冷凝器中的冷凝水量，g；

V_S 为测量状态下抽取烟气的体积，L；

P_Z 为冷凝器出口烟气中饱和水蒸气压（可根据冷凝器出口气体温度 t_r，从"不同温度下水的饱和蒸气压"的表中查知），kPa。

3. 干湿球温度计法

烟气以一定流速通过干湿球温度计，根据干湿球温度计读数及有关压力计算烟气含湿量。

（四）烟尘浓度测定的采样方法

抽取一定体积的烟气通过已知质量的捕尘装置，根据捕尘装置采样前后的质量差和采样体积，计算烟尘的浓度。

烟气的采样包括移动采样与定点采样两类。移动采样是指为测定烟道断面上烟气中烟尘的平均浓度，用同一个尘粒捕集器在已确定的各采样点上移动采样，各点的采样时间相同，这是目前普遍采用的方法；定点采样是指为了解烟道内烟尘的分布状况和确定烟尘的平均浓度，分别在断面的每个采样点采样，即每个采样点采集一个样品。

1. 等速采样法

测定烟气烟尘浓度必须采用等速采样法，即烟气进入采样嘴的速度应与采样点烟气流速相等。采样速度大于或小于采样点烟气流速都将造成测定误差。

2. 预测流量法

在采样前先测出采样点的烟气温度、压力、含湿量，计算出烟气流速，再结合采样嘴直径计算出等速采样条件下各采样点的采样流量。

3. 平行采样法

将 S 形皮托管和采样管固定在一起插入采样点处，当与皮托管相连的微压计指示出动压后，利用预先绘制的皮托管动压和等速采样流量关系计算图立即算出等速采样流量，及时调整流速进行采样。平行采样法中，测定流速和采样几乎同时进行，减小了由于烟气流速改变而带来的采样误差。

二、流动污染源监测

汽车尾气是石油体系燃料在内燃机内燃烧后的产物，含有 NO_x、碳氢化合物 CO 等有害组分。汽车尾气中污染物的含量与其行驶状态有关，空转、加速、匀速、减速等行驶状态下尾气中的污染物含量均应测定。

（一）汽车怠速 CO、烃类化合物的测定

一般采用非色散红外气体分析仪对其进行测定，可直接显示 CO 和烃类化合物的测定结果。测定时，先将汽车发动机由怠速加速至中等转速，维持 5s 以上，再降至怠速状态，插入取样管（深度不少于 300 mm）测定，读取最大指示值。若为多个排气管，应取各排气管测定值的算术平均值。

（二）汽油车尾气中 NO_x 的测定

在汽车尾气排气管处用取样管将废气引出（用采样泵），经冰浴（冷凝除水）、玻璃棉过滤器（除油尘），抽取到 100 mL 注射器中，然后将抽取的气样经氧化管注入冰乙酸-对氨基苯磺酸-盐酸萘乙二胺吸收显色液，显色后用分光光度法测定。测定方法同大气中 NO_x 的测定。

（三）尾气烟度的测定

汽车柴油机或柴油车排出的黑烟含有多种颗粒物，其组分复杂，有碳、氧、氢、灰分和多环芳烃化合物等。

烟度的含义是使一定体积的排气透过一定面积的滤纸后，滤纸被染黑的程度，用波许单位（R_b）表示。当一定体积的尾气通过一定面积的白色滤纸时，排气中的炭粒就附着在滤纸上，将滤纸染黑，然后用光电测量装置测量染黑滤纸的吸光度，以吸光度大小表示烟度大小。规定洁白滤纸的烟度为零，全黑滤纸的烟度为10。滤纸式烟度计烟度刻度计算式为：

$$R_b = 10 \times \left(1 - \frac{I}{I_0}\right) \tag{3-5}$$

式中，R_b 为波许烟度单位；

I 为被测烟样滤纸反射光强度；

I_0 为洁白滤纸反射光强度。

烟度可用波许烟度计直接测定。

第四章 其他环境监测技术

第一节 土壤和固体废物监测技术

一、土壤及土壤环境质量

（一）我国土壤环境概述

我国属于人口大国，由于人口众多，人们的需求量也变得巨大，同时，人们的环境保护意识不强，使周围的环境污染越来越严重。人口的众多，促使污染环境的途径也变得很多，这就使得在管理方面很难控制。再者，我国还是一个农业大国，加之人口众多，想要发展就更需要农作物的支撑。而土壤的污染也会使农作物受到影响，这就使得土壤环境的质量直接影响我国的经济发展。如果在污染重点区，如工业密集地、化工企业、煤矿区等地区进行耕作，那么，这些地区所产生的"三废"就会导致农作物受到污染并减产，同时也会直接影响人们的健康。

（二）我国土壤环境质量现状及工作思路

1. 现状

（1）当前我国土壤污染严重

随着环境科学与土木工程领域的发展，场地和土壤污染勘察评价与修复成为业内人士讨论的热点话题。但是我国针对土壤修复方面的理论和技术支持却十分有限。根据相关部门的调查与研究，我国的土壤污染问题已经十分严重，并且在社会与经济发展速度逐渐加快的背景下，我国的土壤污染范围呈现出继续扩大的趋势。只有对土壤环境监测技术规范进行客观的了解，保证土壤环境质量评价工作的有效进行，才能够提高我国土壤污染修复治理的工作效率，确保环境保护工作的顺利推进。

土壤不仅与我国的经济发展水平有着十分紧密的联系，还与人们的身体健康息息相关。只有对土壤环境进行有力的保护，才能够提升我国的生态文明建设水平，保障国家生态安全。

（2）土壤环境质量评价工作中的常见问题

由于各种污染物的侵蚀，土壤的性质以及成分产生变化的土壤，被称为污染土。这种污染土的存在，无论是对人类的身体健康，还是对周围生态环境的平衡维系都产生了严重的影响。为了提高土壤环境质量评价工作的规范性，我国相关环保部门还出台了多项技术规范，制定了相应的技术标准。虽然生态环境部将多种学科优势都融入技术标准中，但是与之相关的法律法规依然有很多地方需要完善。

2. 我国土壤环境质量评价的工作思路

（1）做好土壤环境质量评价的内容分析

土壤环境质量评价内容主要包含两方面的内容：第一，根据环境质量的相关要求进行土壤污染评价；第二，根据环境质量的相关要求进行土壤污染评价。针对土壤污染的评价内容主要涉及以下几方面：土壤是否受到污染；土壤中存在的致污物质的实际含量是否与标准不符；土壤的污染程度。

（2）做好土壤污染程度的判定及评价

土壤污染程度的评判内容是，已经对土壤造成污染的致污物质对土壤组成的影响、对土壤结构的影响以及对土壤性质的影响。所以要想科学划分土壤污染程度等级，还需要根据土壤污染程度进行以下指数的评价：第一，土壤强度；第二，土壤变形；第三，土壤渗透；第四，土壤腐蚀；第五，土壤吸附；第六，土壤酸碱度。如果是耕地土壤，就对土壤中存在的化学成分进行评价。如果是建设用地，就要对土壤的力学性质进行评价，如土壤土体强度、土壤变形状况等。

在人们知识修养不断提升的同时，人们的环保意识也在逐渐觉醒。由于过去不合理的经济发展使得大面积的土壤受到了污染，加强土壤环境监测技术规范的研究，采取相关措施解决土壤环境质量评价中的问题，促进我国土壤污染治理与修复行业的发展已经是迫在眉睫的事情。而在实际的土壤环境质量评价工作中，须先判定该土壤是否受到致污物质的污染，然后再结合土壤污染程度进行针对性评价。如果土壤受到污染，还须根据实际情况制订相应的土壤治理方案。

（三）我国土壤环境质量监测对策

在环境管理工作中，环境监测是一个非常重要的手段。环境监测最主要的任务就是制定出满足环境管理所需要的既科学先进又切实可行的办法。因此，我国在全国范围内进行了土壤污染状况调查，这不仅促进了全民对土壤环境质量的重视，对我国土壤环境监测和污染治理也具有推动作用。

1. 土壤监测制度的优化

（1）通过建立国家级的环境监测网，重点建设我国土壤环境监测管理的相关制度。随着社会的发展和信息化的普及，在土壤环境质量监测管理方面可采用信息化的技术，通过信息化的设备来及时掌握土壤环境的质量，对土壤环境进行有效的管理。同时通过定期对土壤进行环境质量监测来对土壤环境的现状和发展进行及时的掌控，以便更好地预防土壤污染，提高人们的生活质量。

（2）在土壤环境质量监测管理方面，国家要加大资金的支持力度，这是有效提高监测质量的基础。对于土壤环境质量监测管理工作，国家应设立土壤环境质量监测专项资金，并列入国家财政预算，这将有助于土壤环境质量监测技术的提高。

（3）努力提高环境质量监测水平，加强各级部门的监测质量。针对污染较重地区要建立监测站，并要加强投入土壤环境质量监测设备。

（4）在各地区，要建立相关的环境保护机构，并配备专业的人员，使土壤环境质量监测管理工作得到具体的落实。

2. 完善土壤环境质量监测技术

要做好土壤环境质量的监测工作，就必须联合国土资源、农业部门、卫生机构等共同做好对土壤污染的监测、环境调查、治理工作，并加大整治工作的力度。要完善土壤环境质量监测技术，引进先进的设备，强化各种技术手段，实现科学合理的监测操作。同时要不断提升组织机构以及操作人员的综合素质能力，保证污染监测结果的精准有效，对土壤的实际情况做好定期监测，并且要利用现有设备对土壤污染的趋势进行分析，对即将发生的土壤污染恶化情况做出正确的预警。

3. 对土壤环境保护的法律进行完善

为了使土壤环境质量监测管理工作能够顺利进行，要加快制定土壤环境保护和污染防治相关法律法规，并加大环境保护的宣传力度，促进相关法律法规尽快颁布实施。

4. 提高人们的环境保护意识

通过互联网或者其他途径，加大对环境保护的宣传，全面提高人们的环境保护意识，减少环境污染，为人们的生活创造一个健康的环境。土壤是人类赖以生存的家园，环境的保护需要人民群众集体共同完成。土壤环境质量监测管理对环境保护和污染防治都有重要作用，虽然现如今我国在环境质量监测管理方面取得了一定的进步，但同时也存在一些不足。基于此，我们应引进先进的监测技术，提升环境质量监测管理的综合能力，努力为我国土壤环境保护保驾护航。

二、土壤质量监测技术

（一）土壤有机物监测技术

1. 有机物监测技术

有机物监测技术能够测定土壤中的有机氯农药、邻苯二甲酸酯类、多环芳烃类等有机物。土壤样品经处理后采用加速溶剂萃取提取，凝胶渗透净化仪净化，气相色谱/质谱法对样品中有机氯农药进行分析，采用保留时间定性分析，特征选择离子的峰面积进行定量分析。

这种技术所使用的试剂与材料分别如下：农残级二氯甲烷、正已烷、丙酮；分析纯级无水硫酸钠、硅藻土；脱水小柱、样品瓶。所使用的标准物质是采用国家环境标准物质研究中心提供的有机氯农药标准物质或国外同类标准物质。

土壤质量测定要先对样品进行采集和保存，并进行预处理；测定分析中要对仪器条件进行分析（色谱条件和质谱条件），然后对样品进行萃取和净化，采用外标法进行定量分析得到标准曲线；在对土壤样品的质量保证和质量控制进行分析的过程中，要进行空白分析和平行样分析，做加标回收率测定，按照分析步骤计算出检出限；最后进行数据处理并计算出这些有机物的峰面积，从而进行定量分析。

2. 石油类监测技术

石油类监测技术适用于对土壤中的石油类有机物进行测定。对于受石油污染的土壤，可以用氯仿提取，挥发去氯仿，于60℃恒重后得到氯仿提取物，这样能反映有机污染状况。也可用非分散红外光度法测定吸光度，但是对于含有甲基、亚甲基的有机物测定会产生一定程度的干扰，同时对动物、植物性油脂等的测定也会产生干扰，这时就须对此类情况进行另外的说明并用预分离方法去除这些干扰物。当萃取液中石油类正构烷烃、异构烷烃和芳香烃的比例含量与标准油差别较大时，须采用红外分光光度法测定。这种方法中所需要的仪器和设备包括干燥器、恒温箱、分析天平、分液漏斗、红外分光光度计、恒温水浴锅、非分散红外测油仪等。所使用的试剂包括氯仿、硅酸镁、氢氧化钾-乙醇液、四氯化碳、石油醚、标准吸取油贮备液、无水硫酸钠和标准油品等。

在进行分析测定时，首先要提取氯仿提取物和非皂化物，然后利用重量法测定非皂化物总量，用红外分光光度法、非分散红外测油法测定样品并绘制标准曲线（试液制备、吸附净化），从而测定土壤中石油类物质的含量。

3. 挥发性物质监测技术

挥发性物质监测适用于对土壤中挥发性有机化合物如四氯化碳、甲苯、二氯甲烷等的分析测定。常用的方法有吹扫捕集-气相色谱-质谱法、顶空-气相色谱-质谱法等。

（二）土壤无机污染物监测技术

1. 土壤无机污染物生物有效性的测定方法

土壤无机污染物的生物有效性可以用两类互补的方法进行测定。

（1）生物学方法

测定土壤污染物的生物学效应，根据所关心的受体、选择人、高等动物、植物、土壤动物和微生物等进行生物测试，可以在分子、细胞、代谢（酶活性或生物指示物）、个体（富集、生长、繁殖率、死亡率等）、种群（密度、多样性）和群落（物种组成）水平方面进行测定。

（2）化学方法

模拟土壤污染物的环境有效性，包括：①土壤溶液浓度；②基于水、中性盐、稀酸或络合剂的化学提取态；③基于扩散和交换吸附的固相萃取等。

2. 土壤无机污染物生物有效性的化学提取测定方法

目前，常用的化学提取方法有很多，如水提取、中性盐提取（$0.01\ mol\cdot L^{-1}CaCl_2$，$0.1mol\cdot L^{-1}NaNO_3$等）、稀酸（稀$HCl$等）、络合剂（DTPA、EDTA等）。

不同提取方法的原理不同，对不同元素的提取率也不同。

选取不同的测定方法，要遵循如下原则：①提取方法基于物理、化学或生理学原理；②方法的适用范围（如土壤类型、生物或污染物性质等）明确；③方法成熟，操作步骤明确，经过实验室间的比对研究，具有标准参考物质；④经过大量试验数据验证表明该提取方法与生物学方法有较好的相关性；⑤被政府机构采纳，并具有相关土壤标准；⑥分析步骤简便，易于推广。

3. 土壤重金属活性态监测方法

（1）土壤重金属活性态化学提取法

土壤重金属的毒性大小取决于其金属离子在土壤中活性态浓度的高低，解释和预测有效态 Cd 浓度是土壤 Cd 污染调控的关键。重金属调控过程中活性态的表征方法较多，常见的有化学提取法，如一步化学提取法和多步化学提取法。不同的化学提取剂提取效率不同，很难判断土壤中的重金属真实状态。多步化学提取法将不同形态的 Cd 分别采取不同的提取程序进行分步提取，此方法虽然可精准测量出不同形态的 Cd 含量，但是也存在着分析过程中元素的再分配和再吸收等严重的缺陷。化学提取法需要破坏性采样，对土壤扰动大。

梯度扩散薄膜技术（DGT）是一种原位监测技术，与其他传统提取及分析技术相比，梯度扩散薄膜技术能够对土壤进行原位监测，在不扰动土壤环境的情况下，连续测定土壤重金属活性态变化。梯度扩散薄膜技术监测的重金属含量不仅包括水溶性重金属，还考虑了重金属在土壤体系中的运移过程及固液吸附—解离、有机结合态吸附—解离动态补充过程，因此梯度扩散薄膜技术是表征重金属有效态的重要工具之一，为研究土壤重金属有效性提供了高效而又可靠的方法。

（2）土壤重金属有效态化学提取法

土壤重金属有效态化学提取法适用于对土壤重金属镉、铬、铜、汞、镍、铅、锌等有效态的提取和分析，提取剂采用 $NaNO_3$ 溶液。除 Hg 外，提取液中其他重金属的浓度可用原子吸收分光光度法进行测定，重金属的浓度低于原子吸收分光光度计检出限时，可用原子吸收石墨炉法测定。Hg 浓度可用原子荧光分光光度法测定。

土壤重金属有效态化学提取法所用的试剂和仪器主要包括氢氧化钠、二次去离子水、石墨炉原子吸收分光光度计、分析天平、离心机、塑料注射器、聚乙烯试剂瓶等。

（三）土壤无机元素监测技术

1. 电感耦合等离子体原子发射光谱法

电感耦合等离子体原子发射光谱法适用于测定土壤中镁、钙、铬、钛、铝、铁等无机元素，从而校正土壤中的这些元素对痕量元素的干扰。

这种方法采用盐酸-硝酸-氢氟酸-高氯酸全分解的方法或硝酸-氢氟酸-过氧化氢微波消解法，使试样中的待测元素全部进入试液中。然后，将土壤、沉积物消解液经等离子发射光谱仪进样器中的雾化器雾化，并由氩载气带入等离子体火炬中，分析物在等离子体火炬中挥发、原子化、激发并辐射出特征谱线。不同元素的原子在激发或电离时可发射出特征光谱，特征光谱的强弱与样品中原子浓度有关，与标准溶液进行比对，即可定量测定样品中各元素的含量。

2. 电感耦合等离子体质谱法

电感耦合等离子体质谱法适用于测定土壤中镉、铅、铜、锌、铁、锰、镍、钼和铬等无机元素。土壤样品经消解后，加入内标溶液，样品溶液经进样装置被引入电感耦合等离子体中，根据各元素及其内标的质荷比（m/e）测定各元素的离子计数值，由各元素的离子计数值与其内标的离子计数值的比值，求出元素的浓度。

3. 原子荧光法

原子荧光法适用于测定土壤及沉积物中的汞、砷、硒、锑、铋元素。试样用王水分解，硼氢化钾还原，生成原子态的汞，经氩气导入原子化器，用原子荧光光度计进行测定。测定中用到的分析纯极的试剂有盐酸、硝酸、磷酸、硼氢化钾等，用到的仪器有原子荧光光度计，汞、砷、硒、锑、铋高强度空心阴极灯。

4. X 射线荧光光谱法

X 射线荧光光谱法采用粉末压片-波长色散 X 射线荧光光谱法测定土壤和沉积物中 32 种无机元素，如砷、钡、氯、铬、铜、铅、硫、铝、铁、钾、钠、钙、镁等。土壤或沉积物样品经过衬垫压片或铝环（塑料环）压片后，试样中的原子受到适当的高能辐射激发后，放射出该原子所具有的特征 X 射线，其强度大小与试样中的该元素浓度成正比。X 射线荧光光谱法通过测量特征 X 射线的强度来定量试样中各元素的含量。

5. 催化热解-原子吸收法

催化热解-原子吸收法适用于测定土壤中的汞元素。样品在高温催化剂的条件下，各形态汞被还原为单质汞，随载气进入混合器被金汞齐选择性吸附，其他分解产物随载气排出。混合器快速加温，将金汞齐吸附的汞解吸，形成汞蒸气，汞蒸气随载气进入原子吸收光谱仪，在 253.7nm 下测定其吸光率，吸光率与汞含量呈函数关系。

三、固体废物监测技术

（一）固体废物的种类和特点

在定义上，我们将在生产生活或者其他活动中制造出来的已经失去了原有使用价值，或者虽然还有一定的使用价值但是已经被丢弃了的那些固态、半固态和放置在容器里面的气态物质以及法律法规当中纳入固体废物范畴的物质称为固体废物。这个定义其实非常宽泛，所包含的种类也十分复杂。对于这些个固体废物，我国施行的处理原则是将其资源化、减少化和无害化，希望能够减少它们的害处，将它们变废为宝，实现对它们的二次或者多次利用，充分利用可用资源。

固体废物还可以细分为一般固体废物、危险废物和生活垃圾三大种类。这里面危险废物是最须我们警惕的也是容易给环境还有人类造成巨大危害的固体废物，因此我们需要加强对这类固体废物的管理工作。

有别于其他种类的废弃物，工业固体废物有着明显的时间和空间特征。有人说垃圾是放错位置的资源，将这句概括运用到固体废物上面加以调整，就是"固体废物是在错误时间放错位置的资源"。为什么说它具有时间特征，是因为对于当前的科学技术和经济条件来说，有些固体废物无法被加以循环利用，但是相信随着时代与科学的进步，假以时日，这些今天的废物会变成明日的资源。而之所以说其具有空间特征是因为固体废物只是在某一方面失去了使用价值，但是其在别的方面依然存在使用价值。

固体废物主要通过水、空气和土壤这些介质来对环境造成影响，固体废物之中的污染成分对环境的影响是比较缓慢的，可能需要很多年才会产生明显的影响被人类所发现。有些固体废物是很可贵的二次资源，它最好的处理方式就是资源化，转化为原材料或者产品。废水废气之中的污染物经过不同的处理工序，有时候也能转化成固态物，这也是当前固体废物数量较多的原因之一。

（二）固体废物监测方法

1. 有害物质的监测方法

（1）加热烘干称量法

加热烘干称量法适用于测定固体废物中的水分，也是固体废物监测中的一个重要项目。将固体废物样品放入恒温鼓风干燥箱，先进行烘干再进行冷却，保证平衡稳定的加热温度，保证测定结果的准确。

（2）玻璃电极电位法

玻璃电极电位法适用于测定固体废物中的 pH 值，从而能够反映其腐蚀性的大小。所需要的仪器和试剂主要有酸度计及配套的电极、缓冲溶液、水平振荡器和蒸馏水等，可以将电极直接插入污泥中进行测定，也可以对样品经离心或过滤后再测定。对于粉状、颗粒状或块状的试样要加入蒸馏水放在振荡器中振荡后再测定。

（3）冷原子吸收分光光度法

冷原子吸收分光光度法适用于测定固体废物中的总汞含量，这是对汞元素最有效的测定方法，该方法用很少的固体废物样品，通过简单快捷的操作方法，就可以进行测定。将经特定溶液处理后的样品置于测汞仪的反应瓶中，经氯化亚锡溶液将二价汞还原为单质汞，用载气或振荡使之挥发，并把挥发的汞蒸气带入测汞仪的吸收池中，测定吸光度。

（4）苯碳酰二肼分光光度法

二苯碳酰二肼分光光度法适用于测定固体废物中的铬含量。固体废物试样经过硫酸、磷酸消化，铬化合物变成可溶性，再经过离心或过滤分离后，用高锰酸钾将三价铬氧化成六价铬。然后在酸性条件下与二苯碳酰二肼反应生成紫红色配合物，其色度与试液中铬的浓度成正比，在 540 nm 处测其吸光度，利用标准曲线法即可求得铬的含量。

（5）异烟酸-吡唑啉酮分光光度法

异烟酸-吡唑啉酮分光光度法用于测定氰化物的含量。在 pH 为 6.8~7.5 近中性的混合磷酸盐缓冲液条件下，氰化物被氯胺 T 氧化成氯化氰，氯化氰与异烟酸作用，并经水解后生成戊烯二醛，此化合物再与吡唑啉酮缩合生成稳定的蓝色化合物。在一定浓度范围内，该化合物的颜色强度（色度）与氰化物的浓度呈线性关系，利用标准曲线法即可求得固体废物中氰化物的含量。

2. 生活垃圾的监测分析

要对不同场所的垃圾储存场所采集垃圾试样，这是进行生活垃圾监测分析的重要一步，还要科学控制采样量并进行粉碎、干燥和储存。首先要对垃圾的粒度进行分级；然后根据垃圾中形成的淀粉碘络合物的颜色变化对固体废物中的淀粉进行测定分析；还要对垃圾中的有机物质进行生物降解度的测定，区分出容易降解、难以生物降解的固体废物；固体废物进行焚烧处理后的热值测定也是一项重要的监测指标；从生活垃圾中渗出来的水溶液也是重要的固体废物污染源，也要对垃圾渗滤液进行分析和测定。

3. 医疗废物的监测分析

对医院中产生的固体废物的处理和监测，有极其严格的要求。对于不同的医疗废物要进行分类收集和贮存，还要装在专用、防潮、结实的包装袋或包装容器中，便于区分废物。要对医疗废物的运输工具进行严格的消毒处理，在固定的场所进行焚烧或采取其他方法处理。

4. 固体的直接分析技术

在对固态环境样品进行分析时，很多情况下都是先对样品进行预处理，然后进一步分析测定。但也有些直接分析技术可以对制备的风干样品或者生物样品的活体直接进行测定，如中子活化分析法、X 射线荧光光谱分析法、同位素示踪法、发射光谱法等。

第二节 噪音监测

一、噪声及声学基础

（一）声音与噪声

1. 声音

人类生活在一个声音的环境中，通过声音进行交谈、表达思想感情以及开展各种活动。而各种各样的声音都起源于物体的振动，凡能发生振动的物体统称为声源。从物体的形态来分，声源可分为固体声源、液体声源和气体声源。声源的振动通过空气介质作用于人耳鼓膜而产生的感觉称为声音。声音的传播介质有空气、水和固体，它们分别称为空气声、水声和固体声等。噪声监测主要讨论空气声。

2. 噪声

从物理现象判断，一切无规律的或随机的声信号叫噪声。例如，震耳欲聋的机器声、呼啸而过的飞机声等。另外噪声的判断还与人们的主观感觉和心理因素有关，即一切不希望存在的干扰声都叫噪声，例如，音乐之声对正在欣赏音乐的人来说，是一种美的享受，是需要的声音，而对正在思考或睡眠的人来说，则是不需要的声音，是噪声。

（1）噪声的危害

噪声污染对人群的危害程度取决于噪声的强度和暴露时间的长短。噪声的危害是多方面的，主要表现在以下几点：

①干扰睡眠。噪声会影响人的熟睡或使人从睡眠中惊醒，使体力和疲劳得不到应有的恢复，从而影响工作效率和安全生产。

②损伤听力。长期在噪声环境中工作和生活，将造成人的听力下降，产生噪声性耳聋。在噪声级为 90dB 条件下长期工作的人，20% 会发生耳聋；在 85dB 时，10% 的人有可能会耳聋。

③干扰语言交谈和通信联络。

④影响视力。长时间处于高噪声环境中的人，很容易发生眼疲劳、眼病、眼花和视物流泪等眼损伤现象。

⑤能诱发多种疾病。噪声会引起紧张的反应，使肾上腺素增加，因而引起心率改变和血压上升；强噪声会刺激耳腔前庭，使人眩晕、恶心、呕吐，症状和晕船一样；在神经系统方面，能够引起失眠、疲劳、头晕、头痛和记忆力减退；噪声还能影响人的心理。

（2）噪声的分类

环境噪声按来源分类有四种：交通噪声，指机动车辆、船舶、航空器（如汽车、火车和飞机等）所产生的噪声；工业噪声，指工矿企业在生产活动中各种机械设备（如鼓风机、汽轮机、织布机和冲床等）所产生的噪声；建筑施工噪声，指建筑施工机械（如打桩机、挖土机和混凝土搅拌机等）发出的声音；社会生活噪声，指人类社会活动和家庭活动所产生的（如高音喇叭、电视机等）发出的过强声音。

（3）噪声的特征

①可感受性。就公害的性质而言，噪声是一种感受公害，许多公害是无感觉公害，如放射性污染和某些有毒化学品的污染，人们在不知不觉中受污染及危害，而噪声则是通过

感觉对人产生危害的。一般的公害可以根据污染物排放量来评价，而噪声公害则取决于受污染者心理和生理因素。一般来说，不同的人对相同的噪声可能有不同的反应，因此在噪声评价中，应考虑对不同人群的影响。

②即时性。与大气、水体和固体废弃物等其他物质污染不一样，噪声污染是一种能量污染，仅仅是由于空气中的物理变化而产生的。无论多么强的噪声，还是持续了多么久的噪声，一旦产生噪声的声源停止辐射能量，噪声污染立即消失，不存在任何残存物质。

③局部性。与其他公害相比，噪声污染是局部和多发性的。一般情况下，噪声源辐射出的噪声随着传播距离的增加，或受到障碍物的吸收，噪声能量被很快地减弱，因而噪声污染主要局限在声源附近不大的区域内。此外，噪声又是多发的，城市中噪声源分布既多又散，使得噪声的测量和治理工作很困难。

（二）声音的物理特性和量度

1. 声音的发生、频率、波长和声速

物体在空气中振动，使周围空气发生疏、密交替变化并向外传递，当这种振动频率在 20~20 000 Hz 之间，人耳可以感觉，称为可听声，简称声音。频率低于 20 Hz 的叫次声，高于 20 000 Hz 的叫超声，它们作用到人的听觉器官时不引起声音的感觉，所以不能听到。

声音是波的一种，叫声波。通常情况下的声音是由许多不同频率、不同幅值的声波构成的，称为复音，而最简单的仅有一个频率的声音称为纯音。

声源在 1s 内振动的次数叫频率，记作 f，单位为赫兹（Hz）。振动一次所经历的时间叫周期，记作 T，单位为秒（s）。$T = 1/f$，即频率和周期互为倒数。可听声的周期为 50ms~50μs。

沿声波传播方向，振动一个周期所传播的距离，或在波形上相位相同的相邻两点间的距离称作波长，记为 λ，单位为米（m）。可听声的波长范围为 0.017~17m。

单位时间内声波传播的距离叫声波速度，简称声速，记作 c，单位为 m/s。频率 f、波长 λ 和声速 c 三者的关系是

$$c = \lambda f \qquad (4-1)$$

声速与传播声音的媒质和温度有关。在空气中，声速（c）和温度（t）的关系可简写为

$$c = 331.45 + 0.607t$$

常温下，声速约为 345m/s。

2. 声功率、声强和声压

（1）声功率（W）

在声源振动时，总有一定的能量随声波的传播向外发射。声功率是指声源在单位时间内向周围空间所发出的总声能，用 W 表示，其常用单位为瓦（W）。

（2）声强（I）

声强是指单位时间内，与声波传播方向垂直的单位面积上所通过的声能量。声强用 I 表示，其常用单位为瓦/米（W/m²）。如果是点声源，声音以球面波向外传播，那么距声源 r 处的声强 I 与声功率 W 有如下关系：

$$I = \frac{W}{4\pi r^2} \tag{4-2}$$

可见，在声功率一定的条件下，某点的声强与该点离声源的距离的平方成反比。这就是离声源越远，人们所听到的声音就越弱的原因。

（3）声压（p）

表征声波的另一个物理量是声压。当声源振动时，它所辐射出的能量会引起空气介质的压力变化，这种压力变化称为声压，用 P 表示，其常用单位是牛顿/平方米（N/m²）或帕（Pa）。人耳听声音的感觉直接与声压有关，一般声学仪器直接测量的也是声压。可以引起人耳感觉的声压值（又称闻阈）为 2×10^{-5} Pa，人耳最大承受（引起鼓膜破裂）的声压值（又称痛阈）为 20Pa，两者相差 100 万倍。

声压与声强有密切的关系，在离声源较远而且不发生波的反射作用时。该处的声波可近似地看作是平面波，平面波的声压（p）与声强（I）有如下关系：

$$I = \frac{p^2}{\rho c}$$

式中，p——声压，N/m²；

ρ——空气密度，kg/m³；

c——声速，m/s。

在声功率、声强和声压三个物理量中，声功率和声强都不容易直接测定。所以在噪声监测中，一般都是测定声压，就可算出声强，进而算得声功率。

3. 声压级、声强级、声功率级

（1）分贝的定义

由于取对数后是无量纲的，因此用对数标度时必须先选定基准量（或称参考量），然后对被量度量与基准量的比值求对数，这个对数称为被量度量的"级"，如果所取对数是以 10 为底，那么级的单位称为贝尔（B）。由于 B 过大，故常将 1B 分为 10 挡，每一挡的单位称为分贝（dB）。

（2）声压级

当用"级"来衡量声压大小时，就称为声压级。这与人们常用级来表示风力大小、地震强度的意义是一样的。声压级用 L_p 表示，单位是 dB，其定义式为：

$$L_p = 10\lg \frac{p^2}{p_0^2} = 20\lg \frac{p}{p_0} \tag{4-3}$$

式中，p——声压，Pa；

p_0——基准声压，即 2×10^{-5} Pa。

显然，采用 dB 标度的声压级后，将动态范围 $2 \times 10^{-5} \sim 2 \times 10$Pa 声压转变为动态范围为 $0 \sim 120$dB 的声压级，因而使用方便，也符合人的听觉的实际情况。一般人耳对声音强弱的分辨能力约为 0.5dB。

分贝标度法不仅用于声压，同样用于声强和声功率的标度，当用分贝标度声强或声功率的大小时，就是声强级或声功率级。

（3）声强级

声强级常用 L_1 表示，单位是 dB，其定义式为：

$$L_I = 10\lg \frac{I}{I_0} \tag{4-4}$$

式中，I——声强，w/m^2；

I_0——基准声强，即 10^{-12} w/m^2。

（4）声功率级

声功率级用 L_W 表示，单位是 dB，其定义式为：

$$L_W = 10\lg \frac{W}{W_0} \tag{4-5}$$

式中：W——声功率，w；

W_0——基准声功率，即 10^{-12} w。

（三）噪声的叠加和相减

1. 噪声的叠加

两个或两个以上的独立声源作用于声场中某一点时，就产生了声音的叠加。声能量是可以进行代数相加的物理量度，而声级由于是对数关系，不能代数相加。

2. 噪声的相减

在某些实际工作中，常遇到从总的被测噪声级中减去背景或环境噪声级，来确定由单独噪声源产生的噪声级。如某加工车间内的一台机床，在它开动时，辐射的噪声级是不能单独测量的。但是，机床未开动前的背景或环境噪声是可以测量的，机床开动后，机床噪声与背景或环境噪声的总噪声级也是可以测量的，那么，计算机床本身的噪声级就必须采用噪声级的减法。

二、噪声标准

噪声对人的影响与声源的物理特性、暴露时间和个体差异等因素有关。所以噪声标准的制定是在大量实验基础上进行统计分析的，主要考虑因素是保护听力、噪声对人体健康的影响、人们对噪声的主观烦恼度和目前的经济、技术条件等方面，对不同的场所和时间分别加以限制。即同时考虑标准的科学性、先进性和现实性。

从保护听力而言，一般认为每天 8h 长期工作在 80dB 以下听力不会损失。而声级分别为 85dB 和 90dB 环境中工作 30 年，根据国际标准化组织（ISO）的调查，耳聋的可能性分别为 8% 和 18%。在声级 70dB 环境中，谈话就感到困难。环境噪声标准制定的依据是环境基本噪声。各国大多参考 ISO 推荐的基数（如睡眠为 30dB）作为基准，根据不同时间、不同地区和室内噪声受室外噪声影响的修正值，以及本国具体情况来制定。

三、噪声污染监测方法

关于噪声的测量方法，目前国际标准化组织和各国都有测量规范。除了一般方法外，对许多机器设备、车辆、船舶和城市环境等均有相应的测量方法。

（一）声环境功能区监测方法

1. 声环境功能区分类

按区域的使用功能特点和环境质量要求，声环境功能区分为以下五种类型：

（1）0 类声环境功能区：指康复疗养区等特别需要安静的区域。

（2）1 类声环境功能区：指以居民住宅、医疗卫生、文化教育、科研设计、行政办公为主要功能，需要保持安静的区域。

（3）2 类声环境功能区：指以商业金融、集市贸易为主要功能，或者居住、商业、工业混杂，需要维持住宅安静的区域。

（4）3 类声环境功能区：指以工业生产、仓储物流为主要功能，需要防止工业噪声对周围环境产生严重影响的区域。

（5）4 类声环境功能区：指交通干线两侧一定距离之内，需要防止交通噪声对周围环境产生严重影响的区域，包括 4a 类和 4b 类两种类型。4a 类为高速公路、一级公路、二级公路、城市快速路、城市主干路、城市次干路、城市轨道交通（地面段）、内河航道两侧区域；4b 类为铁路干线两侧区域。

乡村声环境功能的确定：乡村区域一般不划分声环境功能区。根据环境管理的需要，县级以上人民政府环境保护行政主管部门可按以下要求确定乡村区域适用的声环境质量要求。

位于乡村的康复疗养区执行 0 类声环境功能区要求；村庄原则上执行 1 类声环境功能区要求，工业活动较多的村庄以及有交通干线经过的村庄（指执行 4 类声环境功能区要求以外的地区）可局部或全部执行 2 类声环境功能区要求；集镇执行 2 类声环境功能区要求；独立于村庄、集镇之外的工业、仓储集中区执行 3 类声环境功能区要求；位于交通干线两侧一定距离内的噪声敏感建筑物执行 4 类声环境功能区要求。

2. 环境噪声监测的要求

（1）测量仪器。测量仪器为积分平均声级计或环境噪声自动监测仪器，其性能须符合 GB3785 和 GB/T17181 的规定，并定期校验。测量前后使用声校准器校准测量仪器的示值偏差不得大于 0.5dB，否则测量无效。声校准器应满足 GB/T15173 对 1 级或 2 级声校准器的要求。测量时传声器应加防风罩。

（2）测点选择。根据监测对象和目的，可选择以下三种测点条件（指传声器所置位置）进行环境噪声的测量。

①一般户外。距离任何反射物（地面除外）至少 3.5m 外测量，距离地面高度 1.2m 以上。必要时可置于高层建筑上，以扩大监测受声范围。使用监测车辆测量，传声器应固定在车顶部 1.2m 高度处。

②噪声敏感建筑物户外。在噪声敏感建筑物外，距墙壁或窗户 1m 处，距地面高度 1.2m 以上。

③噪声敏感建筑物室内。距离墙面和其他反射面至少 1m，距窗约 1.5m 处，距地面 1.2~1.5m 高。

（3）气象条件。测量应在无雨雪、无雷电天气，风速 5m/s 以下时进行。

3. 声环境功能区监测方法详情

（1）定点监测法

选择能反映各类功能区声环境质量特征的监测点 1 个至若干个，进行长期定点监测，每次测量的位置、高度应保持不变。对于 0、1、2、3 类声环境功能区，该监测点应为户外长期稳定、距地面高度为声场空间垂直分布的可能最大值处，其位置应能避开反射面和附近的固定噪声源；4 类声环境功能区监测点设于 4 类区内第一排噪声敏感建筑物户外交通噪声空间垂直分布的可能最大值处。

全国重点环保城市以及其他有条件的城市和地区宜设置环境噪声自动监测系统，进行不同声环境功能区监测点的连续自动监测。

声环境功能区监测每次至少进行一昼夜 24h 的连续监测，得出每小时及白天、夜间的等效声级 L_{eq}、L_d、L_n 和最大声级 L_{max}，用于噪声分析目的。可适当增加监测项目，如累积百分声级 L_{10}、L_{50}、L_{90} 等。监测应避开节假日和非正常工作日。

各监测点位测量结果独立评价，以白天等效声级 Ld 和夜间等效声级 Ln 作为评价各监测点位声环境质量是否达标的基本依据。一个功能区设有多个测点的，应按点次分别统计昼间、夜间的达标率。

（2）普查监测法

① 0~3 类声环境功能区普查监测。将要普查监测的某一声环境功能区划分成多个等大的正方格，网络要完全覆盖住被普查的区域，且有效网格总数应多于 100 个；测点应设在每一个网格的中心，测点条件为一般户外条件，监测分别在白天工作时间和夜间 22：00~24：00（时间不足可顺延）进行。在上述测量时间内，每次每个测点测量 10min 的等效声级 L_{eq}，同时记录噪声主要来源。监测应避开节假日和非正常工作日。将全部网格中心测点测得的 10min 的等效声级 L_{eq} 做算术平均运算，所得到的平均值代表某一声环境功能区的总体环境噪声水平，并计算标准偏差。根据每个网格中心的噪声值及对应的网格面积，统计不同噪声影响水平下的面积百分比，以及白天、夜间的达标面积比例，有条件可估算受影响人口。

② 4 类声环境功能区普查监测。以自然路场、站场、河段等为基础，考虑交通运行特征和两侧噪声敏感建筑物分布情况，划分典型路段（包括河段）。在每个典型路段对应的 4 类区边界上（指 4 类区内无噪声敏感建筑物存在时）或第一排噪声敏感建筑物户外（指 4 类区内有噪声敏感建筑物存在时）选择 1 个测点进行噪声监测。这些测点应与站、场、码头、岔路口、河流汇入口等相隔一定的距离，避开这些地点的噪声干扰。监测分昼、夜两个时段进行，分别测量规定时间内的等效声级 L_{eq} 和交通流量，如铁路、城市轨道交通线路（地面段），应同时测量最大声级 L_{max}，对道路交通噪声应同时测量累积百分声级 L_{10}、L_{50}、L_{90}。根据交通类型的差异，规定的测量时间如下：

铁路、城市轨道交通（地面段）、内河航道两侧：昼、夜各测量不低于平均运行密度的 1h 值，若城市轨道交通（地面段）的运行车次密集，测量时间可缩短至 20min。

高速公路、一级公路、二级公路、城市快速路、城市主干路、城市次干路两侧：昼、夜各测量不低于平均运行密度的 20min 的数值。

监测应避开节假日和非正常工作日。

将某条交通干线各典型路段测得的噪声值，按路段长度进行加权算术平均，以此得出某条交通干线两侧 4 类声环境功能区的环境噪声平均值；也可对某一区域内的所有铁路、确定为交通干线的道路、城市轨道交通（地面段）、内河航道按前述方法进行长度加权统计，得出针对某一区域某一交通类型的环境噪声平均值；根据每个典型路段的噪声值及对应的路段长度，统计不同噪声影响水平下的路段百分比，以及白天、夜间的达标路段比例，有条件可估算受影响人口；对某条交通干线或某一区域某一交通类型采取抽样测量的，应统计抽样路段比例。

4. 噪声敏感建筑物监测方法

监测点一般位于噪声敏感建筑物户外。不得不在噪声敏感建筑物室内监测时，应在门窗全打开状况下进行室内噪声测量，并采用较该噪声敏感建筑物所在声环境功能区对应环境噪声限值低 10dB（A）的值作为评价依据。

对敏感建筑物的环境噪声监测应在周围环境噪声源正常工作条件下测量，视噪声源的运行工况，分昼、夜两个时段连续进行。根据环境噪声源的特征，可优化测量时间。

（二）工业企业厂界噪声监测方法

1. 测量仪器

测量仪器为积分平均声级计或环境噪声自动监测仪，其性能应不低于 CB3785 和 CB/T 17181 对 2 型仪器的要求。测量 35dB 以下的噪声应使用 1 型声级计，且测量范围应满足所测量噪声的需要。校准所用仪器应符合 CB/T15173 对 1 级或 2 级声校准器的要求。当需要进行噪声的频谱分析时，仪器性能应符合 CB/T3241 中对滤波器的要求。

测量仪器和校准仪器应定期检定合格，并在有效使用期限内使用；每次测量前、后必须在测量现场进行声学校准，其前、后校准示值偏差不得大于 0.5dB，否则测量结果无效。测量时传声器加防风罩，测量仪器时间计权特性设为"F"挡，采样时间间隔不大于 1s。

2. 测量条件

（1）气象条件。测量应在无雨雪、无雷电天气，风速为 5m/s 以下时进行。不得不在特殊气象条件下测量时，应采取必要措施保证测量准确性，同时注明当时所采取的措施及气象情况。

（2）测量工况。测量应在被测声源正常工作时间进行，同时注明当时的工况。

3. 测点位置

（1）测点布设。根据工业企业声源、周围噪声敏感建筑物的布局以及毗邻的区域类别，在工业企业厂界布设多个测点，其中包括距噪声敏感建筑物较近以及受被测声源影响大的位置。

（2）测点位置一般规定。一般情况下，测点选在工业企业厂界外1m、高度1.2m以上。

（3）测点位置其他规定。当厂界有围墙且周围有受影响的噪声敏感建筑物时，测点应选在厂界外1m、高于围墙0.5m以上的位置；当厂界无法测量到声源的实际排放状况时（如声源位于高空、厂界设有声屏障等），应按测点位置一般规定设置测点，同时在受影响的噪声敏感建筑物户外1m处另设测点；室内噪声测量，室内测量点位设在距任一反射面至少0.5m以上、距地面1.2m高度处，在受噪声影响方向的窗户开启状态下测量；固定设备结构传声至噪声敏感建筑物室内，在噪声敏感建筑物室内测量时，测点应距任一反射面至少0.5m以上、距地面1.2m、距外窗1m以上，窗户关闭状态下测量。被测房间内的其他可能干扰测量的声源（如电视机、空调机、排气扇以及镇流器较响的日光灯、运转时出声的时钟）应关闭。

4. 测量时段

分别在白天、夜间两个时段测量。夜间有频发、偶发噪声影响时同时测量最大声级。被测声源是稳态噪声，采用1min的等效声级。被测声源是非稳态噪声，测量被测声源有代表性时段的等效声级，必要时测量被测声源整个正常工作时段的等效声级。

5. 背景噪声测量

（1）测量环境。不受被测声源影响且其他声环境与测量被测声源时保持一致。

（2）测量时段。与被测声源测量的时间长度相同。

6. 测量结果

修正噪声测量值与背景噪声值相差大于10dB（A）时，噪声测量值不做修正；噪声测量值与背景噪声值相差在3~10dB（A）之间时，噪声测量值与背景噪声值的差值取整后，按修正表中的数值进行修正；噪声测量值与背景噪声值相差小于3dB（A）时，应在采取措施降低背景噪声后，视情况按前面两条的规定执行，仍无法满足这两条要求的，应按环境噪声监测技术规范的有关规定执行。

7. 结果评价

各个测点的测量结果应单独评价。同一测点每天的测量结果按白天、夜间进行评价。最大声级 L_{max} 直接评价。

（三）社会生活环境噪声监测方法

1. 测量仪器

测量仪器为积分平均声级计或环境噪声自动监测仪，其性能应不低于 GB3785 和 GB/

T 17181 对 2 型仪器的要求。测量 35dB 以下的噪声应使用 1 型声级计，且测量范围应满足所测量噪声的需要。校准所用仪器应符合 CB/T15173 对 1 级或 2 级声校准器的要求。当需要进行噪声的频谱分析时，仪器性能应符合 CB/T3241 中对滤波器的要求。

测量仪器和校准仪器应定期检定合格，并在有效使用期限内使用；每次测量前、后必须在测量现场进行声学校准，其前、后校准示值偏差不得大于 0.5dB，否则测量结果无效。测量时传声器加防风罩，测量仪器时间计权特性设为"F"挡，采样时间间隔不大于 1s。

2. 测量条件

（1）气象条件

测量应在无雨雪、无雷电天气，风速为 5m/s 以下时进行。不得不在特殊气象条件下测量时，应采取必要措施保证测量准确性，同时注明当时所采取的措施及气象情况。

（2）测量工况

测量应在被测声源正常工作时间进行，同时注明当时的工况。

3. 测点位置

（1）测点布设

根据社会生活噪声排放源、周围噪声敏感建筑物的布局以及毗邻的区域类别，在社会生活噪声排放源边界布设多个测点，其中包括距噪声敏感建筑物较近以及受被测声源影响大的位置。

（2）测点位置一般规定

一般情况下，测点选在社会生活噪声排放源边界外 1m、高度 1.2m 以上。

（3）测点位置其他规定

当边界有围墙且周围有受影响的噪声敏感建筑物时，测点应选在边界外 1m、高于围墙 0.5m 以上的位置；当边界无法测量到声源的实际排放状况时（如声源位于高空、厂界设有声屏障等），应按测点位置一般规定设置测点，同时在受影响的噪声敏感建筑物户外 1m 处另设测点；室内噪声测量，室内测量点位设在距任一反射面至少 0.5m 以上、距地面 1.2m 高度处，在受噪声影响方向的窗户开启状态下测量；社会生活噪声排放源的固定设备结构传声至噪声敏感建筑物室内，在噪声敏感建筑物室内测量时，测点应距任一反射面至少 0.5m 以上、距地面 1.2m、距外窗 1m 以上，在窗户关闭状态下测量。被测房间内的其他可能干扰测量的声源（如电视机、空调机、排气扇以及镇流器较响的日光灯、运转时出声的时钟）应关闭。

4. 测量时段

分别在白天、夜间两个时段测量。夜间有频发、偶发噪声影响时同时测量最大声级。

被测声源是稳态噪声，采用1min的等效声级。被测声源是非稳态噪声，测量被测声源有代表性时段的等效声级，必要时测量被测声源整个正常工作时段的等效声级。

5. 背景噪声测量

（1）测量环境不受被测声源影响且其他声环境与测量被测声源时保持一致。

（2）测量时段与被测声源测量的时间长度相同。

6. 测量结果

修正噪声测量值与背景噪声值相差大于10dB（A）时，噪声测量值不做修正；噪声测量值与背景噪声值相差在3~10dB（A）之间时，噪声测量值与背景噪声值的差值取整后，按修正表中的数值进行修正；噪声测量值与背景噪声值相差小于3dB（A）时，应采取措施降低背景噪声后，视情况按前面两条的规定执行，仍无法满足这两类要求的，应按环境噪声监测技术规范的有关规定执行。

7. 结果评价

各个测点的测量结果应单独评价。同一测点每天的测量结果按白天、夜间进行评价。最大声级L_{max}直接评价。

四、噪声测量仪器与噪声监测

（一）声级计

声级计也称噪声计，它是用来测量噪声的声压级和计权声级的最基本的测量仪器，它适用于环境噪声和各种机器（如风机、空压机、内燃机、电动机）噪声的测量，也可用于建筑声学、电声学的测量。

1. 声级计的种类

声级计按其用途可分为普通声级计、精密声级计、脉冲声级计、积分声级计和噪声剂量计等。按其精度可分为四种类型：0型声级计、Ⅰ型声级计、Ⅱ型声级计和Ⅲ型声级计，它们的精度分别为±0.4dB、±0.7dB、±1.0dB、±1.5dB。按其体积大小可分为便携式声级计和袖珍式声级计。国产声级计有ND-2型精密声级计和PSJ-2普通声级计。国际标准化组织（ISO）及国际电工委员会（IEC）规定普通声级计的频率范围是20~8 000 Hz，精密声级计的频率范围为20~12 500 Hz。

2. 声级计的基本构造

声级计主要由传声器、放大器、衰减器、计权网络、电表电路及电源等部分组成。

声级计的工作原理是：声压经传声器后转换成电压信号，此信号经前置放大器放大后，最后从显示仪表上指示出声压级的分贝数值。

（1）传声器

也称话筒或麦克风，它是将声能转换成电能的元件。声压由传声器膜片接受后，将声压信号转换成电信号。传声器的质量是影响声级计性能和测量准确度的关键。优质的传声器应满足以下要求：灵敏度高、工作稳定；频率范围宽、频率响应特性平直、失真小；受外界环境（如温度、湿度、振动、电磁波等）影响小；动态范围大。

在噪声测量中，根据换能原理和结构的不同，常用的传声器分为晶体传声器、电动式传声器、电容传声器和驻极体传声器。晶体和电动式传声器一般是用于普通声级计；电容和驻极体传声器多用于精密声级计。

电容传声器灵敏度高，一般为 10～50mV/Pa；在很宽的频率范围内（10～20 000 Hz）频率响应平直；稳定性良好，可在 50～150℃、相对湿度为 0～100% 的范围内使用。所以，电容传声器是目前较理想的传声器。

传声器对整个声级计的稳定性和灵敏度影响很大，因此，使用声级计要合理选择传声器。

（2）放大器和衰减器

放大器和衰减器是声级计和频谱分析仪内部放大和衰减电信号的电子线路。传声器把声音信号变成电信号，此电信号一般很微弱，既达不到计权网络分离信号所需的能量，也不能在电表上直接显示，所以须将信号加以放大，这个工作由前置放大器来完成；当输入信号较强时，为避免表头过载，须对信号加以衰减，这就须用输入衰减器进行衰减。经过前边处理后的信号必须再由输入放大器进行定量的放大才能进入计权网络。用于声级测量的放大器和衰减器应满足下面几个条件：要有足够大的增益而且稳定；频率响应特性要平直；在声频范围（20～20 000 Hz）内要有足够的动态范围；放大器和衰减器的固有噪声要低；耗电量小。

（3）计权网络

它是由电阻和电容组成的、具有特定频率响应的滤波器，能使欲测定的频带顺利地通过，而把其他频率的波尽可能地除去。为了使声级计测出的声压级的大小接近人耳对声音的响应，用于声级计的计权网络是根据等响曲线设计的，即 A、B、C 三种计权网络。

（4）电表、电路和电源

经过计权网络后的信号由输出衰减器衰减到额定值，随即送到输出放大器放大，使信号达到响应的功率输出，输出的信号被送到电表电路进行有效值检波（RMS 检波），送出有效电压，推动电表，显示所测得声压级分贝值。声级计上有阻尼开关能反映人耳听觉动态特性，"F"表示表头为"快"的阻尼状态，它表示信号输入 0.2s 后，表头上就迅速达到其最大读数，一般用于测量起伏不大的稳定噪声。如果噪声起伏变化超过 4dB，应使用慢挡 "S"，它表示信号输入 0.5s 后，表头指针就达到它的最大读数。

为了适用于野外测量，声级计电源一般要求电池供电。为了保证测量精度，仪器应进行校准。

3. PSJ-2 型声级计使用方法

（1）按下电源按键（ON），接通电源，预热 0.5min，使整机进入稳定的工作状态。

（2）电池校准。分贝拨盘可在任意位置，按下电池（BAT）按键，当表针指示超过表面所标的 "BAT" 刻度时，表示机内电池电能充足，整机可正常工作，否则须更换电池。

（3）整机灵敏度校准。先将分贝拨盘置于 90dB 位置，然后按下校准 "CAL" 和 "A"（或 "C"）按键，这时指针应有指示，用螺丝刀放入灵敏度校准孔进行调节，使表针指在 "CAL" 刻度上，此时整机灵敏度正常，可进行测量使用。

（4）分贝拨盘的使用与读数法。转动分贝拨盘选择测量量程，读数时应将量程数加上表针指示数。如当分贝拨盘选择在 90 挡，而表针指示为 4dB 时，则实际读数为 90+4＝94（dB）；若指针指示为 -5dB 时，则读数应为 90-5＝85（dB）。

（5）+10dB 按钮的使用。在测试中当有瞬时大信号出现时，为了能快速正确地进行读数，可按下 +10dB 按钮，此时应按分贝拨盘和表针指示的读数再加上 10dB 作读数。如在按下 +10dB 按钮后，表针指示仍超过满刻度，则应将分贝拨盘转动至更高一挡再进行读数。

（6）表面刻度。有 0.5dB 与 1dB 两种分度刻度。0 刻度以上指示值为正值，长刻度为 1dB 的分度，短刻度为 0.5dB 的分度；0 刻度以下为负值，长刻度为 5dB 的分度，短刻度为 1dB 的分度。

（7）计权网络。本机的计权网络有 A 和 C 两挡，当按下 A 或 C 时，则表示测量的计权网络为 A 或 C；当不按键时，整机不反映测试结果。

（8）表头阻尼开关。当开关处于 "F" 位置时，表示表头为 "快" 的阻尼状态；当开关在 "S" 位置时，表示表头为 "慢" 的阻尼状态。

（9）输出插口。可将测出的电信号送至示波器、记录仪等仪器。

（二）其他噪声测量仪器

1. 声级频谱仪

频谱仪是测量噪声频谱的仪器，它的基本组成大致与声级计相似。但是频谱分析仪中，设置了完整的计权网络（滤波器），借助于滤波器的作用，可以将声频范围内的频率分成不同的频带进行测量。例如做倍频程划分时，若将滤波器置于中心频率500Hz，通过频谱分析仪的，则是335~710Hz的噪声，其他频率就不能通过，因此在频谱分析仪上所显示的就是频率为355~710Hz噪声的声压级，其他类推。由于频谱分析仪能分别测量噪声中所包含的各种频带的声压级，所以它是进行噪声频谱分析不可缺少的仪器。一般情况下，进行频谱分析时，都采用倍频程划分频带。如果对噪声要进行更详细的频谱分析，就要用窄频带分析仪，例如用1/3频程划分频带。在没有专用的频谱分析仪时，也可以把适当的滤波器接在声级计上进行频谱测定。

2. 噪声级分析仪

在声级计的基础上配以自动信号存储、处理系统和打印系统，便成为噪声级分析仪。噪声级分析仪的工作原理是噪声信号经传声器转换为交变的电压信号，经放大、计权、检波后，利用微机和单板机存储并处理，处理后的结果由数字显示，测量结束后，由打印机打出计算结果，微机和单板机还将控制仪器的取样间隔、取样时间和量程进行切换。一般噪声级分析仪均可测量声压级、A计权声级、累计百分声级、等效声级、标准偏差、概率分布和累积分布。更进一步可测量Ld、声暴露级LAET、车流量、脉冲噪声等，外接滤波器可作频谱分析。噪声分析仪与声级计相比，优点显著：一是完成取样和数据处理的自动化；二是高密度取样，提高了测量精度。

（三）噪声的监测

1. 城市区域环境噪声的监测

（1）布点

将要监测的城市划分为（500×500）m²的网格，测量点选择在每个网络的中心，若中心点的位置不易测量，如在房顶、污沟、禁区等，可移到旁边能够测量的位置。测量的网格数目不应少于100个格。若城市较小，可按（250×250）m²的网络划分。

（2）测量

测量时应选在无雨、无雪天气。白天时间一般选在上午8：00~12：00、下午2：00~6：00；夜间时间一般选在22：00~5：00。根据南北方地区的不同、季节的不同，时间可稍有变化。声级计安装调试好后置于慢挡，每隔5s读取一个瞬时A声级数值，每个测点连续读取100个数据（当噪声涨落较大时，应读取200个数据）作为该点的白天或夜间噪声分布情况。在规定时间内每个测点测量10min，白天和夜间分别测量，测量的同时要判断测点附近的主要噪声源（如交通噪声、工厂噪声、施工噪声、居民噪声或其他噪声源等），并记录下周围的声学环境。

（3）数据处理

因为城市环境噪声是随时间而起伏变化的非稳态噪声，所以测量结果一般用统计噪声级或等效连续 A 声级进行处理，即测定数据按本章有关公式计算出 L_{10}、L_{50}、L_{90}、L_{eq} 和标准偏差 S 数值，确定城市区域环境噪声污染情况。如果测量数据符合正态分布，那么可用下述两个近似公式来计算 L_{eq} 和 s：

$$L_{eq} \approx L_{50} + d^2/60d = L_{10} - L_{90} \qquad (4-6)$$

$$s \approx (L_{16} - L_{84})/2 \qquad (4-7)$$

所测数据均按由大到小顺序排列，第 10 个数据即为 L_{10}，第 16 个数据即为 L_{16}，其他依此类推。

（4）评价方法

①数据平均法。将全部网络中心测点测得的连续等效 A 声级做算术平均运算，所得到的算术平均值就代表某一区域或全市的总噪声水平。

②图示法。城市区域环境噪声的测量结果，除了用上面有关的数据表示外，还可用城市噪声污染图表示。为了便于绘图，将全市各测点的测量结果以 5dB 为一等级，划分为若干等级（如 56~60、61~65、66~70——分别为一个等级），然后用不同的颜色或阴影线表示每一等级，绘制在城市区域的网格上，用于表示城市区域的噪声污染分布。因为一般环境噪声标准多以 L_{eq} 来表示，为便于同标准相比较，所以建议以 L_{eq} 作为环境噪声评价量，来绘制噪声污染图。

2. 道路交通噪声监测

（1）布点

在每两个交通路口之间的交通线上选一个测点，测点设在马路旁的人行道上，一般距马路边沿 20cm。这样选点的好处是该点的噪声可以代表两个路口之间的该段马路的交通噪声。

（2）测量

测量时应选在无雨、无雪的天气进行，以减免气候条件的影响，因为风力大小等都直接影响噪声测量结果。测量时间同城市区域环境噪声要求一样，一般在白天正常工作时间内进行测量。将声级计置于慢挡，安装调试好仪器，每隔 5s 读取一个瞬时 A 声级，连续读取 200 个数据，同时记录车流量（辆/h）。

（3）数据处理

测量结果一般用统计噪声级和等效连续 A 声级来表示。将每个测点所测得的 200 个数据按从大到小顺序排列，第 20 个数即为 L_{10}，第 100 个数即为 L_{50}，第 180 个数即为 L_{90}。

经验证明城市交通噪声测量值基本符合正态分布，因此，可直接用近似公式计算等效连续A声级和标准偏差值。

$$L_{eq} \approx L_{50} + d^2/60, \quad d = L_{10} - L_{90} \tag{4-8}$$

$$s \approx (L_{16} - L_{84})/2 \tag{4-9}$$

L_{16} 和 L_{84} 分别是测量的200个数据按由大到小排列后，第32个数和第168个数对应的声级值。

（4）评价方法

①数据平均法。若要对全市的交通干线的噪声进行比较和评价，必须把全市各干线测点对应的 L_{10}、L_{50}、L_{90}、L_{eq} 的各自平均值、最大值和标准偏差列出。平均值的计算公式是：

$$\bar{L} = \frac{1}{l} \sum_{i=1}^{n} (L_i \cdot I_i) \tag{4-10}$$

式中，l——全市干线总长度，$l = \sum l_i$，km；

L_i——所测 i 段干线的等效连续A声级 L_{eq} 或统计百分声级 L_{10}，dB（A）；

I_i——所测第 i 段干线的长度，km。

②图示法。城市交通噪声测量结果除了可用上面的数值表示外，还可用噪声污染图表示。当用噪声污染图表示时，评价量为 L_{eq} 或 L_{10} 将每个测点的 L_{eq} 或 L_{10} 按5dB一等级（划分方法同城市区域环境噪声），以不同颜色或不同阴影线划出每段马路的噪声值，即得到全市交通噪声污染分布图。

3. 工业企业外环境噪声监测

测量工业企业外环境噪声，应在工业企业边界线1m处进行。根据初测结果声级每涨落3dB布一个测点。若边界模糊，以城建部门划定的建筑红线为准；若与居民住宅毗邻时，应取该室内中心点的测量数据为准，此时标准值应比室外标准值低10dB（A）；若边界设有围墙、房屋等建筑物时，应避免建筑物的屏障作用对测量的影响。

测量应在工业企业的正常生产时间内进行。必要时，适当增加测量次数。

计权特性选择A声级，动态特性选择慢响应。稳态噪声，取一次测量结果。非稳态噪声，声级涨落在3~10dB范围。每隔5s连续读取100个数据；声级涨落在10dB以上，连续读取200个数据，求取各个测点等效声级值。

4. 功能区噪声的监测

当需要了解城市环境噪声随时间的变化时，应选择具有代表性的测点，进行长期监测。测点的选择，可根据可能的条件决定，一般不少于6个点。这6个测点的位置应这样选择：0 类区、1 类区、2 类区、3 类区各一点，4 类区两点。

功能区 24h 测量以每小时取一段时间，在此时间内每隔 5s 读一瞬时声级，连续取 100 个数据［当声级涨落大于 10dB（A）时，应读取 200 个数据］，代表该小时的噪声分布。测量时段可任意选择，但两次测量的时间间隔必须为 1h。测量时，读取的数据记入环境噪声测量数据表。读数时还应判断影响该测点的主要噪声来源（如交通噪声、生活噪声、工业噪声、施工噪声等），并记录周围的环境特征，如地形地貌、建筑布局、绿化状况等。测点若落在交通干线旁，还应同时记录车流量。

采用噪声分析仪进行测量时，取样间隔为 5s，测量时间不得少于 10min。评价参数选用各个测点每小时的 L_{10}、L_{50}、L_{90}、L_{eq}。

第五章　环境污染自动监测

第一节　空气污染自动监测技术

一、空气污染连续自动监测系统的组成及功能

空气污染连续自动监测系统是一套区域性空气质量实时监测网，在严格的质量保证程序控制下连续运行，无人值守。它由一个中心站和若干个子站（包括移动子站）及信息传输系统组成。为保证系统的正常运转，获得准确、可靠的监测数据，还设有质量保证机构，负责监控、监督、改进整个系统的运行质量，及时检修出现故障的仪器设备，保管仪器设备、备件和有关器材。

中心站配有功能齐全、存储容量大的计算机，应用软件，收发传输信息的无线电台和打印、绘图、显示仪器等输出设备，以及数据存储设备。其主要功能是：向各子站发送各种工作指令，管理子站的工作；定时收集各子站的监测数据，并进行数据处理和统计检验；打印各种报表，绘制污染物质分布图；将各种监测数据储存到磁盘或光盘上，建立数据库，以便随时检索或调用；当发现污染指数超标时，向污染源行政管理部门发出警报，以便采取相应的对策。

监测子站除作为监测环境空气质量设置的固定站外，还包括突发性环境污染事故或者特殊环境应急监测用的流动站，即将监测仪器安装在汽车、轮船上，可随时开到需要场所开展监测工作。子站的主要功能是：在计算机的控制下，连续或间歇地监测预定污染物；按一定时间间隔采集和处理监测数据，并将其打印和短期储存；通过信息传输系统接收中心站的工作指令，并按中心站的要求向其传输监测数据。

二、子站布设及监测项目

（一）子站数目和站位选址

自动监测系统中子站的设置数目取决于监测目的，监测网覆盖区域面积，地形地貌，

气象条件，污染程度，人口数量及分布，国家的经济力量等因素，其数目可用经验法或统计法、模式法、综合优化法确定。经验法是常用的方法，包括人口数量法、功能区布点法、几何图形布点法等。

由于子站内的监测仪器长期连续运转，需要有良好的工作环境。如房屋应牢固，室内要配备控温、除湿、除尘设备；连续供电，且电源电压稳定；仪器维护、维修和交通方便等。

（二）监测项目

监测空气污染的子站监测项目分为两类：一类是温度、湿度、大气压、风速、风向及日照量等气象参数；另一类是二氧化硫，氮氧化物，一氧化碳，可吸入颗粒物或总悬浮颗粒物，臭氧，甲烷，非甲烷烃等污染参数。随子站代表的功能区和所在位置不同，选择的监测参数也有差异。我国《环境监测技术规范》规定，安装空气污染自动监测系统的子站的测点分为Ⅰ类测点和Ⅱ类测点。Ⅰ类测点的监测数据要求存入国家环境数据库，Ⅱ类测点的监测数据由各省、市管理。

三、子站内的仪器装备

子站内装备有自动采样和预处理装置，污染物自动监测仪器及其校准设备、气象参数监测仪、计算机及其外围设备、信息收发及传输设备等。

采样系统可采用集中采样和单独采样两种方式。集中采样是在每个子站设一总采样管，由引风机将空气样品吸入，各仪器均从总采样管中分别采样，但总悬浮颗粒物或可吸入颗粒物应单独采样。单独采样系指各监测仪器分别用采样泵采集空气样品。在实际工作中，多将这两种方式结合使用。

校准设备包括校正污染监测仪器零点，量程的零气源和标准气源（如标准气发生器、标准气钢瓶）、标准流量计和气象仪器校准设备等。在计算机和控制器的控制下，每隔一定时间（如 8h 或 24h）依次将零气和标准气输入各监测仪器进行零点和量程校准，校准完毕，计算机给出零值和跨度值报告。

四、空气污染连续自动监测仪器

（一）二氧化硫自动监测仪

用于连续或间歇自动测定空气中 SO_2 的监测仪器以脉冲紫外荧光 SO_2 自动监测仪应用最广泛。其他还有紫外荧光 SO_2 自动监测仪、电导式 SO_2 自动监测仪。库仑滴定式 SO_2 自动监测仪及比色式 SO_2 自动监测仪等。

1. 脉冲紫外荧光 SO_2 自动监测仪

该仪器是依据荧光光谱法原理设计的干法仪器，具有灵敏度高、选择性好、适用于连续自动监测等特点，被世界卫生组织（WHO）推荐在全球监测系统采用。

当用波长 190~230 nm 脉冲紫外线照射空气样品时，则空气中的 SO_2 分子对其产生强烈吸收，被激发至激发态，即：

$$SO_2 + hv_1 \rightarrow SO_2^*$$

激发态的 SO_2^* 分子不稳定，瞬间返回基态，发射出波长为 330 nm 的荧光，即：

$$SO_2^* \rightarrow SO_2 + hv_2$$

当 SO_2 浓度很低，吸收光程很短时，发射的荧光强度和 SO_2 浓度成正比，用光电倍增管及电子测量系统测量荧光强度，并与标准气发射的荧光强度比较，即可得知空气中 SO_2 的浓度。

该方法测定 SO_2 的主要干扰物质是水分和芳香烃化合物。水分从两个方面产生干扰，一是使 SO_2 溶于水造成损失，二是 SO_2 遇水发生荧光猝灭造成负误差，可用渗透膜渗透法或反应室加热法除去水分。芳香烃化合物在 190~230 nm 紫外线激发下也能发射荧光造成正误差，可用装有特殊吸附剂的过滤器预先除去。

脉冲紫外荧光 SO_2 自动监测仪由荧光计和气路系统两部分组成。

荧光计的工作原理是：脉冲紫外光源发射的光束通过激发光滤光片（光谱中心波长 220 nm）后获得所需波长的脉冲紫外光射入反应室，与空气中的 SO_2 分子作用，使其激发而发射荧光，用设在入射光垂直方向上的发射光滤光片（光谱中心波长 330 nm）和光电转换装置测其强度。脉冲光源可将连续光变为交变光，以直接获得交流信号，提高仪器的稳定性。脉冲光源可通过使用脉冲电源或切光调制技术获得。

气路系统的流程是：空气样品经除尘过滤器后，通过采样电磁阀进入渗透膜除湿器、除烃器到达反应室，反应后的干燥气体经流量计测量流量后由抽气泵抽引排出。

仪器日常维护工作主要是定期进行零点和量程校准，定期更换紫外灯、除尘过滤器、渗透膜除湿器和除烃器填料等。

2. 电导式 SO_2 自动监测仪

电导法测定空气中二氧化硫的原理基于：用稀的过氧化氢水溶液吸收空气中的二氧化硫，并发生氧化反应：

$$SO_2 + H_2O \rightarrow 2H^+ + SO_3^{2-} \tag{5-1}$$

$$SO_3^{2-} + H_2O_2 \rightarrow SO_4^{2-} + H_2O \tag{5-2}$$

生成的硫酸根离子和氢离子，使吸收液电导率增加，其增加值取决于气样中二氧化硫含量，故通过测量吸收液吸收二氧化硫前后电导率的变化，并与吸收液吸收 SO_2 标准气前后电导率的变化比较，便可得知气样中二氧化硫的浓度。

电导式 SO_2 自动监测仪有间歇式和连续式两种类型。间歇式测量结果为采样时段的平均浓度，连续式测量结果为不同时间的瞬时值。它有两个电导池，一个是参比电导池，用于测量空白吸收液的电导率，另一个是测量电导池，用于测量吸收 SO_2 后的吸收液电导率（ K_1 ），而空白吸收液的电导率在一定温度下是恒定的，因此，通过测量电路测知两种吸收液电导率差值（ $K_2 - K_1$ ），便可得到任一时刻气样中的 SO_2 浓度。也可以通过比例运算放大电路测量，K_2/K_1 来实现对 SO_2 浓度的测定。当然，仪器使用前须用 SO_2 标准气或标准硫酸溶液校准。

影响仪器测定准确度的因素有温度、可电离的共存物质（如 NH_3、Cl_2、HCl、NO_x 等）、系统的污染等，可采取相应的消除措施。

（二）臭氧自动监测仪

连续或间歇自动测定空气中 O_3 的仪器以紫外吸收 O_3 自动监测仪应用最广，其次是化学发光 O_3 自动监测仪。

1. 紫外吸收 O_3 自动监测仪

该仪器测定原理基于 O_3 对 254nm 附近的紫外线有特征吸收，根据吸光度确定空气中 O_3 的浓度。

紫外吸收 O_3 自动监测仪操作简便，响应快，检出限可达 2×10^{-9}。

2. 化学发光 O_3 自动监测仪

该仪器的测定原理基于：O_3 能与乙烯发生气相化学发光反应，即气样中 O_3 与过量乙烯反应，生成激发态甲醛，而激发态甲醛分子瞬间返回基态，放出波长为 300~600 nm 的光，峰值波长 435 nm，其发光强度与 O_3 浓度呈线性关系。化学发光反应如下：

$$2O_3 + 2C_2H_4 \rightarrow 2C_2H_4O_3 \rightarrow 4\,HCHO^* + O_2 \qquad (5\text{-}3)$$

$$HCHO^* \rightarrow HCHO + h\nu \qquad (5\text{-}4)$$

上述反应对 O_3 是特效的，SO_2、NO、NO_2、Cl_2 等共存时不干扰测定。

测定过程中须通入四种气体：反应气乙烯由钢瓶供给，经稳压、稳流后进入反应室；空气 A 经活性炭过滤器净化后作为零气抽入反应室，供调节仪器零点；气样经粉尘过滤器除尘后进入反应室；空气 B 经过滤净化进入标准 O_3 发生器，产生标准浓度的 O_3 进入反应室校准仪器量程。测量时，将三通阀旋至测量挡，气样被抽入反应室与乙烯发生化学发光反应，其发射光经滤光片滤光投至光电倍增管上，将光信号转换成电信号，经阻抗转换和放大器后，送入显示和记录仪表显示、记录测定结果。反应后的废气由抽气泵抽入催化燃烧除烃装置，将废气中剩余乙烯燃烧后排出。为降低光电倍增管的暗电流和噪声，提高仪器的稳定性，还安装了半导体制冷器，使光电倍增管在较低的温度下工作。

化学发光 O_3 自动监测仪一般设有多挡量程范围，最低检出质量浓度为 0.005 mg/m³，响应时间小于 1 min，主要缺点是使用易燃、易爆的乙烯［爆炸极限 2.7%~36%（体积分数）］，因此，要特别注意乙烯高压容器漏气。

第二节　污染源烟气连续监测系统

烟气连续排放监测系统（Continuous Emission Monitoring System，CEMS）是指对固定污染源排放烟气中污染物浓度及其总量和相关排气参数进行连续自动监测的仪器设备。通过该系统跟踪测定获得的数据，一是用于评价排污企业排放烟气污染物浓度和排放总量是否符合排放标准，实施实时监管；二是用于对脱硫、脱硝等污染治理设施进行监控，使其处于稳定运行状态。

一、CEMS 的组成及监测项目

CEMS 由颗粒物（烟尘）CEMS、烟气参数测量、气态污染物 CEMS 和数据采集与处理四个子系统组成。

CEMS 监测的主要污染物有：二氧化硫、氮氧化物和颗粒物。根据燃烧设备所用燃料和燃烧工艺的不同，可能还须监测一氧化碳、氯化氢等。监测的主要烟气参数有：含氧量、含湿量（湿度）、流量（或流速）温度和大气压。

二、烟气参数的测量

烟气温度、压力、流量（或流速）、含氧量、含湿量及大气压都是计算烟气污染物浓度及其排放总量需要的参数。

温度常用热电偶温度仪或热电阻温度仪测量。流量（或流速）常用皮托管流速测量仪或超声波测速仪、靶式流量计测量。烟气压力可由皮托管流速测量仪的压差传感器测得。含湿量常用测氧仪测定烟气除湿前、后含氧量计算得知，也可以用电容式传感器湿度测量仪测量。含氧量用氧化锆氧分析仪或磁氧分析仪、电化学传感器氧量测量仪测量。大气压用大气压计测量。

三、颗粒物（烟尘）自动监测仪

烟尘的测定方法有浊度法、光散射法、β 射线吸收法等。使用这些方法测定时，烟气中其他组分的干扰可忽略不计，但水滴有干扰，不适合在湿法净化设备后使用。

（一）浊度法

浊度法测定烟尘的原理基于烟气中颗粒物对光的吸收。光源和检测器组合件安装在烟囱的左侧，反光镜组合件安装在烟囱的右侧。当被斩光器调制的入射光束穿过烟气到达反光镜组合件时，被角反射镜反射后再次穿过烟气返回到检测器，根据用测定烟尘的标准方法对照确定的烟尘浓度与检测器输出信号间的关系，经仪器校准后即可显示输出实测烟气的烟尘浓度。仪器配有空气清洗器，以保持与烟气接触的光学镜片（窗）清洁。仪器经过改进，调制、校准及光源的参比等功能用特种 LCD 材料来实现，使整个系统无运动部件，提高了稳定性。LCD 材料具有通过改变电压可以改变其通光性的特点。

（二）光散射法

光散射法基于颗粒物对光的散射作用，通过测量偏离入射光一定角度的散射光强度，间接测定烟尘的浓度。根据散射光偏离入射光的角度不同，其监测仪器有后散射烟尘监测仪、边散射烟尘监测仪和前散射烟尘监测仪。将它安装在烟囱或烟道的一侧，用经两级过滤器处理的空气冷却和清扫光学镜窗口；手工采样利用重量法测定烟气中烟尘的浓度，建立与仪器显示数据的相关关系，并用数字电子技术实现自动校准。

光散射法比浊度法灵敏度高，仪器的最小测定范围与光路长度无关，特别适用于低浓度和小粒径颗粒物的测定。

四、气态污染物的测定

烟气具有温度高、含湿量大、腐蚀性强和含尘量高的特点，监测环境恶劣，测定气态污染物需要选择适宜的采样、预处理方式及自动监测仪。

（一）采样方式

连续自动测定烟气中气态污染物的采样方式分为抽取采样法和直接测量法。抽取采样法又分为完全抽取采样法和稀释抽取采样法，直接测量法又分为内置式测量法和外置式测量法。

1. 完全抽取采样法

完全抽取采样法是直接抽取烟囱或烟道中的烟气，经处理后进行监测。其采样系统有两种类型，即热-湿采样系统和冷凝-干燥采样系统。

热-湿采样系统适用于高温条件下测定的红外或紫外气体分析仪。它由带过滤器的高温采样探头、高温条件下运行的反吹清扫系统、校准系统及气样输送管路、采样泵、流量计等组成。仪器要求从采样探头到分析仪器之间所有与气体介质接触的组件均采取加热、控温措施，保持高于烟气露点温度，以防止水蒸气冷凝，造成部件堵塞、腐蚀和分析仪器故障。压缩空气沿着与气流相反的方向反吹过滤器，把过滤器孔中滞留的颗粒物吹出来，避免堵塞。反吹周期视烟气中颗粒物的特性和浓度而定。

冷凝-干燥采样系统是在烟气进入监测仪器前进行除颗粒物、水蒸气等净化、冷却和干燥处理。如果在采样探头后离烟囱或烟道尽可能近的位置安装处理装置，称为预处理采样法，具有输送管路不须加热，能较灵活地选择监测仪器和按干烟气计算排放量等优点，但维护不够方便，且传输距离较远时仍然会使气样浓度发生变化。如果在进入监测仪器前，距离采样探头一定距离处安装处理装置，称为后处理采样法。其具有维护方便、能更灵活地选择监测仪器和按干烟气计算排放量和污染物浓度等优点，但要求整个采样管路保持高于烟气露点的温度。

2. 稀释抽取采样法

这种采样方法是利用探头内的临界限流小孔，借助于文丘里管形成的负压作为采样动力，抽取烟气样品，用干燥气体稀释后送入监测仪器。有两种类型稀释探头，一种是烟道内稀释探头，另一种是烟道外稀释探头。二者的工作原理相同，主要不同之处在于：前者在位于烟道中的探头部分稀释烟气，输送管路不须加热、保温；后者将临界限流小孔和文丘里管安装在烟道外探头部分内，如果距离监测仪器远，输送管路须加热、保温。因为烟气进入监测仪器前未经除湿，故测定结果为湿基浓度。

临界限流小孔的长度远远小于空腔内径，当小孔的孔后与孔前的压力比大于 0.46 时，气体流经小孔的速度与小孔两端的压力变化基本无关，通过小孔的气体流量恒定。

稀释抽取采样法的优点在于：烟气能以很低的流速进入探头的稀释系统，可以比完全抽取采样法的进气流量低两个数量级，如烟气流量 2~5L/min，进入探头稀释系统的流量只有 20~50 mL/min，这就解决了完全抽取采样法须过滤和调节处理大量烟气的问题，可以进入空气污染监测仪器测定。

3. 直接测量法

直接测量法类似于测量烟气烟尘，将测量探头和测量仪器安装在烟囱（道）上，直接测量烟气中的污染物。这种测量系统一般有两种类型：一种是将传感器安装在测量探头的端部，探头插入烟囱（道）内，用电化学法或光电法测量，相当于在烟囱（道）中一个点上测量，称为内置式，如用氧化锆氧分析仪测量烟气含氧量；另一种是将测量仪器部件分装在烟囱（道）两侧，用吸收光谱法测量，如将光源和光电检测器单元安装在烟囱（道）的一侧，反射镜单元安装在另一侧，入射光穿过烟气到达反射镜单元，被反射镜反射，进入光电检测器，测量污染物对特征光的吸收，相当于线测量，这种方式将光学镜片全部装在烟囱（道）外，不易受污染，称为外置式。这种方法适用于低浓度气体测量，有单光束型和双光束型，可用双波长法、差分吸收光谱法、气体过滤相关光谱法等测量。

（二）监测仪器

一台监测烟气中气态污染物的仪器，除采样单元外，还包括测量单元（光学部件和光电转换器或电化学传感器）校准系统、自动控制和显示记录单元、信号处理单元等。烟气中主要气态污染物常用的监测仪器如下：

SO_2：非色散红外吸收自动监测仪、非色散紫外吸收自动监测仪、紫外荧光自动监测仪，定电位电解自动监测仪。

NO_x：化学发光自动监测仪、非色散红外吸收自动监测仪、非色散紫外吸收自动监测仪。

CO：非色散红外吸收自动监测仪、定电位电解自动监测仪。

第三节　水污染源连续自动监测系统

一、水污染源连续自动监测系统的组成

水污染源连续自动监测系统由流量计、自动采样器、污染物及相关参数自动监测仪、数据采集及传输设备等组成，是水污染源防治设施的组成部分。这些仪器的主机安装在距离采样点不大于 50m，环境条件符合要求，具备必要的水电设施和辅助设备的专用房屋内。

数据采集、传输设备用于采集各自动监测仪测得的监测数据，经数据处理后，进行存储、记录和发送到远程监控中心，通过计算机进行集中控制，并与各级环境保护管理部门的计算机联网，实现远程监管，提高了科学监管能力。

二、废（污）水处理设施连续自动监测项目

对于不同类型的水污染源，各个国家都制定了相应的排放标准，规定了排放废（污）水中污染物的允许浓度。我国已颁布了 30 多种废（污）水排放标准，标准中要求控制的污染物项目有些是相同的，有些是行业特有的，要根据不同行业的具体情况，选择那些能综合反映污染程度、危害大并且有成熟的连续自动监测仪的项目进行监测。对于没有成熟连续自动监测仪的项目，仍须手工分析。目前，废（污）水主要连续自动监测的项目有：pH、氧化还原电位（ORP）、溶解氧（DO）、化学需氧量（COD）、紫外吸收值（UVA）、总有机碳（TOC）、总氮（TN）、总磷（TP）、浊度（Tur）、污泥浓度（MLSS）、污泥界面、流量（q_v）、水温（t），及废（污）水排放总量及污染物排放总量等。其中，COD、UVA、TOC 都是反映有机物污染的综合指标，当废（污）水中污染物组分稳定时，三者之间有较好的相关性。因为 COD 监测法消耗试剂量大，监测仪器比较复杂，易造成二次污染，故应尽可能使用不用试剂、仪器结构简单的 UVA 连续自动监测仪测定，再换算成 COD。

企业排放废水的监测项目要根据其所含污染物的特征进行增减，如钢铁、冶金、纺织、煤炭等工业废水须增测汞、镉、铅、铬、砷等有害金属化合物和硫化物、氟化物、氰化物等有害非金属化合物。

三、监测方法和监测仪器

pH、溶解氧、化学需氧量、总有机碳、UVA、总氮、总磷、浊度的监测方法和自动监测仪器与地表水连续自动监测系统相同；但是，废（污）水的监测环境较地表水恶劣，水样进入监测仪器前的预处理系统往往比地表水复杂。

污染物排放总量是根据监测仪器输出的浓度信号和流量计输出的流量信号，由监测系统中的负荷运算器进行累积计算得到，可输出 TP、TN、COD 的 1h 排放量、1h 平均浓度、日排放量和日平均浓度。这些数据由显示器显示，打印机打印和送到存储器储存，并利用数据处理和传输设备进行信号处理，输送到远程监控中心。

第四节　地表水污染连续自动监测系统

一、地表水污染连续自动监测系统的组成与功能

地表水污染连续自动监测系统由若干个水质自动监测站和一个远程监控中心组成。水

质自动监测站在自动控制系统控制下，有序地开展对预定污染物及水文参数连续自动监测工作，无人值守，昼夜运转，并通过有线或无线通信设备将监测数据和相关信息传输到远程监控中心，接受远程监控中心的监控。远程监控中心设有计算机及其外围设备，实施对各水质自动监测站状态信息及监测数据的收集和监控，根据需要完成各种数据的处理，报表、图件制作及输出工作，向水质自动监测站发布指令等。

建立地表水污染连续自动监测系统的目的是对江、河、湖、海、渠、库的主要水域重点断面水体的水质进行连续监测，掌握水质现状及变化趋势，预警或预报水质污染事故，提高科学监管水平。

二、水质自动监测站的布设及装备

对于水质自动监测站的布设，首先也要调查研究，收集水文、气象、地质和地貌、水体功能、污染源分布及污染现状等基础资料，根据建站条件、环境状况、水质代表性等因素进行综合分析，确定建站的位置、监测断面、监测垂线和监测点。第二章中介绍的地表水监测断面和监测垂线、监测（采样）点的设置原则和方法在此也适用。监测站的采样点距离站房越近越好。

水质自动监测站由采水单元、配水和预处理单元、自动监测仪单元、自动控制和通信单元、站房及配套设施等组成。

采水单元包括采水泵、输水管道、排水管道及调整水槽等。采水头一般设置在水面下 $0.5 \sim 1.0 \mathrm{m}$ 处，与水底有足够的距离，使用潜水泵或安装在岸上的吸水泵采集水样。设计采水方式要因地制宜，如栈桥式、利用现有桥梁式、浮筏式、悬臂式等。

配水和预处理单元包括去除水样中泥沙的过滤，沉降装置，手动和自动管道反冲洗装置及除藻装置等。

自动监测仪单元装备有各种污染物连续自动监测仪、自动取样器及水文参数（流量或流速、水位、水向）测量仪等。

自动控制和通信单元包括计算机及应用软件，数据采集及存储设备，有线和无线通信设备等。具有处理和显示监测数据，根据对不同设备的要求进行相应控制，实时记录采集到的异常信息，并将信息和数据传输至远程监控中心等功能。

监测站房配有水电供给设施、空调机、避雷针、防盗报警装置等。

三、监测项目与监测方法

化学需氧量（COD）、高锰酸盐指数（1_{mn}）、总需氧量（TOD）、总有机碳（TOC）、紫外吸收值（UVA），五项综合指标都是反映有机物污染状况的指标，根据水体污染情况，可选择其中一项测定，地表水一般测定高锰酸盐指数。单项污染指标则根据监测断面所在水域水质状况确定。另外，还要测定水位、流速、降水量等水文参数，气温、风向、风速、日照量等气象参数，以及污染物通量等。

四、水污染连续自动监测仪器

（一）常规指标自动监测仪

五项常规指标的测定不需要复杂的操作程序，已广泛应用的水质五参数自动监测仪将五种自动监测仪安装在同一机箱内，使用方便，便于维护。

1. 水温自动监测仪

测量水温一般用感温元件如铂电阻或热敏电阻作为传感器。将感温元件浸入被测水中并接入电桥的一个桥臂上；当水温变化时，感温元件的电阻随之变化，则电桥平衡状态被破坏，有电压信号输出，根据感温元件电阻变化值与电桥输出电压变化值的定量关系实现对水温的测量。

2. 电导率自动监测仪

溶液电导率的测量原理和测量方法在第二章已作介绍。在连续自动监测中，常用自动平衡电桥式电导仪和电流测量式电导仪测量。后者采用了运算放大器，可使读数和电导率呈线性关系。

3. PLR 自动监测仪

它由复合式 pH 玻璃电极、温度自动补偿电极、电极夹、电线连接箱、专用电缆、放大指示系统及微型计算机等组成。为防止电极长期浸泡于水中表面沾附污物，在电极夹上带有超声波清洗装置，定时自动清洗电极。

4. 溶解氧自动监测仪

（1）隔膜电极法 DO 自动监测仪：隔膜电极法（氧电极法）测定水中溶解氧应用最广泛。有两种隔膜电极，一种是原电池型隔膜电极，另一种是极谱型隔膜电极。由于后者使用中性内充液，维护较简便，适用于自动监测系统。电极可安装在流通式发送池中，也可浸于搅动的水样（如曝气池）中。该仪器设有清洗系统，定期自动清洗沾附在电极上的污物。

（2）荧光光谱法 DO 自动监测仪：用荧光光谱法监测水中溶解氧，可以有效地消除水样 pH 的波动和干扰物质对测定的影响，具有不需要化学试剂、维护工作量小等优点，已用于废（污）水处理连续自动监测。

荧光光谱法 DO 自动监测仪由荧光 DO 传感器、测量和控制器两部分组成。荧光 DO 传感器的最前端为覆盖一层荧光物质的透明材料的传感器帽,主体内有红色发光二极管(红色 LED)、蓝色发光二极管(蓝色 LED)和光敏二极管、信号处理器等。当蓝色发光二极管发射脉冲光穿过透明材料的传感器帽,照射到荧光物质层时,则荧光物质分子被激发,从基态跃迁到激发态,因激发态分子不稳定,瞬间又返回基态,发射出比照射光波长长的红光。如果氧分子与荧光物质层接触,可以吸收高能荧光物质分子的能量,使红光辐射强度降低,甚至猝灭,也就是说,红色辐射光的最大强度和衰减时间取决于其周围氧的浓度,在一定条件下,二者有定量关系,故通过用发光二极管及信号处理器测量荧光物质分子从被激发到返回基态所需时间即可得知溶解氧的浓度。红色发光二极管在蓝色发光二极管发射蓝光的同时发射红光,作为蓝光激发荧光物质后发射红光时间的参比。荧光 DO 传感器周围的溶解氧浓度越大,荧光物质的发光时间越短,这样,将溶解氧浓度测定简化为时间的测量。市场上有多种型号的荧光光谱法 DO 自动监测仪出售,如美国哈希公司、日本岛津制作所及北泽产业(株)、英国电子仪器公司等都有类似的产品。

5. 浊度自动监测仪

被测水样经阀进入消泡槽,去除水样中的气泡后,由槽底流出经阀进入测量槽,再由槽顶溢流流出。测量槽顶经特别设计,使溢流水保持稳定,从而形成稳定的水面。从光源射入溢流水面的光束被水样中的颗粒物散射,其散射光被安装在测量槽上部的光电转换器接收,转换为电流。同时,通过光导纤维装置导入一部分光源光作为参比光束输入到另一光电转换器,两光电转换器产生的光电流送入运算放大器运算,并转换成与水样浊度呈线性关系的电信号,用电表指示或记录仪记录。仪器零点可用通过过滤器的水样进行校准,量程可用浊度标准溶液或标准散射板进行校准。光电转换器、运算放大器应装在恒温器中,以避免温度变化带来的影响。测量槽内污物可采用超声波清洗装置定期自动清洗。

(二)综合指标自动监测仪

1. 高锰酸盐指数自动监测仪

有分光光度式和电位滴定式两种高锰酸盐指数自动监测仪,它们都是基于以高锰酸钾溶液为氧化剂氧化水中的有机物等可氧化物质,通过高锰酸钾溶液消耗量计算出耗氧量(以 mg/L 为单位表示),只是测量过程和测量方式有所不同。

有两种分光光度式高锰酸盐指数自动监测仪,一种是程序式高锰酸盐指数自动监测仪,另一种是流动注射式高锰酸盐指数自动监测仪。前者是一种将高锰酸盐指数标准测定方法操作过程程序化和自动化,用分光光度法确定滴定终点,自动计算高锰酸盐指数的仪器，测定速度慢，试剂用量较大；后者是将水样和高锰酸钾溶液注入流通式毛细管，反应后，进入测量池测量吸光度，并换算成高锰酸盐指数的仪器。

在自动控制系统的控制下，载流液由陶瓷恒流泵连续输送至反应管道中。当按照预定程序通过电磁阀将水样和高锰酸钾溶液切入反应管道（流通式毛细管）后，被载流液载带，并在向前流动过程中与载流液渐渐混合。在高温、高压条件下快速反应后，经过冷却，流过流通式比色池，由分光光度计测量液流中剩余高锰酸钾对530nm波长光吸收后透过光强度的变化值，获得具有峰值的响应曲线。将其峰高与标准水样的峰高比较，自动计算出水样的高锰酸盐指数。完成一次测定后，用载流液清洗管道，再进行下一次测定。

电位滴定式高锰酸盐指数自动监测仪与程序式高锰酸盐指数自动监测仪测定程序相同，只是前者是用指示电极系统电位的变化指示滴定终点。

2. 化学需氧量（COD）自动监测仪

这类仪器有流动注射-分光光度式COD自动监测仪、程序式COD自动监测仪和库仑滴定式COD自动监测仪。流动注射-分光光度式COD自动监测仪工作原理与流动注射式高锰酸盐指数自动监测仪相同，只是所用氧化剂和测定波长不同。

程序式COD自动监测仪基于在酸性介质中，加入过量的重铬酸钾标准溶液氧化水样中的有机物和无机还原性物质，用分光光度法测定剩余的重铬酸钾量，计算出水样消耗重铬酸钾量和COD。仪器利用微型计算机或程序控制器将量取水样、加液、加热氧化，测定及数据处理等操作自动进行。恒电流库仑滴定式COD自动监测仪也是利用微型计算机将各项操作按预定程序自动进行，只是将氧化水样后剩余的重铬酸钾用库仑滴定法测定，根据消耗电荷量与加入的重铬酸钾总量所消耗的电荷量之差，计算出水样的COD。

3. 总有机碳（TOC）自动监测仪

这类仪器有燃烧氧化-非色散红外吸收TOC自动监测仪和紫外照射-非色散红外吸收TOC自动监测仪。前者的工作原理在第二章已介绍，但要使其成为间歇式自动监测仪，须安装自控装置，将加入水样和试剂、燃烧氧化和测定、数据处理和显示、清洗等操作按预定程序自动进行。后者的工作原理是在自动控制装置的控制下，将水样、催化剂（TiO_2悬浮液）、氧化剂（过硫酸钾溶液）导入反应池。在紫外线的照射下，水样中的有机物氧化成二氧化碳和水，被载气带入冷却器除去水蒸气，送入非色散红外气体分析仪测定二氧化碳，由数据处理单元换算成水样的TOC。

4. 紫外吸收值（UVA）自动监测仪

由于溶解于水中的不饱和烃和芳香烃等有机物对254nm附近的紫外线有强烈吸收，而无机物对其吸收甚微，同时实验证明，某些废（污）水或地表水对该波长附近紫外线的吸光度与其 COD 有良好的相关性，故可用来反映有机物的含量。该方法操作简便，易于实现自动测定，目前在国外多用于监控排放废（污）水的水质，当紫外吸收值超过预定控制值时，就按超标处理。

（三）单项污染指标自动监测仪

1. 总氮（TN）自动监测仪

这类仪器测定原理是：将水样中的含氮化合物氧化分解成 NO，或 NO、NO_3^-，用化学发光分析法或紫外分光光度法测定。根据氧化分解和测定方法不同，有三种 TN 自动监测仪。

（1）紫外氧化分解–紫外分光光度 TN 自动监测仪：测定原理是将水样，碱性过硫酸钾溶液注入反应器中，在紫外线照射和加热至 70℃条件下消解，则水样中的含氮化合物氧化分解生成 NO_3^-；加入盐酸溶液除去 CO_2 和 CO_3^{2-} 后，输送到紫外分光光度计，于 220nm 波长处测其吸光度，通过与标准溶液吸光度比较，自动计算出水样中 TN 浓度，并显示和记录。

（2）密闭燃烧氧化–化学发光 TN 自动监测仪：将微量水样注入置有催化剂的高温燃烧管中进行燃烧氧化，则水样中的含氮化合物分解生成 NO，经冷却、除湿后，与 O_3 发生化学发光反应，生成 NO_2，测量化学发光强度，通过与标准溶液发光强度比较，自动计算 TN 浓度，并显示和记录。

（3）流动注射–紫外分光光度 TN 自动监测仪：利用流动注射系统，在注入水样的载液（NaOH 溶液）中加入过硫酸钾溶液，输送到加热至 150～160℃ 的毛细管中进行消解，将含氮化合物氧化分解生成 NO_3^-，用紫外分光光度法测定 NO_3^- 浓度，自动计算 TN 浓度，并显示、记录。

2. 总磷（TP）自动监测仪

测定总磷的自动监测仪有分光光度式和流动注射式，它们都是基于将水样消解，将不同价态的含磷化合物氧化分解为磷酸盐，经显色后测其对特征光（880 nm）的吸光度，通过与标准溶液的吸光度比较，计算出水样 TP 浓度。

（1）分光光度式 TP 自动监测仪：它也是一种将手工测定的标准操作方法程序化、自动化的仪器。

（2）流动注射–分光光度式 TP 自动监测仪：仪器的工作原理与流动注射式高锰酸盐指数自动监测仪大同小异，即在自动控制系统的控制下，按照预定程序由载流液（H_2SO_4 溶液）载带水样和过硫酸钾溶液进入毛细管，在 150～160℃ 下消解，水样中各种含磷化合物被氧化分解，生成磷酸盐，和加入的酒石酸锑氧钾-钼酸铵溶液进入显色反应管，发生显色反应，生成黄色磷钼杂多酸。再加入抗坏血酸溶液，使之生成磷钼蓝，输送到流通式比色池，测定对 880nm 波长光的吸光度，由数据处理系统通过与标准溶液的吸光度比较，自动计算水样 TP 浓度，并显示、记录。

3. 氨氮自动监测仪

按照仪器的测定原理，有分光光度式和氨气敏电极式两种氨氮自动监测仪。

（1）分光光度式氨氮自动监测仪：这类仪器有两种类型，一种是将手工测定的标准方法操作程序化和自动化的氨氮自动监测仪，即在自动控制系统的控制下，按照预定程序自动采集水样送入蒸馏器，加入氢氧化钠溶液，加热蒸馏，使水样中的离子态氨转化成游离氨。进入吸收池被酸（硫酸或硼酸）溶液吸收后，送到显色反应池，加入显色剂（水杨酸-次氯酸溶液或纳氏试剂）进行显色反应。待显色反应完成后，再送入比色池测其对特征波长（前一种显色剂为 697nm，后一种显色剂为 420nm）光的吸光度，通过与标准溶液的吸光度比较，自动计算水样中氨氮浓度，并显示、记录。测定结束后，自动抽入自来水清洗测定系统，转入下一次测定，一个周期需要 60min。另一种类型是流动注射-分光光度式氨氮自动监测仪。在自动控制系统的控制下，将水样注入由蠕动泵输送来的载流液（NaOH 溶液）中，在毛细管内混合并进行富集后，送入气液分离器的分离室，释放出氨气并透过透气膜，被由恒流泵输送至另一毛细管内的酸碱指示剂（溴百里酚蓝）溶液吸收，发生显色反应。将显色溶液送入分光光度计的流通比色池，用光电检测器测其对特征光的吸光度，获得吸收峰高，通过与标准溶液吸收峰高比较，自动计算出水样的氨氮浓度。仪器最短测定周期为 10min，水样不须预处理。

（2）氨气敏电极式氨氮自动监测仪：在自动控制系统的控制下，将水样导入测量池，加入氢氧化钠溶液，则水样中的离子态氨转化成游离氨，并透过氨气敏电极的透气膜进入电极内部溶液，使其 pH 发生变化，通过测量 pH 的变化并与标准溶液 pH 的变化比较，自动计算水样氨氮浓度。仪器结构简单，试剂用量少，测量浓度范围宽，但电极易受污染。

五、水质监测船

水质监测船是一种水上流动的水质分析实验室。它用船作运载工具，装上必要的监测仪器、相关设备和实验材料，可以灵活地开到需要监测的水域进行监测工作，以弥补固定监测站的不足；可以方便地寻找追踪污染源，进行污染物扩散、迁移规律的研究；可以在大水域范围内进行物理、化学、生物、底质和水文等参数的综合观测，取得多方面的数据。在水质监测船上，一般装备有水体、底质、浮游生物等采样系统或工具，固定监测站和水质分析实验室中必备的分析仪器、化学试剂、玻璃仪器及相关材料，水文、气象参数测量仪器及其他辅助设备和设施，如标准源、烘箱、冰箱、实验台、通风及生活设施等。还备有浸入式多参数水质监测仪，可以垂直放入水体不同深度，同时测量 pH、水温、溶解氧、电导率、氧化还原电位和浊度等参数。

第五节　环境监测网

环境监测网是运用计算机和现代通信技术将一个地区、一个国家，乃至全球若干个业务相近的监测站及其管理层按照一定组织、程序相互联系，传递环境监测数据、信息的网络系统。通过该系统的运行，达到信息共享，提高区域性监测数据的质量，为评价大尺度范围环境质量和科学管理提供依据的目的。下面介绍我国环境监测网情况。

一、环境监测网管理与组成

我国环境监测网由环境保护部会同资源管理、工业、交通、军队及公共事业等部门的行政领导组成的国家环境监测协调委员会负责行政领导，其主要职责是商议全国环境监测规划和重大决策问题。由各部门环境监测专家组成国家环境监测技术委员会负责技术管理，主要职责是：审议全国环境监测技术决策和重要监测技术报告；制定全国统一的环境监测技术规范和标准监测分析方法，并进行监督管理。环境监测技术委员会秘书组设在中国环境监测总站。

全国环境监测网由国家环境监测网、各部门环境监测网及各行政区域环境监测网组成。国家环境监测网由各类跨部门、跨地区的生态与环境质量监测系统组成，其主要监测点是从各部门、各行政区域现行的监测点中优选出来的，由各部门分工负责，开展生态监测和环境质量监测工作。部门环境监测网为资源管理、环境保护、工业、交通、军队等部门自成体系的纵向环境监测网，它们在国家环境监测网分工的基础上，根据自身功能特点和减少重复的原则，工作各有侧重，如资源管理部门以生态环境质量监测为主，工业、交通、军队等部门以污染源监测为主。行政区域环境监测网由省、市级横向环境监测网组成，省级环境监测网以对所辖地区环境质量监测为主，市级环境监测网以污染源监测为主。

环境监测网的实体是环境质量监测网和污染源监测网。国家环境质量监测网由生态监测网、空气质量监测网、地表水质量监测网、地下水质量监测网、海洋环境质量监测网、酸沉降监测网、放射性监测网等组成。

二、国家空气质量监测网

该监测网由空气质量监测中心站和从城市、农村筛选出的若干个空气质量监测站组成。空气质量监测中心站分为空气质量背景监测站、城市空气污染趋势监测站和农村居住环境空气质量监测站三类。

空气质量背景监测站设在无工业区、远离污染源的地方，其监测结果用于评价所在区域空气质量，与城市空气质量相比较。城市空气污染趋势监测站分为一般趋势（监测）站和特殊趋势（监测）站两类。前者进行常规项目（TSP、SO_2、NO_x、PM10 及气象参数）例行监测，发布空气达标情况；后者是选择国家确定的空气污染重点城市开展特征有机污染物、臭氧监测。农村居住环境空气质量监测站建在无工业生产活动的村庄，开展空气污染常规项目的定期监测，评价空气质量状况。

三、国家地表水质量监测网

国家地表水质量监测网由地表水质量监测中心站和若干个地表水质量监测子站组成。地表水质量监测子站设在各水域，委托地方监测站负责日常运行和维护。监测子站的类型有背景监测站、污染趋势监测站、生产性水域监测站和污染物通量监测站。子站的监测断面布设在重要河流的省界，重要支流入河（江）口和入海口，重要湖泊及出入湖河流、国界河流及出入境河流、湖泊、河流的生产性水域及重要水利工程处等。

四、其他国家环境质量监测网

海洋环境质量监测网由国家海洋局组建，设有海洋环境质量监测网技术中心站、近岸海域污染监测站、近岸海域污染趋势监测断面、远海海域污染趋势监测断面。通过开展监测工作，掌握各海域水质状况和变化趋势。同时，从海洋环境质量监测网的监测站中选择部分监测站开展海洋生态监测，形成生态与环境相统一的监测网。海洋环境质量监测网的信息汇入中国环境监测总站。

地下水监测已形成由一个国家级地质环境监测院、31 个省级地质环境监测中心、200多个地（市）级地质环境监测站组成的三级监测网，布设了两万多个监测点。并陆续建设和完善了全国地下水监测数据库，完成了大量地下水监测数据的入库管理，基本上监测了全国主要平原、盆地地区地下水质量动态状况。

在生态监测网建设方面，已利用建成的生态监测站和生态研究基地，围绕农业生态系统、林业生态系统、海洋生态系统、淡水（江、河流域和湖、库）生态系统、地质环境系统开展了大量生态监测工作，逐步形成农业、林业、海洋、水利、地质矿产、环境保护部门及中国科学院等多部门合作，空中与地面结合，骨干站与基本站结合，监测与科研结合的国家生态监测网。

五、污染源监测网

建立污染源监测网的目的是为了及时、准确、全面地掌握各类固定污染源、流动污染源排放达标情况和排污总量。污染源监测涉及部门多、单位多，适于以城市为单元组建污染源监测网。城市污染源监测网由环境保护部门监测站（中心）负责，会同有关单位监测站组成。工业、交通、铁路、公安、军队等系统也都组建了行业污染源监测网。

六、环境监测信息网

环境监测数据、信息是通过信息系统传递的。按照我国环境监测系统组成形式、功能和分工，国家环境监测信息网分为三级运行和管理。

一级网为各类环境质量监测网基层站、城市污染源监测网基层站（城市网络组长单位）。它们将获得的各类监测数据、信息输入原始数据库，按照上级规定的内容和格式将数据、信息传送至专业信息分中心（设在省或自治区、直辖市环境监测中心站）。污染源监测数据、信息由城市网络中心（设在市级监测站）传递给专业信息分中心。基层站的硬件以微型计算机平台为主。

二级网为专业信息分中心，负责本网络基层站上报监测数据和信息的收集、存储和处理，编制监测报告，建立二级数据库，并将汇总的监测数据、信息按统一要求传送至国家环境监测信息中心。专业信息分中心的硬件以小型计算机工作站为主。

三级网为国家环境监测信息中心（设在中国环境监测总站），负责收集、存储和管理二级网上报的监测数据、信息和报告，建立三级数据库，并编制各类国家环境监测报告。

此外，各环境监测网信息分中心，国家环境监测信息中心除实现国内联网外，还应通过互联网与国际相关网络联网，如全球环境监测系统（GEMS）、欧洲大气监测与评估计划网络（EMEP）等，以及时交流并获得全球环境监测信息。

第六章　环境监测新技术发展

第一节　超痕量分析技术

一、超痕量分析中常用的前处理方法

(一) 液-液萃取法 (LLE)

液-液萃取法是一种传统经典的提取方法。它是利用相似相溶原理,选择一种极性接近于待测组分的溶剂,把待测组分从水溶液中萃取出来。常用的萃取溶剂有正己烷、苯、乙醚、乙酸乙酯、二氯甲烷等。正己烷一般用于非极性物质的萃取,苯一般用于芳香族化合物的萃取,乙醚和乙酸乙酯对极性大的含氧化合物的萃取比较合适。二氯甲烷对非极性到极性的宽范围的化合物都有较高的萃取率,而且由于其沸点低,容易浓缩,密度大,分液操作方便,所以适用于多组分同时分析。但是由于二氯甲烷和苯具有强致癌性,从发展方向上来看,属于控制使用的溶剂。液-液萃取法有许多局限性,例如需要大量的有机溶剂、有时产生乳化现象影响分层以及溶剂蒸发造成样品损失等。

(二) 固相萃取法 (SPE)

固相萃取是一种基于液固分离萃取的试样预处理技术,由液固萃取和柱液相色谱技术相结合发展而来。固相萃取具有有机溶剂用量少,简便快速等优点,作为一种环境友好型的分离富集技术在环境分析中得到了广泛应用。一般固相萃取包括预处理(活化),加样或吸附,洗去干扰杂质和待测物质的洗脱收集四个步骤。预处理一方面可以除去吸附剂中可能存在的杂质,减少污染;另一方面也是一个活化的过程,增加吸附剂表面和样品溶液的接触面积。加样或吸附就是用正压推动或负压抽吸使样品溶液以适当的流速通过固相萃取柱,待测物质就被保留在吸附剂上。洗去干扰杂质就是去除吸附在柱子上的少量基体干扰成分。洗脱收集就是用尽可能少量的溶剂把待测物质洗脱下来,再进行分析测定。

固相萃取的核心是固相吸附剂,不但能迅速定量吸附待测物质,而且还能在合适的溶

剂洗脱时迅速定量释放出待测物质，整个萃取过程最好是完全可逆的。这就要求固相吸附剂具有多孔，很大的表面积，良好的界面活性和很高的化学稳定性等特点，还要有很高的纯度以降低空白值。

吸附剂能把待测物质尽量保留下来，如何用合适的溶剂定量洗脱也很重要。洗脱溶剂的强度，后续测定的衔接和检测器是否匹配是应该考虑的几个问题。溶剂强度大，待测物质的保留因子就小，可以保证吸附在固定相上的待测物质定量洗脱下来。用于洗脱的溶剂易挥发，这样方便浓缩和溶剂转换。另外，溶剂在检测器上的响应尽可能小。

固相萃取柱基本上分两种：固相萃取柱（Cartridge）和固相萃取盘（Disk）。商品化的固相萃取柱容积为 1～6 mL，填料质量多在 0.1～2g 之间，填料的粒径多为 40 μm，上下各有一个筛板固定。这种结构导致了萃取过程中有沟流现象产生，降低了传质效率，使得加样流速不能太快，否则回收率会很低；样品中有颗粒物杂质时容易造成堵塞，萃取时间比较长。固相萃取盘与过滤膜十分相似，一般是由粒径很细（8～12 μm）的键合硅胶或吸附树脂填料加少量聚四氟乙烯或玻璃纤维丝压制而成，其厚度约为 0.5～1mm。这种结构增大了面积，降低了厚度，提高了萃取效率，增大了萃取容量和萃取流速，也不容易堵塞。盘片内紧密填充的填料基本消除了沟流现象。固相萃取盘的规格大小用盘的直径来表示，最常用的是 47mm 萃取盘，适合于处理 0.5～1L 的水样，萃取时间 10～20 min。固相萃取盘的种种优点及现有商品化固相萃取盘填料种类的多样性，使得盘式固相萃取法在各种饮用水、地下水、地表水及废水样品的痕量有机物分析测定中得到广泛应用。

（三）固相微萃取法（SPME）

固相微萃取技术是以固相萃取为基础发展而来的。最初仅利用具有很好耐热性和化学稳定性的熔融石英纤维作为吸附层进行萃取，定量定性分析茶和可乐中的咖啡因。后来又将气相色谱固定液涂渍在石英纤维表面，提高了萃取效率。1993 年美国 Supelco 公司推出了商品化固相微萃取装置，使得固相微萃取作为一种较成熟的商品化技术在环境分析、医药、生物技术、食品检测等众多领域得到应用，显示出它简单，快速，集采样、萃取、浓缩和进样于一体的优点和特点。

（四）吹脱捕集法（P&T）和静态顶空法（HS）

吹脱捕集和静态顶空都是气相萃取技术，它们的共同特点是用氮气、氦气或其他惰性气体将待测物质从样品中抽提出来。但吹脱捕集与静态顶空不同，它使气体连续通过样品，将其中的挥发组分萃取后在吸附剂或冷阱中捕集，是一种非平衡态的连续萃取，因此吹脱捕集法又称为动态顶空法。由于气体的连续吹扫，破坏了密闭容器中气、液两相的平衡，使挥发组分不断地从液相进入气相，也就是说在液相顶部的任何组分的分压都为零，从而使更多的挥发性组分不断逸出到气相中，所以它比静态顶空法的灵敏度更高，检测限能达到 μg/L 水平以下。但是吹脱捕集法也不能将待测物质从样品中百分百抽提出来，它与吹扫温度、待测物质在样品中的溶解度和吹扫气的流速及流量等因素有关。吹扫温度高，样品容易被吹脱，但是温度升高使水蒸气量增加，影响吸附和后续测定，一般 50℃比较合适。溶解度高的组分很难被吹脱，加入盐能提高吹扫效率。吹扫气的流速太快或总流量太大，待测组分不容易被吸附或是吸附之后又被吹落，一般以 40 mL/min 的流速吹扫 10~15 min 为宜。

静态顶空法是将样品加入到管形瓶等封闭体系中，在一定温度下放置达到气液平衡后，用气密性注射器抽取存在于上部顶空中的待测组分，注入气相色谱仪或气相色谱质谱仪中进行测定。该方法必须保持平衡条件恒定不变，才能保证样品测定的重复性，测定的灵敏度也没有吹脱捕集法高，但操作简便，成本低廉。

（五）索氏提取法（Soxhelt Extraction）

索氏提取器是 1879 年 Franz von Soxhlet 发明的一种传统经典的实验室样品前处理装置，用于萃取固体样品，如土壤、底泥和废弃物中的非挥发性和半挥发性有机化合物。

（六）超声提取法（Ultrasonic Extraction）

美国标准方法 3550C 规定用超声振荡的方法提取土壤、底泥和废弃物中的非挥发性和半挥发性有机化合物。为了保证样品和萃取溶剂的充分混合，称取 30g 样品与无水硫酸钠混合挣匀成散沙状，加入 100 mL 萃取溶剂浸没样品，用超声振荡器振荡 3 min，转移出萃取溶剂上清液，再加入 100 mL 新鲜萃取溶剂重复萃取 3 次。合并 3 次的提取液用减压过滤或低速离心的方法除去可能存在的样品颗粒，即可用于进一步净化或浓缩后直接分析测定。超声提取法简单快速，但有可能提取不完全，必须进行方法验证，提供方法空白值，加标回收率，替代物回收率等质控数据，以说明得到的数据结果的可信度。

（七）压力液体萃取法（PLE）和亚临界水萃取法（SWE）

压力液体萃取法（Pressurized Liquid Extraction，PLE）和亚临界水萃取法（Subcritical Water Extraction，SWE）是目前发展最快，为环境分析研究人员普遍看好的两种从固体基体中提取有机污染物的方法。压力液体萃取法也被称为加速溶剂萃取法（Accelerated Solvent Extraction，ASE），是在提高压力和增加温度的条件下，用萃取溶剂将固体中的目标化合物提取出来。它能大大加快萃取过程又明显减少溶剂的使用量。在高温高压的条件下，待测目标化合物的溶解度增加，样品基质对它的吸附作用或相互之间的作用力降低，加快了它从样品基质中解析出来并快速进入溶剂。增加压力使溶剂在较高温度下保持液态，提高温度也降低了溶剂的黏度，有利于溶剂分子向样品基质中扩散。它的特点是萃取时间短、消耗溶剂少、提取回收率高，正逐渐取代传统的索氏提取和超声提取等方法。亚临界水萃取法其实就是压力热水萃取法，是在亚临界压力和温度下（100～374℃，并加压使水保持液态），用水提取土壤、底泥和废弃物中的待测目标化合物。

（八）超临界流体萃取法（SFE）

超临界流体萃取法（Supercritical Fluid Extraction，SFE）是利用超临界流体的溶解能力和高扩散性能发展而来的萃取技术。任何一种物质随着温度和压力的变化都会有三种相态存在：气相、液相、固相。在一个特定的温度和压力条件下，气相、液相、固相会达到平衡，这个三相共存的状态点，就叫三相点。而液、气两相达到平衡状态的点称为临界点。在临界点时的温度和压力就称为临界温度和临界压力。

二、超痕量分析测试技术

环境样品中被测组分通常是痕量或超痕量的，除了需要采用预处理技术进行富集和净化外，还需要高灵敏度的分析方法，才能满足环境样品中痕量或超痕量组分测定的要求。常用的具有高灵敏度的分析方法概述如下：

（一）光谱分析法

光谱分析法是基于光与物质相互作用时，测量由物质内部发生量子化的能级之间的跃迁而产生的发射或吸收光谱的波长和强度变化的分析方法。它包括荧光分析法、发光分析法、原子发射光谱法和原子吸收光谱法等。

1. 荧光分析法

荧光物质分子吸收一定波长的紫外线以后被激发至高能态，经非发光辐射损失部分能量，回到第一激发态的最低振动能级，再跃迁到基态时，发出波长大于激发光波长的荧光。根据荧光的光谱和荧光强度，对物质进行定性或定量的方法称为荧光分析法。

2. 发光分析法

发光分析是基于化学发光和生物发光而建立起来的一种新的超微量分析技术。它通过发光体系光强度测定来定量某一分析物浓度。对于一个固定的发光反应体系，发光强度正比于分析物浓度，测定发光强度的大小可以计算出分析物的含量。根据建立发光分析方法的不同反应体系，可将发光分析分为化学发光分析、生物发光分析、发光免疫分析和发光传感技术等。

发光分析因具有简便、快速、灵敏度高、样品用量少等特点，被广泛应用于环境样品中污染物的痕量检测。

3. 原子发射光谱法

发射光谱分析是利用物质受电能或热能的作用，产生气态的原子或离子价电子的跃迁特征光谱线来研究物质的一种检测方法。用不同元素光谱线的波长可以进行定性检测，光谱线的强度则可以用来定量分析。

原子发射光谱分析常用高压火花或电弧激发，产生原子发射特征光谱。本法选择性好，样品用量少，无须化学分离便可同时测定多种元素，可用于汞、铅、砷、铬、镉、镍等几十种元素的测定。近年来已用电感耦合等离子体作为原子化装置和激发源。电感耦合等离子体发射光谱法（ICP-AES）是利用高频等离子矩为能源使试样裂解为激发态原子，通过测定激发态原子回到基态时所发出谱线而实现定性定量的方法，可分析环境样品中几十种元素。

4. 原子吸收光谱法

原子吸收光谱法又称原子吸收分光光度法。它是一种测量基态原子对其特征谱线的吸收程度而进行定量分析的方法。其原理是：试样中待测元素的化合物在高温下被解离成基态原子，光源发出的特征谱线通过原子蒸气时，被蒸气中待测元素的基态原子吸收。在一定条件下，被吸收的程度与基态原子数目成正比。原子吸收光谱仪主要由光源、原子化装置、分光系统和检测系统四部分组成。使用的光源为空心阴极灯，它是用被测元素作为阴极材料制成的相应待测元素灯，此灯可发射该金属元素的特征谱线。

原子吸收光谱法具有灵敏度高、干扰小、操作简便、迅速等特点。它可测定70多种元素，是环境中痕量金属污染物测定的主要方法，在世界上得到普遍、广泛的应用，并成为标准测定方法。

（二）电化学分析法

电化学分析是应用电化学原理和实验技术建立的分析方法。通常是将待测组分以适当的形式置于化学电池中，然后测量电池的某些参数或这些参数的变化进行定性和定量分析。

1. 电位滴定法

电位滴定是用标准溶液滴定待测离子的过程中，用指示电极的电位变化来代替指示剂颜色变化显示终点的一种方法。进行电位滴定时，在被测溶液中插入一个指示电极和一个参比电极，组成一个工作电池。随着滴定剂的加入，由于发生化学变化使被测离子浓度不断发生变化，因此指示电极的电位也相应发生变化。滴定达到终点附近离子浓度发生突变，这时指示电极电位也发生突变，由此来确定反应终点。

2. 极谱分析法

极谱分析法是以测定电解过程中所得电压-电流曲线为基础的电化学分析方法。极谱分析法有经典极谱法、单扫描极谱法、脉冲极谱法等，其中经典极谱法的灵敏度较低。目前我国常用单扫描极谱法、脉冲极谱法来测定大气中的氮氧化物、水中亚硝酸盐及铅、镉、钒等金属离子含量。

（三）色谱分析法

色谱分析法的原理是：不同物质在两相中吸附力、分配系数、亲和力等各不相同，当两相做相对运动时，这些物质在两相中反复多次分配，从而使各物质得到完全的分离并能由检测器检测。按流动相所处的物理状态不同，色谱分析法又分为气相色谱法和高级液相色谱法。

1. 气相色谱法

气相色谱法是以气体为流动相对混合物组分进行分离分析的色谱分析法。根据固定相不同，气相色谱法可分为气-固色谱和气-液色谱。气-固色谱的固定相是固体吸附剂颗粒。气-液色谱的固定相是表面涂有固定液的担体。固体吸附剂品种少、重现性较差，用得较少，主要用于分离分析永久性气体和 $C_1 \sim C_4$ 低分子碳氢化合物。气-液色谱的固定液纯度高，色谱性能重现性好，品种多，可供选择范围广，因此目前大多数气相色谱分析是气-液色谱法。气相色谱法具有高效、灵敏、快速、能同时分离分析多种组分、样品用量少等特点，在环境有机污染物的分析中得到广泛的应用，如苯、二甲苯、多环芳烃、酚类、农药等。

2. 高效液相色谱法

高效液相色谱法是在经典液相色谱法的基础上，采用气相色谱法的理论和技术发展起来的一类分离分析的方法。高效液相色谱法具有高效、高速、高灵敏度等特点，它已成为环境中有机污染物分析不可缺少的重要分析方法之一。按分离机制不同，高效液相色谱法分为液-固色谱、液-液色谱、离子交换色谱（离子色谱）、空间排斥色谱。

3. 色谱-质谱联用技术

气相色谱是强有力的分离手段，特别适合于分离复杂的环境有机污染物样品。同时，质谱和气相色谱在工作状态上均为气相动态分析，除了工作气压之外，色谱的每一特征都能和质谱相匹配，且都具有灵敏度高、样品用量少的共同特点。因此，GC-MS联用既发挥了气相色谱的高分离能力，又发挥了质谱法的高鉴别力，已成为鉴定未知物结构的最有效工具之一，广泛应用于环境样品检测中。在GC-MS联用技术中，气相色谱仪相当于质谱仪的进样、分离装置，而质谱仪相当于气相色谱仪的检测器。

第二节　遥感环境监测技术

遥感，即遥远地感知，亦即远距离不接触物体而获得其信息。"Remote Sensing"（遥感）一词首先是由美国海军科学研究部的布鲁依特（E. L. Pruitt）提出来的。20世纪60年代初在由美国密执安大学等组织发起的环境科学讨论会上正式被采用，此后"遥感"这一术语得到科学技术界的普遍认同和广泛运用。广义的遥感泛指各种非接触，远距离探测物体的技术；狭义的遥感指通过遥感器"遥远"地采集目标对象的数据，并通过对数据的分析来获取有关地物目标、地区或现象信息的一门科学和技术。

通常遥感是指空对地的遥感，即从远离地面的不同工作平台上（如高塔、气球、飞机、火箭、人造地球卫星、宇宙飞船、航天飞机等）通过传感器，对地球表面的电磁波（辐射）信息进行探测，并经信息的传输、处理和判读分析，对地球的资源与环境进行探测和监测的综合性技术。

电磁波遥感是从远距离、高空至外层空间的平台上，利用可见光、红外、微波等探测仪器，通过摄影扫描、信息感应、传输和处理等技术过程，识别地面物体的性质和运动状态的现代化技术系统。

卫星遥感能够在一定程度上弥补传统的环境监测方法所遇到的时空间隔大，费时费力，难以具备整体、普遍意义和成本高的缺陷和困难，随着环境问题日益突出，宏观、综合、快速的遥感技术已成为大范围环境监测的一种主要技术手段。现在已可测出水体的叶绿素含量、泥沙含量、水温、TP和TN等水质参数；可测定大气气温、湿度以及CO、NO_2、CO_2、O_3、ClO_2、CH_4等污染气体的浓度分布；可应用于测定大范围的土地利用情况，区域生态调查以及大型环境污染事故调查（如海洋石油泄漏、沙尘暴和海洋赤潮等环境污染）等。

一、遥感的基本过程

遥感过程是指遥感信息的获取、传输、处理，以及分析判读和应用的全过程。遥感过程实施的技术保证依赖于遥感技术系统。遥感技术系统是一个从信息收集、存储、传输处理到分析判读、应用的完整技术体系。

遥感信息通过装载于遥感平台上的传感器获取。遥感平台是搭载传感器的工具。根据运载工具的类型划分为航天平台（如卫星，150 km 以上）、航空平台（如飞机，100m 至十余公里）和地面平台（如雷达，0~50m）。其中，航天遥感平台目前发展最快，应用最广。常用的遥感器包括航空摄影机（航摄仪）全景摄影机、多光谱摄影机、多光谱扫描仪（MSS）、专题制图仪（TM）、高分辨率可见光相机（HRV）、合成孔径侧视雷达（SLAR）等。

遥感信息传输是指遥感平台上的传感器所获取的目标物信息传向地面的过程，一般有直接回收和无线电传输两种方式。

遥感信息处理是指通过各种技术手段对遥感探测所获得的信息进行的各种处理。例如，为了消除探测中的各种干扰和影响，使其信息更准确可靠而进行的各种校正（辐射校正、几何校正等）处理，为了使所获遥感图像更清晰，以便于识别和判读、提取信息而进行的各种增强处理等。

遥感信息应用是遥感的最终目的。遥感信息应用则应根据专业目标的需要，选择适宜的遥感信息及其工作方法进行，以取得较好的社会效益和经济效益。

二、电磁波谱遥感的基本理论

（一）电磁波谱的划分

无线电波、红外线、可见光、紫外线 X 射线、γ 射线都是电磁波，不过它们的产生方式不尽相同，波长也不同，把它们按波长（或频率）顺序排列就构成了电磁波谱。依照波长的长短以及波源的不同，电磁波谱可大致分为以下几种：

1. 无线电波

波长为 0.3m 至几千米左右，一般的电视和无线电广播的波段就是用这种波。无线电波是人工制造的，是振荡电路中自由电子的周期性运动产生的。依波长不同分为长波、中波、短波、超短波和微波。微波波长为 1mm~1m，多用在雷达或其他通信系统。

2. 红外线

波长为 $7.8\times10^{-7}~10^{-3}$ m，是原子的外层电子受激发后产生的。其又可划分为近红外（0.78~3 μm）、中红外（3~6 μm）、远红外（6~15 μm）和超远红外（15~1 000 μm）。

3. 可见光

可见光是电磁波谱中人眼可以感知的部分，一般人的眼睛可以感知的电磁波的波长在

$(3.8 \sim 7.8) \times 10^{-6} \mathrm{cm}$ 之间。正常视力的人眼对波长约为 555 nm 的电磁波最为敏感，这种电磁波处于光学频谐的绿光区域。

4. 紫外线

波长为 $6 \times 10^{-10} \sim 3 \times 10^{-6} \mathrm{m}$。这些波产生的原因和光波类似，常常在放电时发出。由于它的能量和一般化学反应所牵涉的能量大小相当，因此紫外线的化学效应最强。

5. X 射线（伦琴射线）

这部分电磁波谱，波长为 $6 \times 10^{-12} \sim 2 \times 10^{-9} \mathrm{m}$。X 射线是原子的内层电子由一个能态跃迁至另一个能态时或电子在原子核电场内减速时所发出的。

6. γ 射线是波长为 $10^{-14} \sim 10^{-10} \mathrm{m}$ 的电磁波

这种不可见的电磁波是从原子核内发出来的，放射性物质或原子核反应中常有这种辐射伴随着发出。γ 射线的穿透力很强，对生物的破坏力很大。

（二）遥感所使用的电磁波段及其应用范围

遥感技术所使用的电磁波集中在紫外线、可见光、红外线、微波光波段。

紫外线具较高能量，在大气中散射严重。太阳辐射的紫外线通过大气层时，波长小于 0.3 μm 的紫外线几乎都被吸收，只有 0.3 ~ 0.38 μm 的紫外线部分能穿过大气层到达地面，目前主要用于探测碳酸盐分布。碳酸盐在 0.4 μm 以下的短波区域对紫外线的反射比其他类型的岩石强。此外，水面漂浮的油膜比周围水面反射的紫外线要强，因此，紫外线也可用于油污染的监测。

可见光是遥感中最常用的波段。在遥感技术中，可以直接光学摄影方式记录地物对可见光的反射特征。也可将可见光分成若干波段，在同一时间对同一地物获得不同波段的影像，还可以采用扫描方式接收和记录地物对可见光的反射特征。

近红外波段也是遥感技术的常用波段。近红外在性质上与可见光近似，由于它主要是地表面反射太阳的红外辐射，因此又称为反射红外。其可以用摄影和扫描方式接收和记录地物对太阳辐射的红外反射。中红外、远红外和超远红外是产生热感的原因，所以又称为热红外。自然界中的任何物体，当其温度高于热力学温度（-273.15℃）时，均能向外辐射红外线。红外遥感是采用热感应方式探测地物本身的辐射，可用于森林火灾、热污染等的全天候遥感监测。

微波又可分为毫米波、厘米波和分米波。微波辐射也具有热辐射性质，由于微波的波长比可见光、红外线长，能穿透云、雾而不受天气影响，且能透过植被、冰雪、土壤等表层覆盖物，因此能进行多种气象条件下的全天候遥感探测。

三、遥感的分类和特点

（一）遥感的分类

遥感技术依其遥感仪器所选用的波谱性质可分为电磁波遥感技术、声呐遥感技术、物理场（如重力和磁力场）遥感技术。通常所讲的遥感往往是指电磁波遥感。电磁波遥感技术是利用各种物体/物质反射或发射出不同特性的电磁波进行遥感的，其可分为可见光、红外、微波等遥感技术。

按照传感器工作方式的不同可分为主动式遥感技术和被动式遥感技术。所谓主动式是指传感器带有能发射信号（电磁波）的辐射源，工作时向目标物发射，同时接收目标物反射或散射回来的电磁波，以此所进行的探测。被动式遥感则是利用传感器直接接收来自地物反射自然辐射源（如太阳）的电磁辐射或自身发出的电磁辐射而进行的探测。

按照记录信息的表现形式可分为图像方式和非图像方式。图像方式就是将所探测到的强弱不同的地物电磁波辐射转换成深浅不同的（黑白）色调构成直观图像的遥感资料形式，如航空相片、卫星图像等。非图像方式则是将探测到的电磁辐射转换成相应的模拟信号（如电压或电流信号）或数字化输出，或记录在磁带上而构成非成像方式的遥感资料，如陆地卫星 CCT 数字磁带等。

按照遥感器使用的平台可分为航天遥感技术、航空遥感技术、地面遥感技术。

按照遥感的应用领域可分为地球资源遥感技术、环境遥感技术、气象遥感技术、海洋遥感技术等。

（二）遥感的特点

①感测范围大，具有综合、宏观的特点。遥感从飞机上或人造地球卫星上获取航空相片或卫星图像，比在地面上观察的视域范围大得多。

②信息量大，具有手段多、技术先进的特点。它不仅能获得地物可见光波段的信息，而且可以获得紫外、红外、微波等波段的信息。其不但能用摄影方式获得信息，而且还可以用扫描方式获得信息。遥感所获得的信息量远远超过了用常规传统方法所获得的信息量。

③获取信息快，更新周期短，具有动态监测特点。遥感通常为瞬时成像，可获得同一瞬间大面积区域的景观实况，现实性好；而且可通过不同时相取得的资料及相片进行对比，分析和研究地物动态变化的情况，为环境监测以及研究分析地物发展演化规律提供了基础。

四、环境遥感监测

(一) 大气遥感原理

大气不仅本身能够发射各种频率的流体力学波和电磁波，而且，当这些波在大气中传播时，会发生折射、散射、吸收、频散等经典物理或量子物理效应。由于这些作用，当大气成分的浓度、气温、气压、气流、云雾和降水等大气状态改变时，波信号的频谱、相位、振幅和偏振度等物理特征就发生各种特定的变化，从而储存了丰富的大气信息，向远处传送，这样的波称为大气信号。应用红外、微波、激光、声学和电子计算机等一系列的技术手段，揭示大气信号在大气中形成和传播的物理机制和规律，区别不同大气状态下的大气信号特征，确立描述大气信号物理特征与大气成分浓度、运动状态和气象要素等空间分布之间定量关系的大气遥感方程，从而最终建立从大气信号物理特征中提取大气信息的理论和方法。

(二) 水环境遥感监测

利用遥感技术进行水质监测的主要机理是被污染水体具有独特的有别于清洁水体的光谱特征，这些光谱特征体现在其对特定波长的光的吸收或反射，而且这些光谱特征能够为遥感器所捕获并在遥感图像中体现出来。对所监测水体的遥感图像进行几何校正，大气校正和解译，得出所需的光谱信息，利用经验、半经验或者其他数据分析方法，可筛选出合适的遥感波段或波段组合。将该波段组合光谱信息与水质参数的实测数据结合，可以建立相关的水质参数遥感估测模型，达到一定的精度后可用来反演水体中水质参数的相关数据，从而达到利用遥感技术对水体进行环境水质定量监测的目的。

内陆水体中影响光谱反射率的物质主要有四类：①纯水；②浮游植物，主要是各种藻类；③由浮游植物死亡而产生的有机碎屑以及陆生或湖体底泥经再悬浮而产生的无机悬浮颗粒，总称为非色素悬浮物；④由黄腐酸、腐殖酸等组成的溶解性有机物，通常称为黄色物质。

水的光谱特征主要由水本身的物质组成决定，同时又受到各种水状态的影响。在可见光波段 $0.6~\mu m$ 之前，水的吸收少，反射率较低，多为透射。对于清水，在蓝光、绿光波段反射率为 4%~5%，$0.6~\mu m$ 以下的红光波段反射率降到 2%~3%，在近红外，短波红外部分几乎吸收全部的入射能量。这一特征与植被和土壤光谱形成明显的差异，因而在红外波段识别水体较为容易。

目前，在遥感对水质的定量监测机理方面，主要研究内容有悬浮泥沙、叶绿素、可溶性有机物（黄色物质）、油污染和热污染等，其中水体浑浊度（或悬浮泥沙）和叶绿素浓度是国内外研究最多也最为成熟的两部分。综合考虑空间、时间、光谱分辨率和数据可获得性，TM 数据是目前内陆水质监测中最有用也是使用最广泛的多光谱遥感数据。SPOT 卫星的 HRV 数据、IRS-1C 卫星数据和气象卫星 NOAA 的 AVH RR 数据以及中巴资源卫星数据也可用于内陆水体的遥感监测。

第三节　环境快速检测技术

随着经济社会的快速发展以及对环境监测工作高效率的迫切需要，研究高效、快速的环境污染物检测技术已成为国际环境问题的研究热点之一。尤其是水质和气体的快速检测技术发展迅速，对我国环境监测技术的发展起到了重要的推动作用。

一、便携水质多参数检测技术

便携式仪器法是利用根据污染物的热学、光学、电化学、电磁波学、气相色谱学、生物学等特点设计的仪器进行污染物现场检测的方法。便携式仪器具有防尘、防水、质轻和耐腐蚀等特性，一些还配有手提箱，所有附件一应俱全，十分便于野外操作。下面介绍几种典型或新型的水质便携式多参数检测仪。

（一）手持电子比色计

手持电子比色计（GE LC-01 型）是由同济大学设计的半定量颜色快速鉴定装置，结构简单，小巧轻便（154mm×91mm×30mm，约 360g），手持使用。该装置与传统的目视比色卡片不同，不受外部环境条件（光线、温度等）影响，晚上亦可正常使用。该比色计存储多种物质标准色列，用于多种环境污染物和化学物质的识别与半定量分析，配合 GEE 显色检测剂或其他水质检测包（盒）等，可对数十种化学物质或离子进行快速半定量分析，非专业人员亦可自主操作，适合于环境监测、排污监督、水质分析、食品质量检验、应急监测等。

（二）水质检验手提箱

水质检验手提箱由微型液体比色计、测量系统、现场快速检测剂、显色剂、过滤工具等组成，由同济大学污染控制与资源化研究国家重点实验室最新研制。

根据使用目的不同配置有氮磷硫氯检测手提箱、重金属手提箱、广谱检测手提箱等多种规格。手提箱工具齐备，小巧轻便，采用高亮度手（笔）触 LED 屏，界面清晰、直观，适合于户外使用，在水质分析、环境监测、食品检验及其他分析检验领域，尤其对矿山、企事业单位、农村、山区、高原、事故现场等水质快速或应急检测具有重要价值。

水质检验手提箱中，配备的微型液体比色仪是一种全新的小型现场检测仪器，微型液体比色仪工作原理与传统分光光度计不同，直接采用颜色传感器，无滤光、信号放大系统，避免了因部件转动、光电转换引起的测量误差。颜色测量计算系统是基于 CIELab 双锥色立体（Bicone Color Solid）而设计开发，通过色调（Hue）、色度（Chroma）和明度（Lightness）的三维矢量运算处理，计算混合体系中各颜色的色矢量（c.v.），在配色技术和颜色检测反应中有重要的应用价值。其中，在痕量物质检测领域，待测物标准系列采用二次函数拟合，误差小，范围宽，并设计单点校正标准曲线，方便操作人员修正因测量条件改变而引起的检测误差。

手提箱提供快速检测粉剂，胶囊包装，性能稳定，携带方便，可对氨（铵）、亚硝酸盐、硝酸盐、磷酸盐、硫酸盐、硫化物、氯化物、余氯、溶解氧、铬（Ⅳ，Ⅲ）、铁、铜、锌、铅、镍、锰、总硬度、甲醛、挥发酚、苯等数十种物质（离子）进行快速定量检测，灵敏度高，重现性好。

（三）现场固相萃取仪

常规固相萃取装置（SPE）只能在实验室内使用，水样流速慢，萃取时间长，不适于水样现场快速采集。同济大学研制的微型固相萃取仪（GE MSPE-02 型）为水环境样品的现场浓缩分离提供了新的方法和技术。

与常规 SPE 工作原理不同，微型固相萃取仪是将 1～2g 吸附材料直接分散到 500～2000 mL 水样中，对目标物进行选择性吸附后，通过蠕动泵导流到萃取柱，使液固得到分离，再使用 5～10 mL 洗脱剂洗脱出吸附剂上的目标物，即可用 AAS、ICP、GC、HPLC 等分析方法对目标物进行测定。

（四）便携式多参数水质现场监测仪

便携式多参数水质现场监测仪是专为现场水质测量的可靠性和耐用性而设计的仪器，可同时实现多个参数数据的实时读取、存储和分析。如默克密理博新开发的便携式多参数水质现场监测仪 Move100，内置 430 nm、530 nm、560 nm、580 nm、610 nm、660 nm 的 LED 发光二极管，可以测试氨氮、COD、砷、镉、铅、六价铬、铜、镍、挥发酚等 100 多个常见水质分析项目。

仪器内置的大部分方法符合美国 EPA 和德国 DIN 等国际标准。IP68 完全密封的防护等级，可以持续浸泡在水中（水深小于 18m 至少 24h），特别适用于野外环境测试或现场测试。仪器在现场进行测试后，可以带回实验室采用红外的方式进行数据传输，IRiM（红外数据传输模块）使用现代的红外技术，将测试结果从测试仪器传输到三个可选端口上，通过连接电脑实现 DA Excel 或文本文件格式储存以及打印。同时，该仪器具有 AQA 验证功能，包括吸光度值验证和在此波长下的检测结果验证。

二、大气快速监测技术

大气快速监测技术是采用便携、简易、快速的仪器或装置，在尽可能短的时间内对目标污染物的种类、浓度、污染范围及危险性做出准确科学判断的重要依据。下面对常见的几种大气污染和空气质量现场快速分析技术进行简单介绍。

（一）气体检测管

气体检测管是一种简便、快速、直读式的气体定量检测仪，可在已知有害气体或蒸气种类的条件下进行现场快速检测。其测试原理为：先用特定的试剂浸渍少量多孔性材料（如硅胶、凝胶、沸石和浮石等），然后将浸渍过试剂的多孔性材料放入玻璃管内，使空气通过玻璃管。如果空气中含有被测成分，则浸渍材料的颜色就有变化，根据其色柱长度，计算出污染物的浓度。气体检测管既可用于室内空气监测、公共场所的空气质量监测、作业现场的空气及特定气体的测试、大气环境监测等许多方面，也可用于需要控制气体成分的生产工艺中。

气体检测管根据其构造和用途可分为普通型、试剂型、短期测量管、长期测量管和扩散式测量管等。普通型是玻璃管内仅放置指示剂，能直接与待测物质起颜色反应而定性定量。试剂型是在玻璃管内不但装有指示剂，而且装有试剂溶液小瓶，在采样检测前或后，打破试剂溶液小瓶，待测物质与试剂反应产生颜色变化。扩散式测量管的特别之处是不需要抽气动力，而是利用待测物质的分子扩散作用达到采样检测的目的。气体检测管法具有体积小、质量轻、携带方便、操作简单快速、灵敏度较高和费用低等优点，且对使用人的技术要求不高，经过短时间培训就能够进行监测工作。目前，市售气体检测管种类较多，能够检测的污染物超过 500 种，可以检测的环境介质包括空气、水及土壤、有毒气体（如 CO、H_2S、Cl_2 等）、蒸汽（如丙酮、苯及酒精等）、气雾及烟雾（如硫酸烟雾）等，可参照《气体检测管装置》（GB/T 7230-2008）选用合适的检测管。然而，气体检测管不能精确给出大气污染物的浓度，易受温度等因素的干扰。

（二）便携式 PM2.5 检测仪

德国 Grimm Aerosol 公司的小型颗粒物分析仪，不需要切割头，可实时分析可吸入颗粒物和可呼吸颗粒物，同时分析 8、16、32 通道不同粒径的粉尘分散度。该仪器采用激光

90°散射，不受颗粒物颜色的影响，内置可更换的 EPA 标准 47mm PTFE 滤膜，同时进行颗粒物收集，用于称重法和化学分析。自动、精确的流量控制，能够保证分析结果的可靠，特别的保护气幕使光学系统免受污染，可靠性极高，维护量少。数据存储卡可以保存 1 个月到 1 年的连续测试数据，有线或无线的通信方式，便于在线自动监测和数据下载。内置充电池，适合各种场合的工作。

（三）便携式烟气二氧化硫分析仪

便携式烟气二氧化硫分析仪采用定电位电解法进行测定。仪器主要由两部分组成，即气路系统和电路系统。气路系统完成烟气的采样、处理、传送等功能；电路系统则完成气电转换、信号放大、数据处理、数据的显示打印和仪器的工作状态控制等功能。仪器预热后，烟气通过烟尘过滤器去除粗烟尘。过滤后的烟气经过采样枪进入气水分离器，在气水分离器内水分和细烟尘与烟气分离，从而使基本洁净的干烟气经过薄膜泵进入传感器气室，在气室内扩散后，采集的烟气再从气室出口排出仪器。在气室里扩散的烟气与传感器发生氧化还原反应，使传感器输出微安级的电流信号。该信号进入前置放大器后，经过电流/电压的变换和信号放大，模拟量信号经数模转换器转换成计算机可识别的数字信号，经数据处理后可将测试结果显示出来。

（四）便携式甲醛检测仪

美国 Interscan 便携式甲醛检测仪采用电压型传感器，是一种化学气体检测器，在控制扩散的条件下运行。样气的气体分子被吸收到电化学敏感电极，经过扩散介质后，在适当的敏感电极电位下气体分子发生电化学反应，这一反应产生一个与气体浓度成正比的电流，这一电流转换为电压值并送给仪表读数或记录仪记录。传感器有一个密封的储气室，这不仅使传感器寿命更长，而且消除了参比电极污染的可能性，同时可用于厌氧环境的检测。传感器电解质是不活动的，类似于闪光灯和镍镉电池中的电解质，所以不需要考虑电池损坏或酸对仪器的损坏。

（五）手持式多气体检测仪

PortaSens Ⅱ 型仪器可用于检测现场环境空气中的各种气体，通过更换即插即用型传感器模块，可以检测氯气、过氧化氢、甲醛、CO、NO、NO_2、H_2S、HF、HCN、SO_2、AsH_3 等 30 余种不同气体。传感器无须校准，精度一般为测量值的 5%，灵敏度为量程的 1%，可根据监测需要切换、设定量程 RS232 输出接口，专用接口电缆和专用软件用于存储气体浓度值，存储量达 12 000 个数据点；采用碱性、D 型电池，质量为 1.4kg。

第四节　生态监测

随着人们对环境问题及其规律认识的不断深化，环境问题不再局限予排放污染物引起的健康问题，还包括自然环境的保护、生态平衡和可持续发展的资源问题。因此，环境监测正从一般意义上的环境污染因子监测开始向生态环境监测过渡和拓宽。除了常见的各类污染因子外，由于人为因素影响，灾害性天气增加，森林植被锐减，水土流失严重，土壤沙化加剧，洪水泛滥，沙尘暴、泥石流频发，酸沉降等，使得本已十分脆弱的生态环境更加恶化。这促使人们重新审视环境问题的复杂性，用新的思路和方法了解和解决环境问题。人们开始认识到，为了保护生态环境，必须对环境生态的演化趋势、特点及存在的问题建立一套行之有效的动态监测与控制体系，这就是生态监测。因此，生态监测是环境监测发展的必然趋势。

一、生态监测的定义

所谓生态监测，是以生态学原理为理论基础，运用可比的和较成熟的方法，在时间和空间上对特定区域范围内生态系统和生态系统组合体的类型、结构和功能及其组合要素进行系统的测定。为评价和预测人类活动对生态系统的影响，为合理利用资源、改善生态环境提供决策依据。

二、生态监测的原理

生态监测是环境监测工作的深入与发展，由于生态系统本身的复杂性，要完全将生态系统的组成、结构、功能进行全方位的监测十分困难。随着生态学理论与实践的不断发展与深入，特别是景观生态学的发展，为生态监测指标的确立、生态质量评价及生态系统的管理与调控提供了基础框架。景观生态学中的一些基础理论即等级（层次）理论、空间异质性原理等成为生态监测的基本指导思想。研究生态系统的组成要素、结构与功能、发展与演替，以及人为影响与调控机制的生态系统生态学理论也为生态监测提供理论支持。生态系统生态学的研究领域主要涵盖了自然生态系统的保护和利用、生态系统的调控机制、生态系统退化的机理、恢复模型及修复技术、生态系统可持续发展问题以及全球生态问题等。

三、生态监测、环境监测和生物监测之间的关系

在环境科学、生态学及其分支学科中，生态监测、生物监测及环境监测都有各自的特

点和要求。环境监测是伴随着环境科学的形成和发展而出现的，以环境为对象，运用物理、化学和生物技术方法对其中的污染物及其有关的组成成分进行定性、定量和系统的综合分析，运用环境质量数据、资料来表征环境质量的变化趋势及污染的来龙去脉。因此，环境监测属于环境科学范畴。

长期以来，生物监测属于环境监测的重要组成部分，是利用生物在各种污染环境中所发出的各种信息，来判断环境污染的状况。即通过观察生物的分布状况，生长、发育、繁殖状况，生化指标及生态系统工程的变化规律来研究环境污染的情况、污染物的毒性，并与物理、化学监测和医药卫生学的调查结合起来，对环境污染做出正确评价。

对生态监测一直有争议的方面，主要表现在生态监测与生物监测的相互关系上。一种观点认为生态监测包括生物监测，是生态系统层次的生物监测，是对生态系统的自然变化及人为变化所做反应的观测和评价，包括生物监测和地球物理化学监测等方面内容；也有的将生态监测与生物监测统一起来，统称为生态监测，认为生态监测是环境监测的组成部分，是利用各种技术测定和分析生命系统各层次对自然或人为的反应或反馈效应的综合表征来判断这些干扰对环境产生的影响、危害及其变化规律，为环境质量的评估，调控和环境管理提供科学依据。这种观点表明，生态监测是一种监测方法，是对环境监测技术的一种补充，是利用"生态"为"仪器"进行环境质量监测。

而另一种观点认为，随着环境科学的发展以及社会生产、科学研究等领域的监测工作实践，生态监测远远超出了现有的定义范畴。生态监测的内容、指标体系和监测方法都表现出了全面性、系统性，既包括对环境本质、环境污染，环境破坏的监测，也包括对生命系统（系统结构、生物污染、生态系统功能、生态系统物质循环等）的监测，还包括对人为干扰和自然干扰造成生物与环境之间相互关系的变化的监测。

因此，生态监测是指通过物理、化学、生物化学、生态学等各种手段，对生态环境中的各个要素、生物与环境之间的相互关系、生态系统结构和功能进行监控和测试，为评价生态环境质量、保护生态环境、恢复重建生态、合理利用自然资源提供依据。它包括了环境监测和生物监测。

四、生态监测的类别

生态监测从时空角度可概括地分为两大类，即宏观监测或微观监测。

（一）宏观监测

宏观监测至少应在一定区域范围之内，对一个或若干个生态系统进行监测，最大范围可扩展至一个国家、一个地区甚至全球。主要监测区域范围内具有特殊意义的生态系统的分布、面积及生态功能的动态变化。

（二）微观监测

微观监测指对一个或几个生态系统内各生态要素指标进行物理、化学、生态学方面的监测。根据监测的目的一般可分为干扰性监测、污染性监测、治理性监测、环境质量现状评价监测等。

（1）干扰性监测是指对人类固有生产活动所造成的生态破坏的监测，例如，滩涂围垦所造成的滩涂生态系统的结构和功能，水文过程和物质交换规律的改变监测；草场过牧引起的草场退化、沙化、生产力降低监测；湿地开发环境功能下降，对周边生态系统及鸟类迁徙影响的监测等。

（2）污染性监测主要是对农药、一些重金属及各种有毒有害物质在生态系统中所造成的破坏及食物链传递富集的监测。如六六六、DDT、SO_2、Cl_2、H_2S 等有害物质对农田，果树污染监测；工厂污水对河流、湖泊、海洋生态系统污染的监测等。

（3）治理性监测指对破坏了的生态系统经人类的治理后生态平衡恢复过程的监测。如沙化土地经客土、种草治理过程的监测；退耕还林、还草过程的生态监测；停止向湖泊、水库排放超标废水后，对湖泊、水库生态系统恢复的监测等。

（4）环境质量现状评价监测。该监测往往用于较小的区域，用于环境质量本底现状评价监测，如某生态系统的本底生态监测；南极、北极等很少有人为干扰的地区生态环境质量监测；新修铁路要通过某原始森林附近，对某原始森林现状的生态监测；拟开发的风景区本底生态监测等。

总之，宏观监测必须以微观监测为基础，微观监测必须以宏观监测为指导，二者相互补充，不能相互替代。

五、生态监测的任务与特点

（一）生态监测的基本任务

生态监测的基本任务是对生态系统现状以及因人类活动所引起的重要生态问题进行动态监测；对破坏的生态系统在人类的治理过程中生态平衡恢复过程的监测。通过监测数据的集积，研究上述各种生态问题的变化规律及发展趋势，建立数学模型，为预测预报和影响评价打下基础；支持国际上一些重要的生态研究及监测计划，如 GEMS（全球环境监测系统）、MAB（人与生物圈）等，加入国际生态监测网络。

（二）生态监测的特点

1. 综合性

生态监测涉及多个学科，涉及农、林、牧、副、渔、工等各个生产行业。

2. 长期性

自然界中生态过程的变化十分缓慢，而且生态系统具有自我调控功能，短期监测往往不能说明问题。长期监测可能有一些重要的和意想不到的发现，如北美酸雨的发现就是典型的例子。

3. 复杂性

生态系统本身是一个庞大的复杂的动态系统，生态监测中要区分自然因素和人为干扰这两种因素的作用有时十分困难。加之人类目前对生态过程的认识是逐步积累和深入的，这就使得生态监测不可能是一项简单的工作。

4. 分散性

生态监测站点的选取往往相隔较远，监测网的分散性很大。同时，由于生态过程的缓慢性，生态监测的时间跨度也很大，所以通常采取周期性的间断监测。

（三）生态监测指标体系

根据生态监测的定义和监测内容，传统的生态监测指标体系无法适应于现今对生态环境质量监测的要求。从我国正在开展的生态监测工作来看，生态监测构成了一个复杂的网络，各地纷纷建立生态监测网站与网络，生态监测的指标体系丰富而庞杂。

1. 非生命系统的监测指标

气象条件：包括太阳辐射强度和辐射收支、日照时数、气温、气压、风速、风向、地温、降水量及其分布、蒸发量、空气湿度、大气干湿沉降等，以及城市热岛强度。

水文条件：包括地下水位、土壤水分、径流系数、地表径流量、流速、泥沙流失量及其化学组成、水温、水深、透明度等。

地质条件：主要监测地质构造、地层、地震带、矿物岩石、滑坡、泥石流、崩塌，地面沉降量、地面塌陷量等。

土壤条件：包括土壤养分及有效态含量（N、P、K、S）、土壤结构、土壤颗粒组成、土壤温度、土壤 pH、土壤有机质、土壤微生物量、土壤酶活性、土壤盐度、土壤肥力、交换性酸、交换性盐基、阳离子交换量、土壤容重、孔隙度、透水率、饱和含水量、凋萎水量等。

化学指标：包括大气污染物、水体污染物、土壤污染物、固体废物等方面的监测内容。

大气污染物：有颗粒物、SO_2、NO_2、CO、烃类化合物、H_2S、HF、PAN、O_3 等。

水体污染物：包括水温、pH、溶解氧、电导率、透明度、水的颜色、气味、流速、悬浮物、浑浊度、总硬度、矿化度、侵蚀性二氧化碳、游离二氧化碳、总碱度、碳酸盐、重碳酸盐、氨氮、硝酸盐氮、亚硝酸盐氮、挥发酚、氰化物、氟化物、硫酸盐、硫化物、氯化物、总磷、钾、钠、六价铬、总汞、总砷、镉、铅、铜、溶解铁、总锰、总锌、硒、铁、锰、锌、银、大肠菌群、细菌总数、COD、BOD_5、石油类、阴离子表面活性剂、有机氯农药、六六六、滴滴涕、苯并 [a] 芘、叶绿素 a、油、总 α 放射性、总 β 放射性、丙烯醛、苯类、总有机碳、底质（颜色、颗粒分析、有机质、总氮、总磷、pH、总汞、甲基汞、镉、铬、砷、硒、酮、铅、锌、氰化物和农药）。

土壤污染物：包括镉、汞、砷、铜、铅、铬、锌、镍、六六六、DDT、pH、阳离子交换量。

固体废物监测：包括氨、硫化氢、甲硫醇、臭气浓度、悬浮物（SS）、COD、BOD_5、大肠菌群，以及苯酚类、酞酸酯类、苯胺类、多环芳烃类等。

其他指标，如噪声、热污染、放射性物质等。

2. 生命系统的监测内容

生物个体的监测，主要对生物个体大小、生活史、遗传变异、跟踪遗传标记等监测。

物种的监测，包括优势种、外来种、指示种、重点保护种、受威胁种、濒危种、对人类有特殊价值的物种、典型的或有代表性的物种。

种群的监测，包括种群数量、密度、盖度、频度、多度、凋落物量、年龄结构、性别比例、出生率、死亡率、迁入率、迁出率、种群动态、空间格局。

群落的监测，包括物种组成、群落结构、群落中的优势种统计、群落外貌、季相、层片、群落空间格局、食物链统计、食物网统计等。

生物污染监测，包括放射性、镉、六六六、DDT、西维因、敌菌丹、倍硫磷、异狄氏剂、杀螟松、乐果、氟、钠、钾、锂、氯、溴、镧、锑、钍、铅、钙、钡、锶、镭、镀、铍、碘、汞、铀、硝酸盐、亚硝酸盐、灰分、粗蛋白、粗脂肪、粗纤维等。

3. 生态系统的监测指标

主要对生态系统的分布范围面积大小进行统计，在生态图上绘出各生态系统的分布区域，然后分析生态系统的镶嵌特征、空间格局及动态变化过程。

4. 生物与环境之间相互作用关系及其发展规律的监测指标

生态系统功能指标包括：生物生产量（初级生产、净初级生产、次级生产、净次级生产）、生物量、生长量、呼吸量、物质周转率、物质循环周转时间、同化效率、摄食效率、生产效率利用效率等。

5. 社会经济系统的监测指标

其包括人口总数、人口密度、性别比例、出生率、死亡率、流动人口数、工业人口、农业人口、工业产值、农业产值、人均收入、能源结构等。

（四）生态监测的新技术手段

由于生态监测的内容和指标体系的丰富和完善，分析测试方法涉及的学科领域庞杂，如气象学、海洋学、水文学、土壤学、植物学、动物学、微生物学、环境科学、生态科学。此外，新技术新方法在生态监测中的运用也十分广泛。

六、生态监测的主要技术支持

（一）"3S"技术

生态监测的新内涵中包括对大范围生态系统的宏观监测，因此，许多传统的监测技术不适应于大区域的生态监测，只有借助于现代高新技术，才能高效、快速地了解大区域生态环境的动态变化，为迅速制订治理、保护的方案和对策提供依据。遥感、地理信息系统与全球定位系统（统称3S集成）一体化的高新技术可以解决这个问题，在实际中通过建立生态环境动态监测与决策支持系统，有效获取生态环境信息，实时监测区域环境的动态变化，进而掌握该区域生态环境的现状、演变规律、特征与发展趋势，为管理者提供依据。

"3S"技术是遥感（RS）、地理信息系统（GIS）和全球定位系统（GPS）的统称。其中，GPS主要是实时、快速地提供目标的空间位置；RS用于实时、快速地提供监测数据；GIS则是多种来源时空数据的综合处理和应用分析平台。传统的生态环境监测、评价方法应用范围小，只能解决局部生态环境监测和评价问题，很难大范围、实时地开展监测工作，而综合整体且准确完全的监测结果必须依赖"3S"技术，利用RS和GPS获取遥感数据、管理地貌及位置信息，然后利用GIS对整个生态区域进行数字表达，形成规则，决策系统。

（二）电磁台网监测系统

电磁台网监测系统克服了天然地震层析、卫星遥感等技术对包括沙漠、黄土、冰川、湖泊沉积在内的地球表层和浅层监测的不足，以其对环境变化敏感，有一定穿透深度、不同频率信号反映不同深度信息、台网观测技术方便等优点而应用到生态监测中来。该系统通过对中长电磁波衰减因子数据的研究，利用现代层析成像技术，建立高分辨率浅层三维电导率地理信息系统，为监测、研究、预测环境变化提供依据。

（三）其他高新技术

中国技术创新信息网上发布了用于远距离生态监测的俄罗斯高新技术——可调节的高功率激光器，在距离 300m 的范围内，可以发现和测量烷烃的浓度，浓度范围为 0.000 3%~0.1%，该项技术正在推广。其他高新技术，如俄罗斯卡莫夫直升机设计局在"卡–37"的基础上，成功研制的"卡–137"多用途无人直升机，该机可用于生态监测。

综上所述，生态监测是环境科学与生物科学的交叉学科，包括环境监测和生物监测。它是通过物理、化学、生化、生态学原理等各种技术手段，对生态环境中的各个要素、生物与环境之间的相互关系、生态系统结构和功能进行监控和测试，为评价生态环境质量、保护生态环境、恢复重建生态、合理利用自然资源提供依据的过程。其监测的指标体系庞杂而富有系统性，所采用的技术手段也日益更新，大量的高新技术及其他领域的技术被不断引入到生态监测中来。

第七章　水环境治理与修复

第一节　水环境的概念与水资源的特征

一、水环境的概念

水环境即自然界中水的形成、分布和转化所处空间的环境，是指围绕人群空间及可直接或间接影响人类生活和发展的水体，其正常功能的各种自然因素和有关的社会因素的总体。也有的指相对稳定的、以陆地为边界的天然水域所处空间的环境。

水环境主要包括两大部分，即地表水环境和地下水环境。

水环境是构成环境的基本要素之一，是人类社会赖以生存和发展的重要场所，也是受人类干扰和破坏最严重的领域。水环境的污染和破坏已成为当今世界主要的环境问题之一。

二、水资源的特征

水一直处于不停地运动着的状态，积极参与自然环境中一系列物理的、化学的和生物的作用过程，在改造自然的同时不断地改造自身，由此表现出水作为自然资源所独有的性质特征。水资源是一种特殊的自然资源，是具有自然属性和社会属性的综合体。

（一）水资源的自然属性

1. 储量的有限性

全球淡水资源并非取之不尽用之不竭的，它的储量十分有限。全球的淡水资源仅占全球总水量的2.5%，这其中又有很大的部分储存在极地冰帽和冰川中而很难被利用，真正能够被人类直接利用的淡水资源非常少。

尽管水资源是可再生的，但在一定区域、一定时段内可利用的水资源总量总是有限的。以前人们错误地认为"世界上的水是无限的"而大肆开发利用水资源，事实说明，人类必须有一个正确的认识，保护有限的水资源。

2. 资源的循环性

水资源是不断流动循环的，并且在循环中形成一种动态资源。地表水、地下水、大气水之间通过水的这种循环，永无止境地进行着互相转化，没有开始也没有结束。

水循环系统是一个庞大的天然水资源系统。由于水资源不断循环、不断流动的特性，从而可以再生和恢复，为水资源的可持续利用奠定物质基础。

3. 可更新性

自然界中的水处于不断流动、不断循环的过程之中，使得水资源得以不断的更新，这就是水资源的可更新性，也称可再生性。

水资源的可再生性是水资源可供永续开发利用的本质特性，源于两个方面：

第一，水资源在水量上损失（如蒸发、流失、取用等）后，通过大气降水可以得到恢复。第二，水体被污染后，通过水体自净（或其他途径）可以得以更新。

不同水体更新一次所需要的时间不同。如大气水平均每 8d 可更新一次，而极地冰川的更新速度则更为缓慢，更替周期可长达万年。

4. 时空分布的不均匀性

水资源在自然界中具有一定的时间和空间分布。受气候和地理条件的影响，全球水资源的分布表现为极不均匀性，最高的和最低的相差数倍或数十倍。

我国水资源在区域上分布不均匀这一特性也特别明显。由于受地形及季风气候的影响，总体上表现为东南多，西北少；沿海多，内陆少；山区多，平原少。在同一地区中，不同时间分布差异性很大，一般夏多冬少。

5. 多态性

自然界的水资源呈现出液态、气态和固态等不同的形态。它们之间是可以相互转化的，形成水循环的过程，也使得水出现了多种存在形式，在自然界中无处不在，最终在地表形成了一个大体连续的圈层——水圈。

6. 环境资源属性

自然界中的水并不是化学上的纯水，而是含有很多溶解性物质和非溶解性物质的一个极其复杂的综合体。这一综合体实质上就是一个完整的生态系统，使得水不仅可以满足生物生存及人类经济社会发展的需要，同时也为很多生物提供了赖以生存的环境，是一种不可或缺的环境资源。

（二）水资源的社会属性

1. 利用的多样性

水资源是人类生产和生活不可缺少的，在工农业、生活，及发电、水运、水产、旅游和环境改造等方面都发挥着重要作用。用水目的不同，对水质的要求也表现出差异，使得水资源表现出一水多用的特征。

现如今，人们对水资源的依赖性逐渐增强，也越来越发现其用途的多样性。特别是在缺水地区，人们因为水而发生矛盾或冲突也不是稀奇的事情。对水资源一定要充分地开发利用，尽量减少浪费，满足人类对水资源的各种需求，又不会对水资源造成严重的破坏和影响。

2. 公共性

水是自然界赋予人类的一种宝贵资源，它不属于任何一个国家或个人的，而是属于全人类的。水资源养活了人类，推动着人类社会的进步、经济的发展。获得水的权利是人的一项基本权利，表现出水资源具有的公共性。

3. 利、害的两重性

水资源具有两重性，它既可造福于人类，又可危害人类生存。这也就是为什么人们常说水是一把双刃剑，比金珍贵，又凶猛于虎。

关于水资源给人类带来的利益这里不再多说，人类的生存社会的发展、经济的进步就是最好的证明。下面说说人类在开发、利用水资源的过程中受到的危害。如垮坝事故、土壤次生盐碱化、洪水泛滥、干旱等。这些人们并不陌生，正是水资源利用开发不当造成的。它可以制约国民经济发展，破坏人类的生存环境。

既然知道水的利、害两重性，在利用的过程中就要多加注意。要注意适量开采地下水，满足生产、生活需求。反之，如果无节制、不合理地抽取地下水，往往引起水位持续下降、水质恶化、水量减少、地面沉降，不仅影响生产发展，而且严重威胁人类生存。

4. 商品性

长久以来，人们都错误地认为水是无穷无尽的，而大肆地开采浪费。但是，人口的增多，经济社会的不断发展，使得人们对水资源的需求日益增加，水对人类生存、经济发展的制约作用逐渐显露出来。水成了一种商品，人们在使用时须支付一定的费用。水资源在一定情况下表现出了消费的竞争性和排他性（如生产用水），具有私人商品的特性。但是当水资源作为水源地、生态用水时，仍具有公共商品的特点，所以它是一种混合商品。

第二节　水体污染及其危害

一、水体污染

（一）水污染的定义

水污染就是污染物质进入水体造成水体质量和水生态系统退化的过程或现象。《中华人民共和国水污染防治法》为水污染下了明确的定义：水污染是指水体因某种物质的介入，而导致其化学、物理、生物或者放射性等方面特性的改变，从而影响水的有效利用，危害人体健康或者破坏生态环境，造成水质恶化的现象。因此，水污染的实质，就是输入水体的污染物在数量上超过了该物质在水体中的本底含量和自净能力，从而导致水体的性状发生不良变化，破坏水体固有的生态系统，影响水体的使用功能。

（二）废水的类别

废水从不同角度有不同的分类方法。据不同来源，有未经处理而排放的生活废水和工业废水两大类；据污染物的化学类别不同，有无机废水与有机废水；按工业部门或产生废水的生产工艺不同，有焦化废水、冶金废水、制药废水、食品废水、矿山污水等。

（三）水体污染的特征

地面水体和地下水体由于储存、分布条件和环境上的差异，表现出不同的污染特征。通常，地面水体污染可视性强，易于发现；其循环周期短，易于净化和水质恢复。而地下水的污染特征是由地下水的储存特征决定的。

地下水储存于地表以下一定深度处，上部有一定厚度的包气带土层作为天然屏障，地面污染物在进入地下水含水层之前，必须首先经过包气带土层。地下水直接储存于多孔介质之中，并进行缓慢的运移。由于上述特点使得地下水污染有如下特征：

污染物在含水层上部的包气带土壤中经各种物理、化学及生物作用，会在垂向上延缓潜水含水层的污染。

地下水流速缓慢，靠天然地下径流将污染物带走需要相当长的时间；即使切断污染来源，靠含水层本身的自然净化也需要数十年甚至上百年。

地下水污染发生在地表以下的孔隙介质中，有时已遭到相当程度的污染，仍表现为无色、无味；其对人体的影响一般也是慢性的。

（四）水污染的原因和污染途径

1. 水污染的原因

水体污染原因可分为自然污染和人为污染。自然污染主要在自然条件下，由生物、地质、水文等过程，使得原本储存于其他生态系统中的污染物进入水体，例如森林枯落物分解产生的养分和有机物、由暴雨冲刷造成的泥沙输入、富含某种污染物的岩石风化、火山喷发的熔岩和火山灰、矿泉带来的可溶性矿物质、温泉造成的温度变化等。如果自然产生过程是短期的、间歇性的，过后水体会逐渐恢复原来的状态。如果是长期的，生态系统会变化而适应这种状态，例如黄河长期被泥土污染，水变成黄色，不耐污的鱼类会消失，而耐污的鱼类（如鲤鱼）会逐渐适应这种环境。可见，以水为主体来看，任何导致水体质量改变（退化）的物质，都可称为污染物，这些过程都可称为水污染过程。

但以人为主体而论，天然物质进入水体是水体生境的自然变化，应该也是该水体的自然属性。人为污染是由于人类活动把一些本来不该掺进天然水中的，进入水体后，使水的化学、物理、生物或者放射性等方面的特性变化，导致有害于人体健康或一些动植物的生长。诸如城镇生活污水、工业废水和废渣、农用有机肥和农药等，这类有害物质放入水中的现象，就是人为污染。

2. 水污染的途径

地表水体的污染途径相对比较简单，主要为连续注入或间歇注入式。工矿企业、城镇生活的污废水、固体废弃物直接倾注于地面水体，造成地表水体的污染，属于连续注入式污染；农田排水、固体废弃物存放地降水淋滤液对地表水体的污染，一般属于间歇式污染。

相对于地表水体的污染途径而言，地下水体的污染途径要复杂得多，下面着重对其进行讨论。

（1）污染方式

地下水的污染方式与地表水的污染方式类似，有直接污染及间接污染两种形式，它们的特点如下：

①直接污染的特点

地下水的污染组分直接来源于污染源。污染组分在迁移过程中，其化学性质没有任何改变。由于地下水污染组分与污染源组分的一致性，因此较易查明其污染来源及污染途径。

②间接污染的特点

地下水的污染组分在污染源中的含量并不高，或该污染组分在污染源里根本不存在。它是污水或固体废物淋滤液在地下迁移过程中经复杂的物理、化学及生物反应后的产物。

直接污染是地下水污染的主要方式，在地表或地下以任何方式排放污染物时，均可发生此种方式的污染。间接污染通常被称为"二次污染"，其过程是相当复杂的，"二次"一词并不够科学。

（2）污染途径

地下水污染途径是复杂多样的，如污水渠道和污水坑的渗漏、固体废物堆的淋滤、化学液体的溢出、农业活动的污染、采矿活动的污染，等等，可见相当之繁杂。这里按照水力学上的特点将地下水污染途径大致分为四类。

第一类是间歇入渗型：降水对固体废物的淋滤；矿区疏干地带的淋滤和溶解；灌溉水及降水对农田的淋滤。

第二类是连续入渗型：渠、坑等污水的渗漏；受污染地表水的渗漏；地下排污管道的渗漏。

第三类是越流型：地下水开采引起的层间越流；水文地质天窗的越流；经井管的越流。

第四类是注入径流型：通过岩溶发育通道的注入；通过废水处理井的注入；盐水入侵。

可以看出，无论以何种方式或途径污染地下水，潜水是最易被污染的地下水体。这与潜水的埋藏条件是分不开的。因此，潜水水环境保护与污染防治也是非常重要的。

水体中的污染物从环境科学角度可以分为耗氧有机物、重金属、营养物质、有毒有机污染物、酸碱及一般无机盐类、病原微生物、放射性物质、热污染等。

（五）水体污染物的种类

1. 耗氧有机物

耗氧物质是指大量消耗水体中的溶解氧的物质，这类物质主要是：含碳有机物（醛、醋、酸类）、含氮化合物（有机氮、氨、亚硝酸盐）、化学还原性物质（亚硫酸盐、硫化物、亚铁盐）。

当水中的溶解氧被耗尽时，会导致水体中的鱼类及其他需氧生物因缺氧而死亡，同时在水中厌氧微生物的作用下，会产生有害的物质如甲烷、氨和硫化氢等，使水体发臭变黑。

2. 重金属污染物

矿石与水体的相互作用以及采矿、冶炼、电镀等工业废水的泄漏会使得水体中有一定量的重金属物质。这些重金属物质在水体中一般不能被微生物降解，而只能发生各种形态相互转化和迁移，在水中达到很低的浓度便会产生危害。

首先，重金属在水中通常呈化合物形式，也可以离子状态存在，但重金属的化合物在水体中溶解度很小，往往沉于水底。由于重金属离子带正电，因此在水中很容易被带负电的胶体颗粒所吸附。吸附重金属的胶体随水流向下游移动，但多数很快沉降。由于这些原因，大大限制了重金属在水中的扩散，使重金属主要集中于排污口下游一定范围内的底泥中。每年汛期，河川流量加大和对河床冲刷增加时，底泥中的重金属随泥一起流入径流。

其次，水中氯离子、硫酸离子、氢氧离子、腐殖质等无机和有机配位体会与其生成络合物或螯合物，导致重金属有更大的水溶解度而从底泥中重新释放出来。

在重金属污染的危害中，汞对鱼、贝危害很大，它不仅随污染了的浮游生物一起被鱼、贝摄食，还可以吸附在鱼鳃和贝的吸水管上，甚至可以渗透鱼的表皮直到体内，使鱼的皮肤、鳃盖和神经系统受损，造成游动迟缓、形态憔悴。汞能影响海洋植物光合作用，当水中汞的浓度较高时，就会造成海洋生物死亡。汞对人体危害更大，尤其是甲基汞，一旦进入人体，肝、肾就会受损，最终导致死亡。镉一旦进入人体后很难排出，当浓度较低时，人会倦怠乏力、头痛头晕，随后会引起肺气肿、肾功能衰退及肝脏损伤。当铅进入血液后，浓度每毫升在 $80\mu g$ 时，就会中毒，铅是一种潜在的泌尿系统的致癌物质，危害人体健康。海洋中铜、锌的污染，就会造成渔场荒废，如果污染严重，就会导致鱼类呼吸困难，最终死亡。

3. 营养物质

营养性污染物是指水体中含有的可被水体中微型藻类吸收利用并可能造成水体中藻类大量繁殖的植物营养元素，通常是指含有氮元素和磷元素的化合物。

大量的营养物质进入水体，在水温、盐度、日照、降雨、水流场等合适的水文和气象条件下，会使水中藻类等浮游植物大量生长，造成湖泊老化、破坏水产与饮用水资源。目前，我国湖泊、河流和水库的富营养化问题日趋严重，湖泊水质已达Ⅳ或Ⅴ类水体，个别已达超Ⅴ类水体，"水华"暴发，鱼虾数量急剧下降，生物多样性受到极大的破坏，造成极大的经济损失。我国近海水域的大面积"赤潮"暴发，已对我国海洋渔产资源和海洋生态环境造成无法挽回的破坏。

4. 有毒有机物

有毒有机污染物指酚、多环芳烃和各种人工合成的并具有积累性生物毒性的物质，如多氯农药、有机氯化物等持久性有机毒物，以及石油类污染物质等。

农药的使用大多采用喷洒形式，使用中约有 50% 的滴滴涕以微小雾滴形式散布在空间，就是洒在农作物和土壤中的滴滴涕也会再度挥发进入大气。空间滴滴涕被尘埃吸附，能长期飘荡，平均时间长达 4 年之久。在这期间，带有滴滴涕的尘埃逐渐沉降，或随雨水一起降到地表和海面。据有关学者测定，在每平方千米的面积上，每年有 209 滴滴涕沉降下来。这样，一年沉降在世界海洋表面上的总量就达到 24 000t。

海洋中的多氯联苯主要是由于人们任意投弃含多氯联苯的废物带进去的。同时，在焚烧废弃物过程中，多氯联苯经过大气搬运入海也不可忽视，仅在日本近海，多氯联苯的累积量已经超过了万吨。

油类污染物主要来自含油废水。水体含油达 0.01mg/L 即可使鱼肉带有特殊气味而不能食用。含油稍多时，在水面上形成油膜，使大气与水面隔离，破坏正常的充氧条件，导致水体缺氧，同时油在微生物作用下的降解也需要消耗氧，造成水体缺氧；油膜还能附在鱼鳃上，使鱼呼吸困难，甚至窒息死亡；当鱼类产卵期，在含油废水的水域中孵化的鱼苗，多数产生畸形，生命力低弱，易于死亡。含油废水对植物也有影响，妨碍光合作用和通气作用，使水稻、蔬菜减产；含油废水进入海洋后，造成的危害也是不言而喻的。

5. 酸碱及一般无机盐类

酸性物质主要来自酸雨和工厂酸洗水、硫酸、粘胶纤维、酸法造纸厂等产生的酸性工业废水。碱性物质主要来自造纸、化纤、炼油、皮革等工业废水。这类污染物主要是使水体 pH 值发生变化，抑制细菌及微生物的生长，降低水体自净能力。同时，增加水中无机盐类和水的硬度，给工业和生活用水带来不利因素，也会引起土壤盐渍化。

6. 病原微生物污染物

生物污染物是指废水中含有的致病性微生物。污水和废水中含有多种微生物，大部分是无害的，但其中也含有对人体与牲畜有害的病原体。病原微生物污染物主要是指病毒、病菌、寄生虫等，主要来源于制革厂、生物制品厂、洗毛厂、屠宰厂、医疗单位及城市生活污水等。危害主要表现为传播疾病：病菌可引起痢疾、伤寒、霍乱等；病毒可引起病毒性肝炎、小儿麻痹等；寄生虫可引起血吸虫病、钩端旋体病等。

7. 热污染

热废水来源于工业排放的废水，其中尤以电力工业为主，其次有冶金、石油、造纸、化工和机械工业等。一般以煤或石油为燃料的热电厂，只有 1/3 的热量转化为电能，其余的则排入大气或被冷却水带走。原子发电厂几乎全部的废热都进入冷却水，约占总热量的 3/4。每生产 1kW·h 的电量大约排出 1200Cal（Cal 为废止单位，1Cal = 4186.8J）的热量。

热废水对环境的危害，主要有：导致水域缺氧，影响水生生物正常生存；原有的生态平衡被破坏，海洋生物的生理机能遭受损害；会使渔场环境变化，影响渔业生产等。

二、水污染的危害

水污染危害主要体现在以下几个方面：

（一）降低饮用水的安全性，危害人的健康

长期饮水水质不良，必然会导致体质不佳、抵抗力减弱，引发疾病。伤寒、霍乱、胃肠炎、痢疾等人类疾病，均由水的不洁引起。当水中含有有害物质时，对人体的危害就更大。

饮用水的安全性与人体健康直接相关。安全饮用水的供给是以水质良好的水源为前提的。但是，我国近90%的城镇饮用水源已受到城市污水、工业废水和农业排水的威胁。水源受到的污染使原有的水处理工艺受到前所未有的挑战，有的已不可能生产出安全的饮用水，甚至不能满足冷却水及工艺用水的水质要求。

水污染后，通过饮水或食物链，污染物进入人体，使人急性或慢性中毒。水环境污染对人体健康的危害最为严重，特别是水中的重金属、有害有毒有机污染物及致病菌和病毒等。

重金属毒性强，对人体危害大，是当前人们最关注的问题之一。重金属对人体危害的特点：

（1）饮用水含微量重金属，即可对人体产生毒性效应。一般重金属产生毒性的浓度范围是 $1 \sim 10 mg/L$，毒性强的汞、镉产生毒性的浓度为 $0.01 \sim 0.1 mg/L$。

（2）重金属多数是通过食物链对人体健康造成威胁。

（3）重金属进入人体后不容易排泄，往往造成慢性累积性中毒。

日本的"水俣病"是典型的甲基汞中毒引起的公害病，是通过鱼、贝类等食物摄入人体引起的；日本的"骨痛病"则是由于镉中毒，引起肾功能失调，骨质中钙被镉取代，使骨骼软化，极易骨折。砷与铬毒性相近，砷更强些，三氧化二砷（砒霜）毒性最大，是剧毒物质。

（二）影响工农业生产，降低效益

有些工业部门，如电子工业对水质要求高，水中有杂质，会使产品质量受到影响。尤其是食品工业用水要求更为严格，水质不合格，会使生产停顿。某些化学反应也会因水中的杂质而发生，使产品质量受到影响。废水中的某些有害物质还会腐蚀工厂的设备和设

施，甚至使生产不能进行下去。

农业使用污水，使作物减产，品质降低，甚至使人畜受害，大片农田遭受污染，降低土壤质量。如锌的质量浓度达到 $0.1\sim1.0mg/L$ 即会对作物产生危害，$5mg/L$ 使作物致毒，$3mg/L$ 对柑橘有害。

水质污染后，工业用水必须投入更多的处理费用，造成资源、能源的浪费，这也是工业企业效益不高、质量不好的因素之一。

（三）影响农产品和渔业产品质量安全

长期的污水灌溉使病原体、"三致"物质通过粮食、蔬菜和水果等食物链迁移到人体内，造成污水灌溉区人群寄生虫、肠道疾病发病率、肿瘤死亡率等大幅度提高。

有机污染物分耗氧有机物和难降解有机物。耗氧有机物在水体中发生生物化学分解作用，消耗水中的氧，从而破坏水生态系统，对鱼类影响较大。在正常情况下，20℃水中溶解氧量（DO）为 $9.77mg/L$，当 DO 值大于 $7.5mg/L$ 时，水质清洁；当 DO 值小于 $2mg/L$ 时，水质发臭。渔业水域要求在 24h 中有 16h 以上 DO 值不低于 $5mg/L$，其余时间不得低于 $3mg/L$。

（四）造成水的富营养化，危害水体生态系统

生活污水含有大量氮、磷、钾，一经排放，大量有机物在水中降解放出营养元素，引起水体的富营养化，藻类过量繁殖。在阳光和水温最适宜的季节，藻类的数量可达 100 万个/L 以上，水面出现一片片"水花"，称为"赤潮"。水面在光合作用下溶解氧达到过饱和，而底层则因光合作用受阻，藻类和底生植物大量死亡，它们在厌氧条件下腐败、分解，又将营养素重新释放进水中，再供给藻类，周而复始，因此水体一旦出现富营养化就很难消除。水生生态系统结构、功能失调，水体使用功能受到很大影响，甚至使湖泊、水库退化、沼泽化。

富营养化水体对鱼类生长极为不利，过饱和的溶解氧会产生阻碍血液流通的生理疾病，使鱼类死亡；缺氧也会使鱼类死亡。而藻类太多堵塞鱼鳃，影响鱼类呼吸，也能致死。

含氮化合物的氧化分解会产生硝酸盐，硝酸盐本身无毒，但硝酸盐在人们体内可被还原为亚硝酸盐。亚硝酸盐可以与仲胺作用形成亚硝胺，这是一种强致癌物质。因此，有些国家的饮用水标准对亚硝酸盐含量提出了严格要求。

（五）加剧水资源短缺危机，破坏可持续发展的基础

对于一些本来就贫水的国家而言，水污染导致的问题更加严重。水污染使水体功能降

低，甚至丧失，更加加重贫水地区缺水的程度，还使一些水资源丰富的地区和城市面临着大面积水质不合格而严重影响使用，形成了所谓的污染型缺水，可持续发展无从谈起。

第三节　基于生态视域的水污染治理技术与水环境修复

一、基于生态视域的水污染治理技术

（一）工业废水处理

1. 几种常见的工业废水处理

（1）农药废水

农药废水主要来源于农药生产工程。其成分复杂，化学需氧量（COD）可达每升数万毫克。农药废水处理的目的是降低农药生产废水中污染物浓度，提高回收利用率，力求达到无害化。主要农药废水处理方法有活性炭吸附法、湿式氧化法、溶剂萃取法、蒸馏法和活性污泥法等。

（2）电泳漆废水

金属制品的表面涂覆电泳漆，在汽车车身、农机具、电器、铝带等方面得到广泛的应用。

用超滤和反渗透组合系统处理电泳漆废水，当废水通过超滤处理，几乎全部树脂涂料都可以被截住。透过超滤膜的水中含有盐类和溶剂，但很少含有树脂涂料。用反渗透处理超滤膜的透过水，透过反渗透膜的水中，总溶解固形物的去除率可以达到97%~98%。这样，透过水中总溶解固形物的浓度可以降低到13~33mg/L，符合终段清洗水的水质要求，就可用作最后一段的清洗水了。

2. 重金属废水

重金属废水主要来自电解、电镀、矿山、农药、医药、冶炼、油漆、颜料等生产过程。

3. 电镀废水

电镀废水毒性大，量小但面广。为了实现闭路循环，操作时必须注意保持水量的平衡。

（1）镀镍废水

镀镍漂洗水的 pH 值近中性，所以可用醋酸纤维素反渗透膜。

（2）镀铬废水

镀铬废水 pH 值低（偏酸性），且呈强氧化性，用醋酸纤维素膜是不可取的，关键要解决膜的耐酸和抗氧化问题。

（3）镀锌、镀镉废水

氰化镀锌、镀镉等漂洗废水中存在 CN^-，从而使反渗透膜对金属离子的分离能力受到严重影响。

4. 含稀土废水处理

稀土生产中废水主要来源于稀土选矿、湿法冶炼过程。根据稀土矿物的组成和生产中使用的化学试剂的不同，废水的组成成分也有差异。目前常用的方法有蒸发浓缩法、离子交换法和化学沉淀法等。

（1）蒸发浓缩法

废水直接蒸发浓缩回收铵盐，工艺简单，废水可以回用实现"零排放"，对各类氨氮废水均适用，缺点是能耗太高。

（2）离子交换法

离子交换树脂法仅适用于溶液中杂质离子浓度比较小的情况。一般认为常量竞争离子的浓度小于 $1.0\sim1.5kg/L$ 的放射性废水适于使用离子交换树脂法处理，而且在进行离子交换处理时往往需要首先除去常量竞争离子。无机离子交换剂处理中低水平的放射性废水也是应用较为广泛的一种方法。比如，各类黏土矿（如蒙脱土、高岭土、膨润土、蛭石等）、凝灰石、锰矿石等。黏土矿的组成及其特殊的结构使其可以吸附水中的 H^+，形成可进行阳离子交换的物质。有些黏土矿如高岭土、蛭石，颗粒微小，在水中呈胶体状态，通常以吸附的方式处理放射性废水。黏土矿处理放射性废水往往附加凝絮沉淀处理，以使放射性黏土容易沉降，获得良好的分离效果。对含低放射性的废水（含少量天然镭、钍和铀），有些稀土厂用软锰矿吸附处理（pH = 7～8），也获得了良好的处理效果。

（3）化学沉淀法

在核能和稀土工厂去除废水中放射性元素一般用化学沉淀法。

①中和沉淀除铀和钍。向废水中加入烧碱溶液，调 pH 值在 7～9 之间，铀和钍则以氢氧化物形式沉淀。

②硫酸盐共晶沉淀除镭。在有硫酸根离子存在的情况下，向除铀、钍后的废水中加入

浓度10%的氯化钡溶液，使其生成硫酸钡沉淀，同时镭亦生成硫酸镭并与硫酸钡形成晶沉淀而析出。

③高分子絮凝剂除悬浮物。放射性废水除去大部分铀、钍、镭后，加入PAM（聚丙烯酰胺）絮凝剂，经充分搅拌，PAM絮凝剂均匀地分布于水中，静置沉降后，可除去废水中的悬浮物和胶状物以及残余的少量放射性元素，使废水呈现清亮状态，达到排放标准。

（二）物理治理技术

1. 调节

从工业企业和居民区排出的污水，其水量和水质都是随时间而变化的。为了保证后续处理构筑物或设备的正常运行，须对污水的水量和水质进行调节。调节水量和水质的构筑物称为调节池。酸性废水和碱性废水在调节池内进行混合，可达到中和的目的；短期排出的高温废水也可用调节的办法来平衡水温。

（1）调节池的构造

调节池的构造型式很多，使用较多的是一种对角线出水的调节池。这种形式调节池的特点是出水槽沿对角线方向设置，同一时间流入池内的废水，由池的左、右两侧，经过不同时间流到出水槽。即同一时间、同一地点出水槽中的废水，是在不同时间流入池内的废水混合而成，其浓度都不相同，这就达到自动调节、均和的目的。

为了防止废水在池内短路，可以在池内设置纵向隔板。池内设置沉渣斗，废水中悬浮物在池内沉淀，通过排渣管定期排出池外；当调节池容积过大，需要设置的沉渣斗过多，则可考虑将调节池设计成平底。调节池有效水深为1.5~2m，纵向隔板间距为1~1.5m。当调节池采用堰顶溢流出水，则其只能调节水质；若后续处理构筑物要求同时调节水量时，则要求调节池的工作水位能上、下自由波动，以贮存盈余，补充短缺；当处理系统为重力流，调节池出水口应超过后续处理构筑物最高水位，可考虑采用定量设备，以保持出水量的恒定；若这种方法在高程布置上有困难，可考虑设吸水井，通过水泵抽送。

（2）调节池的搅拌

为使废水充分混合和避免悬浮物沉淀，调节池须安装搅拌设备进行搅拌。

①水泵强制循环搅拌

这种方式，在调节池底设穿孔管，穿孔管与水泵压水管相连，用压力水进行搅拌。优点是简单易行，缺点是动力消耗较多。

②空气搅拌

在池底多设穿孔管，穿孔管与鼓风机空气管相连，用压缩空气进行搅拌。空气用量，采用穿孔管曝气时可取 2~3 m³/［h·m（管长）］或 5~6 m³/［h·m²（池面积）］。此方式搅拌效果好，还可起预曝气的作用，但运行费用也较高，当废水中存在易挥发性污染物时，可能造成二次污染。

③机械搅拌

在池内安装机械搅拌设备。机械搅拌设备有多种形式，如桨式、推进式、涡流式等。此方法搅拌效果好，但设备常年浸于水中，易受腐蚀，运行费用也较高。

2. 格栅与筛网

（1）格栅

格栅是由一组平行的金属栅条制成的框架，斜置在进水渠道上，或泵站集水池的进口处，用以拦截污水中大块的呈悬浮或漂浮状态的污物。

在水处理流程中，格栅是一种对后续处理设施具有保护作用的设备，尽管格栅并非废水处理的主体设备，但因其设置在废水处理流程之首或泵站进口处，位属咽喉，相当重要。

根据格栅上所截留的污物的清除方法，有人工清除和机械清除两类。

①人工清除的格栅

在中小型城市生活污水处理厂或所需要截留污物量较少时，一般均设置人工清理的格栅。这类格栅用直钢条制成，按 50°~60° 倾角安放，这样可增加有效格栅面积 40%~80%，而且便于清洗和防止因堵塞而造成过高的水头损失。

②机械清除的格栅

在大型污水处理厂、污水和雨水提升泵站前均设置机械清除格栅。格栅一般与水平面成 60°~70° 角，有时成 90° 安置。格栅除污机传动系统有电力传动、液压传动及水力传动三种。我国多采用电力传动系统。

（2）筛网

毛纺、化纤、造纸等工业废水含有大量的长约 1~20mm 的纤维类杂物。这种呈悬浮状的细纤维不能通过格栅去除。如不清除，则可能堵塞排水管道和缠绕水泵叶轮，破坏水泵的正常工作。这类悬浮物可用筛网去除，且具有简单、高效、不加化学药剂、运行费低、占地面积小及维修方便等优点。

筛网通常用金属丝或化学纤维编制而成，其形式有转筒式筛网、水力回转式筛网、固定式倾斜筛网、振动式筛网等多种。目前大量用于废水处理或短小纤维回收的筛网主要有两种，即振动式筛网和水力回转式筛网。

①振动式筛网

污水由渠道流在振动筛网上，在这里进行水和悬浮物的分离，并利用机械振动，将呈倾斜面的振动筛网上截留的纤维等杂质卸到固定筛网上，进一步滤去附在纤维上的水滴。

②水力回转式筛网

运动筛网呈截顶圆锥形，中心轴呈水平状态，锥体则呈倾斜方向。废水从圆锥体的小端进入，水流在从小端到大端的流动过程中，纤维状污染物被筛网截留，水则从筛网的细小孔中流入集水装置。由于整个筛网呈圆锥体，被截留的污染物沿筛网的倾斜面卸到固定筛上，以进一步滤去水滴。这种筛网的旋转动力依靠进水的水流作为动力，因此在水力筛网的进水端一般不用筛网，而用不透水的材料制成壁面，必要时还可在壁面上设置固定的导水叶片，但须注意不可因此而过多地增加运动筛的重量。另外，原水进水管的设置位置与出口的管径亦要适宜，以保证进水有一定的流速射向导水叶片，利用水的冲击和重力作用产生运动筛网的旋转运动。

3. 沉淀

沉淀是利用水中悬浮颗粒的可沉降性能，在重力作用下产生下沉作用，以达到固液分离的一种过程。因其简便易行，效果良好，应用非常广泛。在各种类型的污水处理系统中，沉淀几乎是不可缺少的工艺，而且在同一处理系统中可能多次采用。

（1）沉淀的类型

由于水质的多样性，悬浮颗粒在水中的沉淀，可根据其浓度与特性，分为四种基本类型。

①自由沉淀

颗粒在沉淀过程中呈离散状态，其形状、尺寸、质量均不改变，下沉速度不受干扰，例如含量少的泥沙在水中的沉淀。

②絮凝沉淀

颗粒在沉淀过程中，其尺寸、质量均会随深度的增加而增大，其沉速亦随深度而增加，例如经絮凝的泥土在水中的沉淀。

③拥挤沉淀（成层沉淀）

颗粒在水中的浓度较大时，在下沉过程中彼此干扰，在清水与浑水之间形成明显的交界面，并逐渐向下移动，例如高浊度水、活性污泥等。

④压缩沉淀

颗粒在水中的浓度增高到颗粒互相接触，互相支撑，发生在沉淀池底部。在此情况下，颗粒间隙中的水被挤出缝隙，而不是固体穿过水，该过程进行得很缓慢。

（2）沉淀池的类型及适用条件

沉淀池是分离悬浮物的一种常用处理设备。当用于生物处理中作预处理时称为初次沉淀池。设置在生物处理设备后时则称为二次沉淀池,是生物处理工艺中的一个组成部分。

按惯例,根据水流方向沉淀池可分为平流式、辐流式和竖流式三种。

①平流式沉淀池

污水从平流式沉淀池一端流入,按水平方向在池内流动,从另一端溢出。池呈长方形,在进口处的底部设有贮泥斗。

②辐流式沉淀池

辐流式沉淀池的池表面呈圆形或方形,池水从池中心进入,澄清的污水从池周溢出。在池内污水也呈水平方向流动,但流速是变动的。

③竖流式沉淀池

竖流式沉淀池的池表面多为圆形但也有呈方形或多角形的,污水从池中央下部进入,由下向上流动,澄清污水由池面或池边溢出。

沉淀池的结构按功能可分流入区、流出区、沉淀区、污泥区和缓冲层五部分。流入区和流出区的任务是使水流均匀地流过沉淀区;沉淀区即工作区,是可沉颗粒与水分离的区域;污泥区是污泥贮放、浓缩和排出的区域;而缓冲层则是分隔沉淀区和污泥区的水层,保证已沉下颗粒不因水流搅动而浮起。

4. 过滤

污水的过滤分离是利用污水中的悬浮固体受到一定的限制,污水流动而将悬浮固体抛弃,其分离效果取决于限制固体的过滤介质。过滤池分离悬浮颗粒的过程涉及多种因素,其机理一般分为三类。

滤池的种类虽多,但基本构造类似。一般用钢筋混凝土建造,池内有入水槽(图中未画出)、滤料层、承托层和配水系统;池外有集中管系,配有进水管、出水管、冲洗水管、冲洗水排出管等管道及附件。

滤池按滤料层的数目可分为单层滤料滤池、双层滤料滤池和三层滤料滤池。承托层必不可少,其作用为:防止过滤时滤料从配水系统中流失;反冲洗时起一定的均匀布水作用。承托层一般采用天然砾石或卵石,粒度从 $2\sim64mm$,厚度从 $100\sim700mm$。

(三)化学处理法

化学处理法就是通过化学反应和传质作用来分离、去除废水中呈溶解、胶体状态的污染物,或将其转化为无害物质的废水处理法。通常采用方法有:中和、化学混凝、化学沉淀、氧化还原、电解、电渗析、超滤等。

1. 中和

用化学方法去除污水中的酸或碱,使污水的 pH 值达到中性左右的过程称中和。

（1）中和法原理

当接纳污水的水体、管道、构筑物，对污水的 pH 值有要求时，应对污水采取中和处理。

对酸性污水可采用与碱性污水相互中和、投药中和、过滤中和等方法。其中和剂有石灰、石灰石、白云石、苏打、苛性钠等。

对碱性污水可采用与酸性污水相互中和、加酸中和和烟道气中和等方法，其使用的酸常为盐酸和硫酸。

酸性污水中含酸量超过 4% 时，应首先考虑回收和综合利用；低于 4% 时，可采用中和处理。

碱性污水中含碱量超过 2% 时，应首先考虑综合利用，低于 2% 时，可采用中和处理。

（2）中和法工艺技术与设备

对于酸、碱废水，常用的处理方法有酸性废水和碱性废水互相中和、药剂中和和过滤中和三种。

①酸碱废水相互中和。酸碱废水相互中和可根据废水水量和水质排放规律确定。中和池水力停留时间视水质、水量而定，一般 1~2h；当水质变化较大，且水量较小时，宜采用间歇式中和池。

②药剂中和。在污水的药剂中和法中最常用的药剂是具有一定絮凝作用的石灰乳。石灰作中和剂时，可干法和湿法投加，一般多采用湿式投加。当石灰用量较小时（一般小于 1t/d），可用人工方法进行搅拌、消解。反之，采用机械搅拌、消解。经消解的石灰乳排至安装有搅拌设备的消解槽，后用石灰乳投配装置投加至混合反应装置进行中和。混合反应时间一般采用 2~5min。采用其他中和剂时，可根据反应速度的快慢适当延长反应时间。

③过滤中和。酸性废水通过碱性滤料时与滤料进行中和反应的方法叫过滤中和法。

过滤中和滚筒为卧式，其直径一般 1m 左右，长度为直径的 6~7 倍。由于其构造较为复杂，动力运行费用高，运行时噪音较大，较少使用。

2. 化学混凝

混凝是水处理的一个十分重要的方法。混凝法的重点是去除水中的胶体颗粒，同时还要考虑去除 COD、色度、油分、磷酸盐等特定成分。常用混凝剂应具备下述条件：

①能获得与处理要求相符的水质。

②能生成容易处理的絮体（絮体大小、沉降性能等）。

③混凝剂种类少而且用量低。

④泥（浮）渣量少，浓缩和脱水性能好。

⑤便于运输、保存、溶解和投加。

⑥残留在水中或泥渣中的混凝剂，不应给环境带来危害。

混凝处理流程应包括投药、混合、反应及沉淀分离等几个部分。

3. 氧化还原

污水中的有毒有害物质，在氧化还原反应中被氧化或还原为无毒、无害的物质，这种方法称氧化还原法。

常用的氧化剂有空气中的氧、纯氧、臭氧、氯气、漂白粉、次氯酸钠、三氯化铁等，可以用来处理焦化污水、有机污水和医院污水等。

常用的还原剂有硫酸亚铁、亚硫酸盐、氯化亚铁、铁屑、锌粉、二氧化硫等。如含有六价铬（Cr^{6+}）的污水，当通入 SO_2 后，可使污水中的六价铬还原为三价铬。

按照污染物的净化原理，氧化还原处理法包括药剂法、电解法和光化学法三类，在选择处理药剂和方法时，应遵循下述原则：

①处理效果好，反应产物无毒无害，最好不需要进行二次处理。

②处理费用合理，所需药剂与材料来源广、价格廉。

③操作方便，在常温和较宽的 pH 范围内具有较快的反应速度。

4. 电解

电解法的基本原理就是电解质溶液在电流作用下，发生电化学反应的过程。阴极放出电子，使污水中某些阳离子因得到电子而被还原（阴极起到还原剂的作用）；阳极得到电子，使污水中某些阴离子因失去电子而被氧化（阳极起到氧化剂作用）。因此，污水中的有毒、有害物质在电极表面沉淀下来，或生成气体从水中逸出，从而降低了污水中有毒、有害物质的浓度。此法称电解法，多用于含氰污水的处理和从污水中回收重金属等。

（四）生物处理法

在自然水体中，存在着大量依靠有机物生活的微生物。它们不但能分解氧化一般的有机物并将其转化为稳定的化合物，而且还能转化有毒物质。生物处理就是利用微生物分解氧化有机物的这一功能，并采取一定的人工措施，创造有利于微生物的生长、繁殖的环境，使微生物大量增殖，以提高其分解氧化有机物效率的一种污水处理方法。

1. 活性污泥法

活性污泥是以废水中有机污染物为培养基，在充氧曝气条件下，对各种微生物群体进行混合连续培养而成的，细菌、真菌、原生动物、后生动物等微生物及金属氢氧化物占主体的，具有凝聚、吸附、氧化、分解废水中有机污物性能的污泥状褐色絮凝物。

活性污泥法的运行方式有多种，但是具有共同的特征。

活性污泥法主要构筑物是曝气池和二次沉淀池。由于有机物去除的同时，不断产生一定数量的活性污泥，为维持处理系统中一定的生物量，必须不断把多余的活性污泥废弃。通常从二沉池排除多余的污泥（称剩余污泥）。

活性污泥法经过长期生产实践的不断总结，其运行方式有了很大的发展，主要运行方式如下：

（1）普通活性污泥法

活性污泥几乎经历了一个生长周期，处理效果很高，特别适用于处理要求高而水质较稳定的污水。其缺点如下：排入的剩余污泥在曝气中已完成了恢复活性的再生过程，造成动力浪费；曝气池的容积负荷率低、曝气池容积大、占地面积也大、基建费用高等，因此限制了对某些工业废水的应用。

（2）阶段曝气法

又称逐步负荷法，是除传统法以外使用较为广泛的一种活性污泥法。

阶段曝气法可以提高空气利用率和曝气池的工作能力，并且能够根据需要改变进水点的流量，运行上有较大的灵活性。阶段曝气法适用于大型曝气池及浓度较高的污水。传统法易于改造成阶段曝气法，以解决超负荷的问题。

（3）生物吸附法

其中，吸附池和再生池在结构上可分建，也可合建。合建时，有机物的吸附和污泥的再生是在同一个池内的两部分进行的，即前部为再生段，后部为吸附段，污水由吸附段进入池内。

生物吸附法由于污水与污泥接触的曝气时间比传统法短得多，故处理效果不如传统法，BOD 去除率一般在 90% 左右，特别是对溶解性较多的有机工业废水，处理效果更差。水质不稳定，如悬浮胶体性有机物与溶解性有机物的成分经常变化也会影响处理效果。

（4）完全混合法

完全混合法是目前采用较多的新型活性污泥法，混合液在池内充分混合循环流动，进行吸附和代谢活动，并代替等量的混合液至二次沉淀池。可以认为池内的混合液是已经处理而未经泥水分离的处理水。完全混合法的特点如下：进入曝气池的污水能得到稀释，使波动的进水水质最终得到净化；能够处理高浓度有机污水而不需要稀释；推流式曝气池从池首到池尾的 F/M 值和微生物都是不断变化的；可以通过改变 F/M 值，得到所期望的某种出水水质。

完全混合法有曝气池和沉淀池两者合在一起的合建式和两者分开的分建式两种。表面加速曝气池和曝气沉淀池是合建式完全混合法的一种池型。

完全混合法的主要缺点是由于连续进出水，可能会产生短流，出水水质不及传统法理想，易发生污泥膨胀等。

（5）延时曝气法

此法剩余污泥量理论上接近于零，但仍有一部分细胞物质不能被氧化，它们或随出水排走，或须另行处理。

延时曝气法的细胞物质氧化时释放出的氮、磷，有利于缺少氮、磷的工业废水的处理。另外，由于池容积大，此法比较能够适应进水量和水质的变化，低温的影响也小。但池容积大，污泥龄长，基建费和动力费都较高，占地面积也较大。所以只适用于要求较高而又不便于污泥处理的小型城镇污水和工业废水的处理。延时曝气法一般采用完全混合式的流型。氧化渠也属此类。

（6）渐减曝气法

渐减曝气法是为改进传统法中前部供氧不足及后部供氧过剩问题而提出来的。它的工艺流程与传统法一样，只是供气量沿池长方向递减，使供气量与需氧量基本一致。具体措施是从池首端到末端所安装的空气扩散设备逐渐减少。这种供气形式使通入池内的空气得到了有效利用。

2. 厌氧生物处理法

厌氧生物法是在无分子氧条件下，通过厌氧微生物（包括兼氧微生物）的作用，将污水中的各种复杂有机物分解转化为甲烷和二氧化碳等物质的过程，也称为厌氧消化。

利用厌氧生物法处理污泥、高浓度有机污水等产生的沼气可获得生物能，如生产 1t 酒精要排出约 14 m^3 槽液，每立方米槽液可产生沼气 18 m^3，则每生产 1t 酒精其排出的槽液可产生约 250 m^3 沼气，其发热量约相当于约 250kg 标准煤，并提高了污泥的脱水性，有利于污泥的运输、利用和处置。

升流式厌氧污泥床（UASB）是第二代废水厌氧生物处理反应器中典型的一种。由于在 UASB 反应器中能形成产甲烷活性高、沉降性能良好的颗粒污泥，因而 UASB 反应器具有很高的有机负荷。

二、水环境修复

（一）湖泊生态系统的修复

1. 湖泊生态系统修复的生态调控措施

治理湖泊的方法有物理方法如机械过滤、疏浚底泥和引水稀释等；化学方法如杀藻剂杀藻等；生物方法如放养鱼等；物化法如木炭吸附藻毒素等。各类方法的主要目的是降低湖泊内的营养负荷，控制过量藻类的生长，均取得了一定的成效。

（1）物理、化学措施

在控制湖泊营养负荷实践中，研究者已经发明了许多方法来降低内部磷负荷。例如通过水体的有效循环，不断干扰温跃层，该不稳定性可加快水体与DO（溶解氧）、溶解物等的混合，有利于水质的修复；削减浅水湖的沉积物，采用铝盐及铁盐离子对分层湖泊沉积物进行化学处理，向深水湖底层充入氧或氮。

（2）水流调控措施

湖泊具有水"平衡"现象。它影响着湖泊的营养供给、水体滞留时间及由此产生的湖泊生产力和水质。若水体滞留时间很短，如在10d以内，藻类生物量不可能积累；水体滞留时间适当时，既能大量提供植物生长所需营养物，又有足够时间供藻类吸收营养促进其生长和积累；如有足够的营养物和100d以上到几年的水体滞留时间，可为藻类生物量的积累提供足够的条件。因此，营养物输入与水体滞留时间对藻类生产的共同影响，成为预测湖泊状况变化的基础。

为控制浮游植物的增加，使水体内浮游植物的损失超过其生长，除对水体滞留时间进行控制或换水外，增加水体冲刷以及其他不稳定因素也能实现这一目的。由于在夏季浮游植物生长不超过3~5d，因此这种方法在夏季不宜采用。但是，在冬季浮游植物生长慢的时候，冲刷等流速控制方法可能是一种更实用的修复措施，尤其对于冬季藻青菌的浓度相对较高的湖泊十分有效。冬季冲刷之后，藻类数量大量减少，次年早春湖泊中大型植物就可成为优势种属。这一措施已经在荷兰一些湖泊生态系统修复中得到广泛应用，且取得了较好的效果。

2. 陆地湖泊生态修复的方法

湖泊生态修复的方法，总体而言可以分为外源性营养物种的控制措施和内源性营养物质的控制措施两大部分。内源性方法又分为物理法、化学法、生物法等。

（1）外源性方法

①截断外来污染物的排入。由于湖泊污染、富营养化基本上来自外来物质的输入。因此，要采取如下几个方面进行截污。首先，对湖泊进行生态修复的重要环节是实现流域内废、污水的集中处理，使之达标排放，从根本上截断湖泊污染物的输入。其次，对湖区来水区域进行生态保护，尤其是植被覆盖低的地区，要加强植树种草，扩大植被覆盖率。目的是可对湖泊产水区的污染物削减净化，从而减少来水污染负荷。因为，相对于点源污染较容易实现截断控制，面源污染量大，分布广，尤其主要分布在农村地区或山区，控制难

度较大。最后，应加强监管，严格控制湖滨带度假村、餐饮的数量与规模，并监管其废污水的排放。对游客产生的垃圾，要及时处理，尤其要采取措施防治隐蔽处的垃圾产生。规范渔业养殖及捕捞，退耕还湖，保护周边生态环境。

②恢复和重建湖滨带湿地生态系统。湖滨带湿地是水陆生态系统间的一个过渡和缓冲地带，具有保持生物多样性，调节相邻生态系统稳定，净化水体，减少污染等功能。建立湖滨带湿地，恢复和重建湖滨水生植物，利用其截留、沉淀、吸附和吸收作用，净化水质，控制污染物。同时，能够营造人水和谐的亲水空间，也为两栖水生动物修复其生长存活空间及环境。

（2）物理法

①引水稀释。通过引用清洁外源水，对湖水进行稀释和冲刷。这一措施可以有效降低湖内污染物的浓度，提高水体的自净能力。这种方法只适用于可用水资源丰富的地区。

②底泥疏浚。多年的自然沉积，湖泊的底部积聚了大量的淤泥。这些淤泥中富含营养物质及其他污染物质，如重金属，能为水生生物生长提供物质来源，同时通过底泥污染物释放也会加速湖泊的富营养化进程，甚至引起水华的发生。因此，疏浚底泥是一种减少湖泊内营养物质来源的方法。但施工中必须注意防止底泥的泛起，对移出的底泥也要进行合理安置处理，避免二次污染的发生。

（二）地下水的生态修复

1. 传统修复技术

传统修复技术处理地下水层受到污染的问题时，采用水泵将地下水抽取出来，在地面进行处理净化。这样，一方面取出来的地下水可以在地面得到合适的处理净化，然后再重新注入地下水或者排放进入地表水体，从而减少了地下水和土壤的污染程度；另一方面，可以防止受污染的地下水向周围迁移，减少污染扩散。

2. 原位化学反应技术

微生物生长繁殖过程存在必需营养物。通过深井向地下水层中添加微生物生长过程必需的营养物和高氧化还原电位的化合物，改变地下水体的营养状况和氧化还原状态，依靠土著微生物的作用促进地下水中污染物分解和氧化。

第八章　土壤环境治理与修复

第一节　环境系统中的土壤

一、土壤的基本概念

（一）土壤是历史自然体

土壤是由母质经过长时间的成土作用而形成的三维自然体，是考古学和古生态学的信息库、自然史文库、基因库的载体。因此，土壤对理解人类和地球的历史至关重要。

（二）具有生产力

土壤含有植物生长所必需的营养元素、水分等，是农业、园艺和林业生产的基础，是建筑物与道路的基础和工程材料。

（三）具有生命力

土壤是生物多样性最丰富，能量交换和物质循环最活跃的地球表层，是植物、动物和人类的生命基础。

（四）具有环境净化能力

土壤是具有吸附、分散、中和及降解环境污染物功能的环境仓；只要土壤具有足够的净化能力，地下水、食物链和生物多样性就不会受到威胁。

（五）中心环境要素

土壤是一个开放的系统，是自然环境要素的中心环节。作为生态系统的组成部分，可以调控物质循环和能量流动。

基于以上认识，考虑到土壤抽象的历史定位（历史自然体）、具体的物质描述（疏松而不均匀的聚积层）以及代表性的功能表征（生产力、生命力、环境净化），可对土壤做如下定义：土壤是历史自然体，是位于地球陆地表面和浅水域底部具有生命力、生产力的疏松而不均匀的聚积层，是地球系统的组成部分和调控环境质量的中心要素。这是一个相对来说比较综合的定义，较充分地反映了土壤的本质和特征。

二、土壤在环境系统中的功能

（一）土壤与大气圈的关系

在近地球表层，土壤与大气进行着频繁的水、气、热交换。土壤是庞大复杂的多孔隙系统，能接受并存储大气降水以供生物需要。土壤从大气吸收氧，向大气释放 CO_2、CH_4 等温室气体，温室气体的排放与人类的耕作、施肥和灌溉等土壤管理活动有着密切关系。

（二）土壤与水圈的关系

水是地球表层系统中连接各圈层物质迁移的介质，也是地球上一切生命生存的源泉。土壤的高度非均质性影响降雨在地球陆地的分配，也影响元素的生物地球化学行为以及水圈的水循环与水平衡，土壤水分及其有效性在很大程度上取决于土壤的理化和生物学过程。

（三）土壤与岩石圈的关系

土壤是岩石经过风化过程和成土作用的产物，土壤位于岩石圈和生物圈之间，属于风化壳的一部分。虽然土壤的平均厚度只有几十厘米，有的地方甚至只有几厘米，但它对岩石圈起一定的保护作用，能减少各种外营力对岩石的破坏。

（四）土壤与生物圈的关系

土壤是动物、植物、微生物和人类生存的最基本环境和重要的栖息场所。土壤为绿色植物的生长提供水分、养分等条件，不同类型的土壤养育着不同类型的生物群落，对地球生态系统的稳定具有重要意义。

除了以上功能以外，土壤环境还起着净化、稳定和缓冲作用。土壤环境具有较强的净化能力以及较大的环境容量，人类很早就把它作为处理动物粪便、有机废物和垃圾的天然场所。现代发展起来的污水灌溉、污泥施田和垃圾处理等各种土地处理系统，更是在有意识、有目的地利用土壤的环境功能和环境容量。然而，土壤环境的稳定与缓冲作用是有限的，如果输入污染物质的数量和速度超过了土壤的自净能力和容纳能力，土壤环境将会遭到严重破坏。

第二节 土壤污染及其污染物

一、土壤污染

（一）土壤污染的影响因素

1. 土壤基本特征对土壤污染的影响

（1）土壤孔性

土壤孔性是土壤孔隙的特征，它包括土壤孔隙的数量、大小、分布状况等。土壤孔性是衡量土壤结构质量的重要指标，土壤孔性能够调节土壤的通气性、透水性和保水性，而且可以决定生物的活动性，而生物的活动性对土壤化学物质的迁移转化具有十分重要的作用。

土壤的孔隙特征对污染物的迁移有着重要影响。密实、孔隙度小的土壤，对污染物的截流效果好，同时透气性差导致生物活性不强，有机物降解能力很弱，因而容易引起有机污染。土质疏松的土壤孔隙度较大，微生物活动强烈，有机污染物迅速降解，不致产生土壤有机污染，但该类土壤不能截流污染物，污染物容易向土壤深处迁移，对于防止无机污染物和重金属扩散十分不利。

（2）土壤黏粒

土壤黏粒对污染物有很强的吸附作用，可以使污染物阻留在土壤的表层。黏粒的强吸附作用还可以降低重金属污染物的活性，使重金属的毒性降低。此外，土壤黏粒可以保持水分和肥力，含黏粒较多的土壤适合植物和微生物生长，生物活动性的增加可有效促进有机物降解。当土壤黏粒含量较低而砂粒含量较高时，土壤吸附污染物作用就很会减弱，致使污染物向深层土壤迁移；当黏粒含量很高时，土壤透气性受阻，土壤中好氧微生物的生存受到抑制。

（3）阳离子交换量

在土壤中，吸附-解吸和沉淀-溶解是化学物质迁移转化的两个重要平衡过程。如果吸附和沉淀占据主导地位，那么污染物就会向稳定形态转化，迁移能力降低、毒性下降；如果解吸和溶解占据主导地位，那么污染物活动能力增强，污染物迁移能力提高、毒性增强。

土壤阳离子交换能力是土壤胶体吸附能力的重要组成部分，阳离子交换量是表征土壤阳离子交换能力的量度。阳离子交换量与土壤黏土矿物和有机质的含量紧密相关。由于胶体和有机质常常带有较多负电荷，黏土和有机质的含量越大，则交换量就越大。在阳离子有较强吸附能力的土壤中，重金属很容易被土壤吸附，使得重金属的迁移能力下降，减少了重金属污染物扩散的可能性。

（4）氧化还原电位

土壤的氧化还原电位也是决定化学物质活动性的重要指标，它对金属元素的价态和活性具有显著影响。在氧化氛围土壤中，铬呈现高毒性的六价态，铜、铁呈现低毒性的高价稳定态；在还原条件，铬以毒性较低的三价形态存在，铜、铁则表现为活性较强的低价态。

（5）土壤有机质

土壤有机质可以被植物吸收利用，可以在微生物作用下分解生成比较简单的有机物（如氨基酸、脂肪酸等），或者与土壤中重金属结合生成较为稳定的形态。也可以与农药、化肥等反应，转化成其他形态。

（6）pH

pH 是土壤化学性质的又一重要指标，它与土壤化学元素的状态密切相关，pH 的改变可以引起化学物质的剧烈变化。当 pH 降低时，土壤中稳定盐金属离子能够以离子的形式释放，土壤胶体吸附的金属离子能够被氢离子取代而释放，进而土壤可溶态金属离子浓度会增加，金属对植物的危害可能随之增大；当 pH 升高时，土壤中金属的形态、数量和效应则会产生与上述相反的变化。

2. 外界因素

（1）气候

在气候要素中，气温和降水是影响土壤环境的两个重要因素，与土壤温度和湿度直接相关，而土壤温度和湿度影响着土壤污染物化学反应的条件。当气温升高时，土壤温度也随之升高，温度升高可以直接提高化学反应的速率，也会提高微生物的活动能力，进而加快与微生物相关化学反应的速率。高强度降水可以大大提高土壤水分，进而增大土壤污染物迁移的可能性，土壤溶液中的污染物溶解量高，增强了污染物对植物的毒害作用。

（2）人为活动

人类对土壤进行大规模改造的同时，对土壤环境也造成了严重影响。大量矿山尾矿造成土地大面积重金属污染，污水灌溉造成农田重金属污染，无节制施用化肥导致土壤理化性质发生改变，土壤沙化使土壤功能和肥力减弱，酸雨使土壤酸度升高，工业企业搬迁遗留下大量被重金属或有机物污染的场地。

（二） 土壤环境背景值

土壤环境背景值是指未受人类活动或受很少人类活动及污染影响的土壤环境本身化学元素的组成及其含量。土壤环境背景值不是一个不变的量，是随成土因素、气候条件和时间变化的。当今世界，人类的影响几乎遍及世界每一个角落，地球已经很难找到没有人类活动影响的土壤，土壤环境背景值一般是相对的，并具有历史范畴的一组值。土壤环境背景值是土壤的重要属性和特征，研究土壤环境背景值可以为土壤环境质量评价提供科学依据，为确定土壤环境容量和土壤环境标准提供服务。

（三） 土壤环境容量

土壤环境容量也称污染物的土壤负载容量，是指在一定环境单元、时限内遵循环境质量标准，既能保证土壤质量，又不产生次生污染时，土壤所能容纳污染物的最大负荷量。如从土壤圈物质循环角度来考虑，土壤环境容量也可定义为"在保证土壤圈物质良性循环的条件下，土壤所能容纳污染物的最大允许量"。由于影响因素的复杂性，土壤环境容量不是一个固定值，而是一个范围值。

（四） 土壤环境自净能力

1. 物理净化作用

物理净化作用就是利用土壤多相、疏松、多孔的特点，通过吸附、挥发、稀释、扩散等物理过程使土壤污染趋于稳定，减小毒性或活性，甚至排出土壤的过程。土壤是一个犹如天然过滤器的多相多孔体，固相中的各类胶态物质——土壤胶体颗粒具有很强的表面吸附能力，土壤难溶性固体污染物可被土壤胶体吸附；可溶性污染物也能被土壤固相表面吸附（指物理吸附），被土壤中水分稀释而迁移至地表水或地下层，如硝酸盐、亚硝酸盐有较大迁移能力；某些污染物可挥发或转化成气态物质从土壤空隙中迁移扩散至大气。这些物理过程不能降低污染物总量，有时还会使其他环境介质受到污染。土壤物理净化效果取决于土壤的温度、湿度、质地、结构及污染物性质。

2. 化学净化作用

化学净化作用主要是通过溶解、氧化、还原、化学降解和化学沉降等过程，使污染物迁移出土壤之外或转化为不被植物吸收的难溶物，不改变土壤结构和功能。在土壤中，污染物可能发生凝聚与沉淀反应、氧化还原反应，或者发生由太阳辐射中紫外线等能量引起的光化学降解作用等化学变化。污染物转化成难溶或难解离的物质，或者发生光化学降解。

3. 物理化学净化作用

土壤物理化学净化作用，是指污染物的阳、阴离子与土壤原来吸附的离子交换吸附的作用。

此种净化作用为可逆的离子交换反应，且服从质量作用定律（同时，此种净化作用也是土壤环境缓冲作用的重要机制）。其净化能力的大小用土壤阳离子交换量或阴离子交换量衡量。污染物的阳、阴离子被交换吸附到土壤胶体上，降低了土壤溶液中这些离子的浓度，相对减轻了有害离子对植物生长的不利影响。由于一般土壤中带负电荷的胶体较多，因此，一般土壤对阳离子或带正电的污染物净化能力较强。当污水中污染物离子浓度不大时，经过土壤净化作用后，就能得到很好的净化效果。增加土壤中胶体的含量，特别是有机胶体的含量，可以相应提高土壤的物理化学净化能力。此外，土壤 pH 增大，有利于对污染物的阳离子进行净化；pH 降低，则有利于对污染物阴离子的净化。对于不同的阳离子、阴离子而言，其相对交换能力大的，则更容易被土壤物理化学作用净化。

除此之外，还须指出的是，物理化学作用的净化效果与胶体自身的性质和污染物离子的性质有关。

4. 生物净化作用

生物净化作用主要是指依靠土壤生物使土壤有机污染物发生分解或化合而转化的过程。当污染物进入土壤中后，土壤中大量微生物体内酶或分泌酶可以通过催化作用发生各种各样的分解反应，这是土壤环境自净的重要途径之一。

由于土壤中的微生物种类繁多，各种有机污染物在不同条件下的分解形式也是多种多样，主要有氧化、还原、水解、脱烃、脱卤、芳香烃基化、环破裂等过程，最终转化为对生物无毒的残留物和二氧化碳。在土壤中，某些无机污染物也可以通过微生物的作用发生一系列变化而降低活性和毒性。

二、土壤污染物

（一）土壤中的重金属

1. 土壤重金属污染的定义

重金属是指比重大于 5.0 的金属元素，在自然界中大约存在 45 种。但是，由于不同的重金属在土壤中的毒性差别很大，所以在环境科学中人们通常关注汞、镉、铬、铅、铜、锌、镍、钼、钴等。砷是一种准金属，但因其化学性质和环境行为与重金属有相似之处，通常也归属于重金属范畴进行讨论。由于土壤中铁和锰含量较高，因而一般不太注意它们的污染问题，但在强还原条件下，铁和锰所引起的毒害也应引起足够的重视。

土壤重金属的侵袭与累积是一种十分普遍的现象，而人们更多关注的是污染问题。土壤重金属污染是指由于人类活动将重金属带到土壤中，致使土壤中重金属含量明显高于背景值并造成现存的或潜在的土壤质量退化、生态与环境恶化的现象。

2. 土壤重金属的来源

土壤重金属来源广泛，主要包括大气沉降、污水灌溉、工业固体废物不当堆置、矿业开采活动、农药和化肥的施用等。

3. 控制土壤中重金属溶解度的主要反应

（1）离子交换

离子交换吸附又称非专性吸附，指重金属离子与土壤表面电荷之间的静电作用而被土壤吸附。土壤表面通常带有一定数量的负电荷，所以带正电荷的金属离子可以通过这种作用被土壤吸附。一般来说，阳离子交换容量较大的土壤具有较强的吸附带正电荷重金属离子的能力；而对带负电荷的重金属含氧基团，它们在土壤表面的吸附量则较小。但是，土壤表面正负电荷的多少与溶液 pH 有关，当 pH 降低时，其吸附负电荷离子的能力将增强。通常非专性吸附的重金属离子可以被高浓度的盐交换下来。

土壤层状硅酸盐黏粒含有永久性电荷，在适宜的 pH 下，重金属以离子状态存在，因而它可通过静电引力吸附金属离子。在层状硅酸盐表面，二价和三价过渡重金属离子表现出典型的离子交换特性。然而，浓度很低的层状硅酸盐黏粒对 Co^{2+}、Zn^{2+} 和 Cd^{2+} 等金属离子存在着专性吸附作用。这表明层状硅酸盐黏粒存在着少量能对这些金属离子进行化学吸附的位点，可能是位于边面上的-SiOH 或-AlOH 基团，也可能是黏粒中的氧化物和有机质所存在的位点。

（2）吸附反应

①吸附等温式

表面或界面化学涉及界面上分子或化合物的物理化学行为，吸附过程涉及吸附质和吸附剂的反应。吸附包括物理吸附和化学吸附。

通常，化学吸附又称专性吸附，含有价键的形成，与化学反应一样，在进行过程中有吸热或放热现象，而且强化学键的形成往往释放大量反应热。因为当重金属趋近土壤物质表面时，必须克服表面能障，所以化学吸附通常包括吸附过程中的活化能，它倾向于发生在吸附剂的专性吸附位上，且不经过单分子层阶段；解吸活化能可能很大。

与化学吸附相比，物理吸附是吸附质和吸附剂通过弱的原子和分子间作用力（范德华力）而粘附，原子之间的电子云没有显著的叠盖效应，是一种界面上迅速而非活化的过程；其速度取决于吸附质向界面扩散速度，吸附热相当低；吸附质的化学性质在吸附和解吸过程中基本保持不变。

②化学吸附

进入土壤中的重金属离子大部分被其组分吸附而不可逆，这是由于土壤中的金属氧化物和氢氧化物以及无定形铝硅酸盐等能提供化学吸附的表面位点。

化学吸附作用取决于吸附剂的结晶度和表面形态。实践证明，在金属离子浓度较低时吸附作用涉及金属-羟基键的形成，而不是在表面产生固相沉淀。

吸附作用的可逆性对于评价土壤重金属累积作用和潜在危害是十分重要的。铁、铝氧化物对重金属的吸附是一种内配位作用，它不遵守可逆的质量作用定律。

根据化学吸附理论，解吸作用总需要一定的活化能。所以解吸作用的活化能通常较吸附作用大得多，而吸附反应速率则较解吸反应快得多。因此，解吸反应中的滞后现象可能反映了由缓慢解吸作用引起的一种不平衡，而不是真正的不可逆性；然而，滞后现象不能完全归因于缓慢的解吸速率，因为已证明部分金属可缓慢地被封闭在氧化铁中，而只有氧化物溶解时这些被封闭的金属才能释入溶液。

通过讨论，可以清楚地了解到化学吸附的本质不同于离子交换吸附。化学吸附又称专性吸附，指重金属离子通过与土壤中金属氧化物表面的-OH、-OH$_2$等配位基或土壤有机质配位而结合在土壤表面。这种吸附可以发生在带不同电荷的表面，也可以发生在中性表面上，其吸附量的大小决定于土壤表面电荷的多少和强弱。专性吸附的重金属离子通常不能被中性盐所交换，只能被亲和力更强和性质相似的元素所解吸或部分解吸。

（二）土壤有机污染物

1. 挥发性和半挥发性有机物

一般根据有机物的物理性质来划分挥发性和半挥发性有机污染物。

沸点为 50~260℃，在标准温度和压力（20℃，1.013 25×10^5 Pa）下饱和气压超过133.3Pa 的有机污染物为挥发性有机污染物（VOC）。在常温下以气态形式存在于空气中挥发性有机污染物共有 300 多种，按其化学结构，可进一步分为 8 类：烷烃类、芳香烃类、烯烃类、卤代烃类、酯类、醛类、酮类和其他。

沸点为 240~400℃，在标准温度和压力（20℃，1.013 25×10^5 Pa）下饱和气压 1.33×10^{-5}~13.3 Pa 的有机污染物归为半挥发性有机污染物（SVOC）。半挥发性有机污染物主要为酚类、苯胺类、酚酞酯类、多环芳烃类及有机农药类等。

挥发性与半挥发性有机污染物的界限并非十分严格，有些挥发性有机污染物诸如二氯苯、三甲苯在半挥发性有机污染物中也出现。硝基苯类化合物属于半挥发性有机污染物，但也有一定的挥发性。

挥发性与半挥发性有机污染物是一类危害极其严重的大气污染物，这些物质化学性质稳定，不易分解，会渗入含水层，易造成地下水污染。医学专家研究表明，部分高浓度的挥发性与半挥发性有机污染物，可导致人体中枢神经系统、肝、肾和血液中毒，具有强致癌、致突变性及致生殖系统毒害性

2. 持久性有机污染物

联合国欧洲经济委员会（UNECE）将持久性有机污染物（POPs）定义为一类具有毒性、易于在生物体内富集、在环境中能够持久存在并且能通过大气运动在环境中进行长距离迁移，对人类健康和环境造成严重影响的有机化学物质。持久性有机污染物的四个显著特性是长期残留性、生物蓄积性、半挥发性和高毒性。被《斯德哥尔摩公约》限制和禁止使用的持久性有机污染物总数达到 21 种，主要为有机氯农药、化学产品的衍生物杂质以及含氯废物焚烧的产物。

POPs 在环境中难以发生化学分解和光解，也难被生物降解，一旦排放到环境中，在水体中的半衰期大多为几十天至 20 年，在土壤中半衰期大多为 1~12 年。POPs 会抑制生物体免疫系统的功能，干扰内分泌系统，促进肿瘤的生长。

3. 杂环类化合物

环状化合物中，成环的原子除碳原子外，还有一个或多个非碳原子的化合物，称为杂环类化合物，环中除碳原子外的其他元素原子称为杂原子。可以把杂环类化合物看成是苯的衍生物，即苯环中的一个或几个–CH 被杂环原子取代而生成的化合物。

根据环上原子的个数，可以将杂环类化合物分为三元环、四元环、五元环、六元环；根据杂原子的种类，可以将杂环类化合物分为含氧、含硫、含氮杂环类化合物等。最常见的杂环类化合物是五环和六环杂环及苯并杂环类化合物，五元杂环类化合物有呋喃、噻吩、吡咯、噻唑、咪唑等，六元杂环类化合物有吡啶、吡嗪、嘧啶等。

杂环类化合物广泛存在于自然界。生物体内存在的物质主要是杂环类化合物，如核酸、某些维生素、抗生素、激素、色素，合成的药物也多数是杂环类化合物。化石燃料中的硫氮氧杂环类化合物在燃烧过程中释放出大量的氧化硫和氧化氮气体，这是酸雨的成因之一。部分硫氮氧杂环已经被证实有毒、可致癌和致突变，并且杂环类化合物是许多高毒性污染物的母体化合物，因此研究杂环类化合物的产生对高毒污染物的降解具有重要意义。

4. 有机氰化物

氰化物是指化合物分子中含有氰基，碳氮三键给予氰基相当高的稳定性，使之在通常化

学反应中都以一个整体存在。根据与氰基连接的元素或基团是无机物还是有机物，把氰化物分为无机氰化物和有机氰化物。无机氰化物有氰化钾、氰化钠和氯化氰等，是多为白色、略带苦杏仁味的晶体或粉末，易溶于水；有机氰化物简称腈，多为无色液体，是高毒或中等毒性化合物，常见的乙腈、丙烯腈、正丁腈能在体内很快地析出离子，属高毒类化合物。

有机氰化物可经呼吸道、胃肠道和皮肤、黏膜吸收进入体内。接触的机会有：生产氰化物或用氰化物作为原料制造药物、染料、合成有机树脂等；电镀行业如镀铜、镀铬等；采矿业如提取金、银、锌等；塑料、尼龙等高分子材料的燃烧产物。

5. 酚类化合物

酚类化合物是芳香烃中苯环上的氢原子被一个或多个羟基取代所产生的化合物，根据分子所含羟基数目可分为一元酚和多元酚；还可根据其能否与水蒸气一起蒸发，而分为挥发性酚和不挥发性酚，沸点在230℃以下的酚称为挥发酚，沸点在230℃以上的酚称为不挥发性酚。

酚类是一种重要的工业有机化合物，被广泛应用于树脂、尼龙、增塑剂、杀虫剂、炸药等商品的生产中。含酚废水是危害较大、污染范围较广的工业废水之一，是环境中水污染的重要来源。在许多工业领域排出的废水中均含有酚，这些废水若不经过处理直接排放、灌溉农田，则可污染大气、水、土壤和食品。酚是一种中等强度的化学毒物，生物对其吸收速率很快，较易发生生物降解，酚上的取代基越多，在生物体中停留时间越长。在环境污染、卫生毒理学上比较有意义的酚类化合物，主要是苯酚、甲酚、五氯酚及其钠盐。

6. 氮基化合物

含氮基团的一类化合物，根据氮基团的连接形式和数量，涉及不少类别，常见的有硝基化合物、胺类化合物、重氮和偶氮化合物、叠氮化合物。烃分子中的氢原子被硝基取代后的衍生物称为硝基化合物，被氨基取代的称为胺类化合物。重氮化合物和偶氮化合物都含有$-N_2-$结构片段，$-N_2-$只有一端与C连接的称为重氮化合物，两端都与C相连者称为偶氮化合物。叠氮化合物在无机化学中，指的是含有叠氮根离子的化合物（N-）；在有机化学中，指的是含有叠氮基（$-N_3$）的化合物。

有机氮基化合物的种类繁多，物理化学性质各不相同，广泛应用于各行业。许多胺类生物碱具有生理或药理作用，许多有机含氮化合物具有特殊气味，如吡啶、三乙胺等。有机含氮化合物中有些是神经毒物，如叠氮化合物；有些属于致癌物质，如芳香胺中的2-萘胺、联苯胺，偶氮化合物中的邻氨基偶氮甲苯等偶氮染料，脂肪胺中的乙烯亚胺、吡啶烷，大多数亚硝基胺和亚硝基酰胺等。

第三节　生态发展背景下的土壤治理探索

一、土壤污染的预防治理

（一）科学地进行污水灌溉

1. 制定严格的污水灌溉指标

目前，中国污水灌溉中存在的首要问题是灌溉水质污染严重超标。为了控制污水灌溉引发一系列环境问题的进一步恶化，制定污水灌溉用水水质标准是十分必要的。在制定灌溉水质标准时，应从灌水后对土壤、作物及环境卫生的影响三大方面去考虑。同时要考虑作物种类、土壤类型（包括土壤质地和耕作方式）、土壤水分状况（如地下水深度）、气候条件（主要指降水）、灌溉水量、灌溉方式等因素。制定农业灌溉水质标准应包括悬浮物含量、有机污染物含量、重金属含量、病原微生物数量、盐分含量、营养物质（包括微量元素）含量等项目。由于中国幅员辽阔，仅仅依靠一套水质标准是不现实的，各地区还应该针对自己的实际情况制定相关的补充标准，对于不同的作物，如粮食作物、经济作物，还应分别制定不同的标准，为污水灌溉的管理提供更多的依据。

2. 污水灌溉的环境容量研究

污水灌溉对环境的影响是长期积累的过程。为了实现土壤的可持续发展，不仅要强调达标排放，还应考虑水体、土壤的承载能力。需要环保部门和农业部门加强合作，定期监测各排污点的废水总量、污染物种类及浓度，测试污灌区土壤的背景值，对照监测结果，计算农田的环境容量，然后再制定污染物目标总量，确定主要污染物的种类和消减指标，并分配到各排污点中去实行，以减少污染物的排放总量。

3. 污水处理及环境检测技术研究

研究不同污水水质的处理方法和工艺，及与污水灌溉相适应的污水处理技术、污水灌溉农田水土环境评价指标体系及其监测技术手段。建立健全污水灌溉的监测系统，包括城镇排放监测、排污小流域水质断面监测、河道污水监测及污灌区土壤、作物及地下水监测。

在一些地区，污水灌溉已经成为解决水资源短缺的有效措施。但是利用污水灌溉应从实际情况出发，借鉴国内外先进的经验因地制宜。通过对污灌区制定合理的灌溉制度，调整种植结构，同时完善污水再利用的标准及相关规范体系。在对污水水质控制的基础上，根据土壤类型、作物种类提出不同的污灌方式，减轻对土壤及农作物的危害，合理地利用污水灌溉。

（二）合理使用农药

1. 利用综合防治系统减少农药用量

综合防治是一种科学合理地管理、控制病、虫、草害的系统。它把生物控制和有选择地使用化学农药等手段有效地结合起来，充分利用天敌防治这一自然因素，同时补充必要的人工因素，只是在病、虫、草害所造成的损失接近经济阈限时才使用农药，从而达到减少农药用量，获得最大防治效果，减轻环境污染的目的。

（1）植物检疫是贯彻"预防为主，综合防治"方针的一项根本性措施。防止危险性病虫杂草种子随同植物及农产品传入国内和带出国外，称为对外检疫。当危险性病虫杂草已由国外传入或由国内一个地区传至另一个地区时，应及时采取有力措施彻底消灭。当国内局部地区已经发生危险性病虫杂草时，应立即限制、封锁在一定范围内，防止蔓延扩大，这两项内容称为对内检疫。

（2）物理防治主要是利用各种物理方法来预测和捕杀害虫。这种方法具有经济、方便、有效和不污染环境的特点，可直接消灭病、虫、草害于大发生之前或大量发生时期。例如，利用昆虫的趋光性安装黑光灯诱杀害虫等。

（3）生物防治是综合防治系统的重要组成部分。在生产上常用的方法是利用自然界的各种有益生物或微生物来控制有害生物。生物防治还可以通过控制害虫繁殖使其自行消灭。利用性引诱剂来引诱同种动物，达到诱杀害虫的效果。

（4）化学防治是利用化学药剂直接或间接地防治病、虫、草害的方法，其成本很低。化学试剂可以工业化生产，受地域性和季节性的限制少。现代化植保机械的发展和应用也可以充分发挥化学药剂的施用效率。因此，在当前和今后相当长的时期内，化学防治在综合防治中仍然占有极其重要的地位。

2. 农药的安全合理使用

农药的安全合理使用首先要做到对症下药。使用品种和剂量因防治对象不同应有所不同。例如，对不同口器的害虫选择不同的药剂；根据害虫对一些农药的抗药性合理选择药剂；考虑某些害虫对某种药剂有特殊反应选择药剂等。其次是适时、适量用药。应在害虫发育中抵抗力最弱的时期和害虫发育阶段中接触药剂最多的时期施用农药。同时，根据不同作物、不同生长期和不同药剂选择最佳施入剂量。

3. 开发新农药

高效、低毒、低残留农药是农药新品种的主要发展方向。如优良的有机磷杀虫剂硫磷、氨基甲酸酯类杀虫剂呋喃丹和拟除虫菊酯等农药，可取代六六六、DDT 等对土壤污染大的农药品种。

环境和植物保护工作者对农药在土壤中残留时间长短的要求不同。从环境保护的角度看，各种化学农药的残留期越短越好，以免造成环境污染，进而通过食物链危害人体健康。但从植物保护角度看，如果残留期太短，就难以得到理想的杀虫、治病、灭草的效果。因此，对于农药残留期问题的评价要从防治污染和提高药效两方面考虑。最理想的农药应为：毒性保持的时间长到足以控制其目标生物，而又衰退得足够快，以至对非目标生物无持续影响，不使环境遭受污染。

（三）合理使用化肥

1. 普及科学平衡施肥技术，减少化肥用量

平衡施肥须在测土的基础上按作物需要配方，再按作物吸收的特点施肥，并不是仅靠化肥的配置结构就能奏效的。因此，需要社会良好的技术服务与使用者的良好科技素质相结合才行。施肥技术不当，表现在轻视底肥，重视追肥，撒肥和追肥期不当，这些是形成化肥损失、肥效降低的重要原因。为防止化肥的污染，应因土因作物施肥，以减少流入江河、湖及地下水的化肥数量。

2. 有机肥和无机肥混合施用

施用有机肥不仅能改良土壤结构，提高作物的抗逆性，提高土壤的净化能力，同时还能补充土壤的钾、磷和优质氮源，如植物可直接利用的氨基酸。特别是受到重金属污染的土壤，增施猪粪、牛粪等有机肥料可显著提高土壤钝化重金属的能力，从而减弱其对作物的污染。另外，需要指出的是，在含汞超过 159 mg/kg 的土壤中施用有机肥和磷肥，有利于土壤对汞的固定，在不同程度上降低糙米的含汞量。

3. 合理灌溉，减少化肥流失

灌溉技术的优劣与化肥流失关系很大。中国的灌溉技术以传统的地面漫灌为主，并在向管道灌溉、滴水灌溉等节水灌溉技术过渡，其中水的利用率与化肥的流失率相关。地面漫灌引起土壤化肥流失的量非常大。

4. 利用生物技术，提高化肥能效

随着农户种植模式转变、施肥用药习惯的转变，农作物生产中出现了许多新问题。为

了应对新问题，用户将注意力转向了微生物肥料产品。微生物肥料是指含有特定微生物活体的制品，应用于农业生产，通过其中所含微生物的生命活动，增加植物养分的供应量或促进植物生长，提高产量，改善农产品品质及农业生态环境。

目前，微生物肥料包括微生物接种剂（微生物菌剂）、复合微生物肥料（菌肥）、生物有机肥（菌肥）三类。在使用过程中，微生物肥料在提高土壤生物肥力、防控根部病害、提高产品品质方面作用显著。

微生物的生命活动，除了会分解土壤中难溶及被固定的元素，增加营养元素的供应量，利用自然界的物质转化为植物生长所必需的物质，促进作物产量提高外，还能产生植物生长刺激素和拮抗某些致病微生物的作用，可减轻作物病虫害的发生。

（四）土壤污染的防治

控制和消除土壤污染源是防止污染的根本措施。控制土壤污染源，即控制进入土壤中污染物的数量和速度，使其在土体中缓慢地自然降解，以免产生土壤污染。首先，大力推广清洁工艺，以减少或消除污染源，对工业"三废"及城市废弃物必须处理与回收，即进行废弃物资源化。对排放的"三废"要净化处理，控制污染物的排放数量和浓度。其次，要控制化学药品的使用，禁止或限制使用剧毒、高残留农药；发展高效、低毒、低残留农药；大力开展微生物与激素农药的研究。另外，可采用含有自然界中构成生物体的氨基酸、脂肪酸、核酸等成分的农药，它们容易被分解。探索和推广生物防治病虫害的途径，开展生物上的天敌防治法。最后，要合理地使用化学肥料，要合理地使用硝酸盐和磷酸盐等肥料，避免因过多使用造成土壤污染。

增加土壤环境容量，提高土壤净化能力。通过增加土壤有机质含量，沙掺黏土可改良沙性土壤，增加或改善土壤胶体的性质，增加土壤对有毒物质的吸附能力和吸附量。分析、分离或培养新的微生物品种以增加微生物对有机污染的降解作用也是提高土壤净化能力极为重要的一环。施用化学改良剂包括抑制剂和强吸附剂。一般施用的抑制剂有石灰、磷酸盐和碳酸盐等。它们能与重金属发生化学反应而生成难溶化合物以阻碍重金属向作物体内转移。施用强吸附剂可使土壤中农药分子失去活性，也可减轻农药对作物的危害。

控制氧化还原条件能减轻土壤重金属的危害。根据研究，在水稻抽穗到成熟期，无机成分大量向穗部转移。淹水可明显地抑制水稻对镉的吸收，落干则能促进镉的吸收，糙米中镉的含量随之增加。镉、铜、铅、汞、锌等重金属在 pH 值较低的土壤中均能产生硫化沉淀物，可有效地减少重金属的危害。但砷与其他金属相反，在 pH 值较低时其活性较大。

改变耕作制度和土壤环境条件可消除某些污染物毒害。如对已被有机氯农药污染的土壤，可通过旱作改水田或水旱轮作的方式予以改良，使土壤中有机氯农药很快的分解排除。若将棉田改为水田，可大大加速 DDT 的降解，一年左右可使 DDT 基本消失。

二、土壤污染与生态治理技术

（一）奈安生物技术——"重金属固化剂"

重金属固化剂的主要成分是 γ-聚谷氨酸（γ-PGA），是通过微生物聚合生产出来的一种高分子的聚合物。它的分子链上有大量的游离羟基，对 Pb^{2+}、Cd^{2+}、Hg^{2+}、AS^{2+} 等重金属有极佳的螯合效果，可在短时间内形成不溶性、低水量的重金属化合物，起到解毒的作用，降低土壤和作物体内的重金属毒性。这种高分子的聚合物能在常温和宽的 pH 条件范围内进行，不受重金属离子浓度高低的影响。

有毒重金属元素，像铅（原子量207）、镉（原子量112）、汞（原子量200）、铊（原子量204）等，都是原子量大的金属元素。这类原子外圈具有许多空价轨域，提供许多可让"负电荷基团"吸附上去的集合点，而 γ-PGA 就像一个巨大的火球，上面有约 4 000 个负电荷基团，因此可在多点结合的情况下，γ-PGA 基团上这些众多的负电荷纷纷吸在重金属离子外圈的空价轨域上面，可将重金属离子絮凝包藏下来。例如重金属铅，它的原子量是 207。这样的原子量可以被植物的根毛所吸收，但它被 γ-PGA 的 40 万的分子量（4 000个负电荷基团的分子量是 40 万）吸附后，这 40 万大分子是无法被根毛吸收的，所以就被固定在土壤中，在土壤中被钝化。

目前重金属固化剂已在小麦、水稻、小米、枸杞、山药、蔬菜等作物上广泛示范和推广，结果均显示，重金属固化剂固化土壤重金属、减少作物体内重金属含量效果显著。

（二）利用生物技术降解农药残留

生物技术是人类 20 世纪的巨大成就之一。利用生物技术手段治理环境污染无疑为人类解决环境问题提供了又一新的选择，为彻底解决环境污染问题提供了新的途径。生物整治可在污染现场处理污染土壤或污染水体，最大限度地降低污染物浓度，环境负面影响小。利用微生物及其产生的降解酶进行土壤和水体中农药的去除与净化是治理农药污染的有效方法，是生物治理中最简单、最安全、成本最低的。当前，降解菌和降解基因资源的收集，是环境生物技术的一个重要研究方向。

三、土壤污染治理须注意的问题

（一）政府在土壤治理中的职责

1. 政府的本质属性决定了政府应该承担责任

政府承担污染治理责任是政府公共管理的本质属性的体现。政府作为人民权力的授予者和执行者，应按照社会的共同利益和人民的意志制定与执行公共决策。在现代社会里，创建和谐社会是政府决策的一大目标和宗旨。和谐社会不仅包括人与人的和谐，还包括人与自然的和谐，维护自然生态环境的和谐、有序、稳定的可持续发展也应成为政府职责的重要组成部分。土壤污染由于其隐蔽性、长期性和不可逆性等特点，一旦发生污染，必然会对当代人以及后代人产生严重的后果，不利于土壤资源的可持续利用。为了避免这一后果，政府基于其地位和职责，应当承担起防治污染，保护土壤环境的责任。

2. 政府承担责任是"预防为主，防治结合"原则的客观要求

预防为主原则的形成是人类同环境污染和生态破坏做斗争的经验总结。自从世界环境与发展大会可持续发展观念的提出，各国的环境保护战略发生了根本性的转变，改变了"先污染后治理"的经济发展模式，而由"末端控制"转向"源头控制"，推行清洁生产机制，由对污染物产生后的排放限制或废物产生后的处理等方面的控制，转向注意对污染的源头控制。"预防为主，防治结合"原则推动了清洁生产机制的发展，同时也要求相关环保产业的迅速发展，加强对污染的预防和治理，减少污染源的排放，这些都需要政府行政手段的干预。中国的土壤污染涉及范围广，治理难度大，更需要政府贯彻预防为主的原则，制定严格的污染物排放标准和技术规范，加强行政引导与管理，强调政府在制定发展规划，利用土地资源时应充分考虑对环境的影响，注意对土壤资源环境的保护，维护土壤自身的自净和修复能力。目前治理污染的环保产业发展尚不理想，制约了"预防为主，防治结合"原则的实现。为了解决这一问题就必须发挥政府的作用，强化政府责任。

（二）划定土壤污染区域

随着经济和城市化的快速发展，大量城市和工业污染物向农村和农业环境转移，加上化肥、农药的不合理施用，使土壤环境污染物种类和数量、发生的地域和规模、危害特点等都发生了很大变化。这对农业生产和食品安全以至人民身体健康危害极大，并将成为制约农业可持续发展的重大障碍。应选择对农业生产和食品安全有重要意义的农业区域作为典型区域，进行土壤污染现状调查，对土壤的污染程度及其发展趋势进行重新评估和分

析。调研内容主要包括：地区的自然条件（例如母质、地形、植被、水文、气候等）；地区的土壤性状（例如土壤类型及性状特征等）；地区的农业生产情况（包括土地利用，作物生长与产量情况，灌溉用水及化肥、农药使用情况等）；地区污染历史及现状、现有工业和生活污染源情况；对土壤污染物（重金属、农药、有机物）残留情况进行检测分析。

通常污水灌溉区和常规农业生产区的重金属综合污染指数明显高于其他典型区域，这进一步表明污水灌溉和农药、化肥的不合理使用是土壤中重金属污染的主要来源。由于土壤重金属污染的不可逆性和不易修复性，加强对污水灌溉区的监测和管理、指导农民科学合理地施用化肥、农药已成为当务之急。持久性致癌有机物多环芳烃类在典型区域检出率均为100%。虽然目前其在土壤中的浓度还处于较低水平，但也表明土壤中虽然有机氯农药残留逐渐降低，但持久性有毒有害有机污染物却在不断积累，表明土壤污染向有机、无机复合污染的方向发展，土壤有机物污染具有潜在的高风险性。

（三）加强国际多边合作

在经济高速发展的今天，对高效经济利益的追求无可厚非，但是与此同时也带来了污染问题。在农业方面主要体现在农药、化肥、兽药的过量使用和流失、水体富营养化的加重、酸雨对农业作物的危害等。例如，太湖水质的恶化就是水体富营养化的直接体现，使周围居民的饮水成为问题，同时也对太湖的渔业养殖构成灾难性的威胁。农业的污染一方面影响了农作物的产量和质量，另一方面也对人体的健康构成危害。

目前，中国农业集约化手段主要表现在大量使用化肥和农药以及单一的作物品种，农业的增产主要依赖物质的大量投入。因此，必须加强国际间多边合作，建立起巩固的国际合作关系。对于广大的发展中国家发展经济、消除贫困，国际社会特别是发达国家要给予帮助和支持；对一些环境保护和治理的技术，发达国家应低价或无偿转让给发展中国家；对于全球共有的大气、海洋和生物资源等，要在尊重各国主权的前提下，制定各国都可以接受的全球性目标和政策，以便达到既尊重各方利益，又保护全球环境与发展体系。

（四）提高土壤环境质量标准

近年来，随着中国农业地质环境调查工作的全面部署和实施，正在迅速获取以土壤为主，包括地表水、浅层地下水、沿海滩涂、浅海和湖泊底积物、重要农产品在内的多介质区域地球化学资料。以此海量资料为基础，开展农业地质环境评价，是实现农业地质环境调查，为农业、环境、生态、资源、人体健康等多学科研究、多领域应用服务，促进经济社会持续稳定发展的重要途径。土壤环境质量现状评价是农业地质环境研究的一项重要内容，不仅可以直接指导土地利用规划、土壤环境保护，而且也是污染土壤治理修复、土壤污染生态效应评价、地球化学灾害预测研究的基础。由于土壤系统物质组成、环境条件及其影响因素的复杂性，土壤环境质量评价是一项复杂的工程。科学、准确的评价标准是衡量土壤环境质量优劣的重要依据，也是开展相关工作的基础。

由于土壤具有一定的吸收容纳、降解自净污染物的能力，污染土壤对动植物和人体健康的危害作用表现为延滞性、间接性和潜在性。相对于水体、大气而言，长期以来人们对土壤污染问题关注不够，甚至将土壤作为处置堆积废弃物和有毒有害物质的理想场所，影响到土壤环境基准的研究和土壤环境质量标准的建立。总的来说，土壤环境质量标准的建立大大滞后于大气、水环境质量标准。土壤作为一种宝贵的自然资源，一旦受到污染，治理修复的难度很大，成本昂贵。因此，土壤环境的立法保护十分迫切和重要。

为科学合理地评价土壤环境质量，更加有效地保护和利用土地资源，迫切需要制定切合当地实际情况的土壤环境质量标准。土壤环境质量标准的制定是一项极其复杂的系统工程，长期以来相关学科领域研究取得的土壤环境容量、动植物和人体健康土壤基准值等成果资料，以及当前多目标地球化学调查正在取得的大量区域地球化学、土壤-农产品调查资料和研究成果，为地方性土壤环境质量标准的制定提供了基础性科学依据。

第四节 生态发展背景下的土壤污染修复技术

一、土壤固化/稳定化技术

（一）固化/稳定化技术解读

固化/稳定化（Solidification/Stabilization，S/S）技术通过物理或化学方式将土壤中有害物质"封装"在土壤中，降低污染物的迁移性能。该技术既能在原位使用，也能在异位进行。通常用于重金属和放射性物质的修复，也可用于有机污染物的场地。固化/稳定化具有快速、有效、经济等特点，在土壤修复中已经实现了工业化应用。

固化/稳定化技术包含了两个概念。固化是指将污染物包裹起来，使其成为颗粒或者大块的状态，从而降低污染物的迁移性能。可以将污染土壤与某些修复剂，如混凝土、沥青以及聚合物等混合，使土壤形成性质稳定的固体，从而减少了污染物与水或者微生物的接触机会。稳定化技术是将污染物转化成不溶解、迁移性能或毒性较小的状态，从而达到修复目的。使用较多的稳定化修复剂有磷酸盐、硫化物以及碳酸盐等。两个概念放在一起是因为两种方法通常在处理和修复土壤时联合使用。

玻璃化技术也是固化/稳定化技术的一种，是通过电流将土壤加热到 1600～2000℃，使其融化，冷却后形成玻璃态物质，从而将重金属和放射性污染物固定在生成的玻璃态物质中，有机污染物在如此高的温度下可通过挥发或者分解去除。对于固化技术，其处理的要求是：固化体是密实的、具有稳定的物理化学性质；有一定的抗压强度；有毒有害组分浸出量满足相应标准要求；固化体的体积尽可能小；处理过程应该简单、方便、经济有效；固化体要有较好的导热性和热稳定性，以防内部或外部环境条件改变造成固化体结构破损，污染物泄露。

（二）常用固化技术

1. 水泥固化

水泥是一种硬性材料，是由石灰石与黏土在水泥窑中烧结而成，成分主要是硅酸三钙和硅酸二钙，经过水化反应后可生成坚硬的水泥固化体。

水泥固化是一种以水泥为基材的固化方法，最适用于无机污染物的固化，其过程是：废物与硅酸盐水泥混合，最终生成硅酸铝盐胶体，并将废物中有毒有害组分固定在固化体中，达到无害化处理的目的。常用的添加剂为无机添加剂（蛭石、沸石、黏土、水玻璃）、有机添加剂（硬脂肪丁酯、柠檬酸等）。水泥固化须满足一定的工艺条件，对 pH、配比、添加剂、成型工艺有一定要求。

当用酸性配浆水配制水泥浆时，液相中的氢氧化钙浓度积减小，延迟氢氧化钙的结晶，水化产物更容易进入液相，加快水泥熟料的水化速率。游离的钙离子和硅酸根离子结合成水化硅酸钙凝胶，使水泥的微观结构更加紧密，提高了水泥宏观的抗压强度。中性的配浆水不会有上述作用，碱性的配浆水反而会阻碍熟料矿物水化，增加氢氧化钙的量，对水泥的宏观抗压强度产生不利的影响。水泥与废物之间的用量比，应实验确定，水与水泥的配比要合适，一般维持在 0.25。加入添加剂，可以改性固化体，使其具有良好的性能，如膨润土可以提高污泥固化体的强度，促进污泥中锌、铅的稳定。控制固化块的成型工艺，其目的是为了达到预定的强度。最终固化块处理方式不同，固化块的强度要求也不同，因而其成型工艺也不同。水泥固化处理前，须将原料与固化剂、添加剂混合均匀，已获得满足要求的固化体。

水泥的固化混合方法主要有外部混合法、容器内部混合法、注入法三种。外部混合法是将废物、水泥、添加剂和水在单独的混合器中进行混合，经过充分搅拌后再注入处理容器中，其优点是可以充分利用设备，缺点是设备的洗涤耗时耗力，而且产生污水；容器内部混合法是直接在最终处置容器内进行混合，然后用可移动的搅拌装置混合，其优点是不产生二次污染物，缺点是受设备容积限制，处理量有限，不适用大量操作；注入法，对于不利于搅拌的固体废物，可以将废物置于处置容器当中，然后注入配置好的水泥。

2. 石灰固化

石灰固化是指以石灰、垃圾焚烧灰分、粉煤灰、水泥窑灰、炼炉渣等具火山灰性质的物质为固化基材而进行的危险废物固化/稳定化处理技术。其基本原理与水泥固化相似，都是污染物成分吸附在水化反应产生的胶体结晶中，以降低其溶解性和迁移性。但也有人认为水凝性物料经历着与沸石类化合物相似的反应，即它们的碱金属离子成分相互交换而固定于生成物胶体结晶中。由于石灰固化体的强度不如水泥，因而这种方法很少单独使用。

3. 塑新材料固化

热固性塑料包容技术：利用热固性有机单体，如脲醛与粉碎的废物充分混合，并在助凝剂和催化剂作用下加热形成海绵状聚合体，在每个废物颗粒周围形成一层不透水的保护膜，从而达到固化和稳定化的目的。它的原料是脲甲醛、聚酯、聚丁二烯、酚醛树脂和环氧树脂等。热固性塑料受热时从液态小分子反应生成固体大分子以实现对废物的包容，并且不与废物发生任何化学反应。所以固化处理效果与废物粒度、含水量、聚合反应条件有关。

热塑性塑料包容技术：利用热塑性材料，如沥青、石蜡、聚乙烯，在高温条件下熔融并与废物充分混合，在冷却成型后将废物完全包容。适用于放射性残渣（液）、焚烧灰分、电镀污泥和砷渣等。但由于沥青固化不吸水，所以有时须预先脱水或干化。采用的固化剂一般有沥青、石蜡、聚乙烯、聚丙烯等，尤其是沥青具有化学惰性，不溶于水，又具有一定的可塑性和弹性，对废物具有典型的包容效果。但是，混合温度要控制在沥青的熔点和闪点之间，温度太高容易产生火灾，尤其在不搅拌时因局部受热容易发生燃烧事故。

自胶结固化：自胶结固化技术是利用废物自身的胶结特性而达到固化目的的方法。

4. 熔融固化（玻璃固化）

熔融固化技术，也称作玻璃固化技术，该技术是将待处理的危险废物与细小的玻璃质，如玻璃屑、玻璃粉混合，经混合造粒成型后，在高温熔融下形成玻璃固化体，借助玻璃体的致密结晶结构，确保固化体永久稳定。

熔融固化法被用于修复高浓度 POP 污染的土壤，这项技术在原位和异位修复均适用。使用的装置既可以是固定的也可以是移动的。该技术是一个高温处理技术，它利用高温破坏 POP，然后冷却降低了产物的迁移能力。熔融固化法原位处理技术可在两个设备中进行，即原位玻璃化（ISV）和地下玻璃化（SPV）。两个装置都是电流加热、融化，然后玻璃化。

处理时，电流通过电极由土壤表面传导到目标区域。由于土壤不导电，初始阶段在电极之间可加入导电的石墨和玻璃体。当给电极充电时，石墨和玻璃体在土壤中导电，对其所在区域加热，邻近的土壤熔融。一旦熔融后，土壤开始导电。于是融化过程开始向外扩散。操作温度一般为 1400~2000℃。随着温度的升高，污染物开始挥发。当达到足够高的温度后，大部分有机污染物被破坏，产生二氧化碳和水蒸气，如果污染物是有机氯化物，还会产生氯化氢气体。二氧化碳、水蒸气、氯化氢气体以及挥发出来的污染物，在地表被尾气收集装置收集后进行处理，处理后无害化的气体再排放至大气。停止加热后，介质冷却玻璃化，把没有挥发和没有被破坏的污染物固定。

异位熔融处理过程又称为容器内玻璃化。在耐火的容器中加热污染物，其上设置尾气收集装置。热量由插在容器中的石墨电极产生，操作温度为 1400~2000℃。在该温度下，污染物基质融化，有机污染物被破坏或挥发。该过程产生的尾气进入尾气处理系统。

（三）稳定化技术

1. 活性炭

活性炭不仅能够降低污泥中有机物的溶出，还能提高废物中有机污染物的固化/稳定化。同时，再生活性炭也具有较强的固定作用，可选用低廉的再生活性炭作为固化/稳定化过程的吸附剂。

2. 吸附黏土

有机黏土有很强的吸附效果，可增强对有机污染物的稳定化作用，在含毒性废物的固化/稳定化过程中越来越广泛应用。

目前，以有机黏土为添加剂的无机胶结剂固化/稳定化技术的主要研究对象包括苯、甲苯、乙苯、苯酚、3-氯酚等。有机黏土对有机污染物，尤其是非极性有机污染物具有较好的固定化效果，在含毒性废物的固化/稳定化技术中得到广泛应用。

二、原位化学氧化技术

（一）化学氧化技术的主要优缺点

化学氧化技术能够有效处理土壤及地下水中的三氯乙烯（TCE）、四氯乙烯（PCE）等含氯溶剂，以及苯系物、PAH 等有机污染物。主要优缺点如下：

主要优点是：能够原位分解污染物；可以实现快速分解、快速降解污染物的效果，一般在数周或数月可显著降低污染物浓度；除 Fenton 试剂外，副产物较低；一些氧化剂能够彻底氧化 MTBE；较低的操作和监测成本；与后处理固有衰减的监测相容性较好，并可促进剩余污染物的需氧降解；一些氧化技术对场地操作的影响较小。

主要缺点是：与其他技术相比，初期和总投资可能较高；氧化剂不易达到渗透率低的地方，致使污染物不易被氧化剂氧化；Fenton 试剂会产生大量易爆炸气体，因此使用 Fenton 试剂时，须应用其他预防措施，如联合 SVE 技术；溶解的污染物在氧化数周之后可能产生"反弹"现象；化学氧化可能改变污染物的区域；使用氧化剂时须考虑安全和健康因素；将土壤修复至背景值或者污染物浓度极低的情况在技术和经济上代价较大；由于与土壤或岩石发生反应，可能造成氧化剂大量损失；可能造成含水层化学性质的改变以及由于孔隙中矿物沉淀而造成含水层堵塞。

（二）原位化学氧化修复对土壤的影响及注意事项

在运用化学氧化技术时，注入的氧化剂可能对生物过程起抑制作用。常用的氧化剂，如 H_2O_2、MnO_4、O_3 和 S_2O_8 都是强杀菌剂，在较低的浓度下，就能抑制或者杀死微生物，而且氧化剂引起的电位和 pH 改变也会抑制某些微生物菌落活性。根据经验，注入 H_2O_2 在增加生物活性方面饱受争议，因为 H_2O_2 具有较高的分解速率和微生物毒性，有限的氧气溶解度导致非饱和区 O_2 的损失，以及引起渗透率减少和过热等问题。

氧化剂对微生物活动潜在影响的研究可以采用短期氧化试验——混合土壤浆批处理反应堆和流通柱方法。这种实验方法可进行完全的液压控制并使氧化剂、地下蓄水材料和微生物群之间保持良好接触，从而了解氧化过程对微生物活性的抑制。实际情况往往比较复杂，这种实验不能完全表征在非理想条件和时间较长情况下 ISCO 对微生物的影响。

另外，氧化剂的存在对微生物的影响是长期的。研究表明，与单纯生物降解方法相比，长期连续使用 H_2O_2 做氧化剂使得多环芳烃和五氯酚降解得更快。在刚使用 H_2O_2 后，微生物群数量出现短期下降，大约 1%~2%；但在一周后，数量又明显增长，并超过了使用前的数量。在大田实验中，将大量高浓度的 H_2O_2 注入其中，微生物的数量和活性都会降低，然而六个月后都会升高。研究人员在被三氯乙烯和 12-二氯乙烷污染的土壤和地下水中注入 $KMnO_4$（11 000gal，0.7%）并测量了前后微生物的变化。研究人员在注入两周后发现，地下水的氧化电位大于 800 mV，并且出现了能自行发育的厌氧异养菌、产烷生物和厌氧硫酸盐硝酸盐还原菌的种群，但这要比经过预氧化处理的水平低；注入三个月后，硝酸盐还原菌种群增加；注入六个月后，地下水的还原电位大约为 100mV，MnO_4^- 消失，需氧异养生物种群数量比经过预氧化处理的多几个数量级。在其他关于 $KMnO_4$ 的研究中，经过处理后，生物还原三氯乙烯的速率增加，且该地区的微生物结构没有变化。

由以上研究可见，ISCO 修复是否会影响土壤和地下水中微生物的活性目前还没有定论。一方面，污染物被氧化可能导致土壤的含氧量增加。当使用 Fenton 试剂、过氧化物和臭氧时，地下水中的氧含量上升，将对生物降解过程产生积极作用。另一方面，有机物质构成的细菌也被氧化了，这是不利的。但是，经过 ISCO 修复之后，土壤中的生物并没有全部死亡，可能是由于氧化剂无法进入土壤中极小的孔隙，细菌仍能在此生存。

除了使土壤变得更加含氧之外，使用任何氧化剂都会形成酸，降低土壤和地下水的 pH。对于涉及氯代烃类的污染，会形成盐酸，降低 pH 的效应会更强烈。在低 pH 时，金属的活动性增加，对金属的作用产生不利影响。以上这些作用均须考虑，尤其对于有机污染和重金属污染土壤。

对于氧化剂可能引起土壤渗透率方面的变化，实验室研究发现，氧化锰（也称为黑锰）的形成降低了土壤的渗透性。然而在实地应用高锰酸盐溶液（浓度高达 4%）时，却没有发现这一现象。在实地应用 Fenton 试剂时土壤渗透性增加，土壤渗透性的增加使氧化剂更好地分布在土壤中，但是在有机质含量高的土壤中，可能发生剧烈反应，使得土壤温度升高导致安全风险超出可接受范围。

综上所述，化学氧化修复前须做以下几点工作：第一，充分掌握待修复区污染浓度最高的区域；第二，摸清并评价优先流的通道；第三，清理气体可能迁移或积累区域的公用设施和地下室等；第四，确保在修复区域内无石油管线或储罐。

进行化学氧化修复时，应当考虑以下因素：第一，使用离子荧光检测器或离子火焰检测器（PID/FID）监测爆炸物的情况；第二，当使用 Fenton 试剂时，安装并使用土壤气体收集系统，直到没有危险时为止；第三，使用 Fenton 试剂时，安装并使用土壤气体收集系统，须在地下安装温度传感器。

密切监视修复区注入的过氧化氢和催化剂，根据土壤气体和地下水的分析结果调整其注入量。注意观察地下水的水压，尽量减少化学反应造成的污染扩张。

三、植物修复法

（一）植物修复基本概念

植物修复是经过植物自身对污染物的吸收、固定、转化与累积功能，以及为微生物修复提供有利于修复的条件，促进土壤微生物对污染物降解与无害化的过程。

广义的植物修复包括植物净化空气（如室内空气污染和城市烟雾控制等），利用植物及其根际圈微生物体系净化污水（如污水的湿地处理系统等）和治理污染土壤。狭义的植物修复主要指利用植物及其根际圈微生物体系清洁污染土壤，包括无机污染土壤和有机污染土壤。

植物修复技术由植物提取、植物稳定、根基降解、植物降解、植物挥发等组成。重金属污染土壤植物修复技术在国内外首先得到广泛研究，国内目前研究和应用比较成熟。

近年来，我国在重金属污染农田土壤的植物吸取修复技术一定程度上开始引领国际前沿，已经应用于砷、镉、铜、锌、镍、铅等重金属，并发展出络合诱导强化修复、不同植物套作联合修复、修复后植物处置的成套技术。这种技术应用关键在于筛选出高产和高去污能力的植物，摸清植物对土壤条件和生态环境的适应性。近年来，国内外学者也开始关注植物对有机污染物的修复，如多环芳烃复合污染土壤的修复。虽然开展了利用苜蓿、黑麦草等植物修复多环芳烃、多氯联苯和石油烃的研究工作，但是有机污染土壤植物修复技术的田间研究还很少。

（二）植物修复相关技术

1. 植物提取技术

植物提取是指种植一些特殊植物，利用其根系吸收污染土壤中的有毒有害物质并运移至植物地上部分，在植物体内蓄积直到植物收割后进行处理。收获后可以进行热处理、微生物处理和化学处理。植物提取作用是目前研究最多、最有发展前景的方法。

植物提取技术利用的是对污染物具有较强忍耐和富集能力的特殊植物，要求所用植物具有生物量大、生长快和抗病虫害能力强等特质，并具对多种污染物有较强的富集能力。此方法的关键在于寻找合适的超富集植物并诱导出超富集体。环境中大多数苯系物、有机氯化剂和短链脂族化合物都是通过植物直接吸收除去的。

2. 植物稳定技术

植物稳定是指通过植物根系的吸收、吸附、沉淀等作用，稳定土壤中的污染物。植物稳定发生在植物根系层，通过微生物或者化学作用改变土壤环境，如植物根系分泌物或者产生的 CO_2 可以改变土壤 pH。

植物在此过程中主要有两种功能：保护污染土壤不受侵蚀，减少土壤渗漏防止污染物的淋移；通过植物根部的积累和沉淀或根表吸附来加强土壤中污染物的固定。应用植物稳定原理修复污染土壤应尽量防止植物吸收有害元素，以防止昆虫、草食动物及牛、羊等牲畜在这些地方觅食后可能对食物链带来污染。

3. 根际降解技术

根际降解，其主要机理是土壤植物根际分泌某些物质，如酶、糖类、氨基酸、有机酸、脂肪酸等，使植物根部区域微生物活性增强或者能够辅助微生物代谢，从而加强对有机污染物的降解，将有机污染物分解为小分子的 CO_2 和 H_2O，或转化为无毒性的中间产物。

4. 植物降解技术

植物降解是指植物从土壤中吸收污染物，并通过代谢作用，在体内进行降解。污染物首先要进入植物体，吸收取决于污染物的疏水性、溶解性和极性等。

5. 植物挥发性

植物挥发是植物吸收并转移污染物，然后通过蒸发作用将污染物或者改变形态的污染物释放到大气中的过程。可用于 TCE、TCA、四氯化碳等污染物的修复。

（三）有机污染物的植物降解机理

1. 植物直接吸收有机污染物

植物从土壤中直接吸收有机物，然后将没有毒性的代谢中间产物储存在植物组织中，这是植物去除环境中中等亲水性有机污染物（辛醇-水分配系数，$1gKow = 0.5 \sim 3.0$）的一个重要机制。疏水有机化合物（$1gKow > 3.0$）易于被根表强烈吸附而易被运输到植物体内。化合物被吸收到植物体后，植物根对有机物的吸收直接与有机物相对亲脂性有关。这些化合物一旦被吸收，会有多种去向：植物将其分解，并通过水质化作用使其成为植物体的组成部分；也可通过挥发、代谢或矿化作用使其转化成 CO_2 和 H_2O，或转化成为无毒性的中间代谢物如木质素，存储在植物细胞中，达到去除环境中有机污染物的目的。环境中大多数 BTEX 化合物、含氯溶剂和短链的脂肪化合物都通过这一途径除去。

有机污染物能否直接被植物吸收取决于植物的吸收效率、蒸腾速率以及污染物在土壤中的浓度。而吸收率反过来取决于污染物的物理化学特征、污染的形态以及植物本身特性。蒸腾率是决定污染物吸收的关键因素，其又取决于植物的种类、叶片面积、营养状况、土壤水分、环境中风速和相对湿度等。

2. 释放分泌物和酶去除环境中的有机污染物

植物可释放一些物质到土壤中，以利于降解有毒化学物质，并可刺激根际微生物的活性。这些物质包括酶及一些有机酸，它们与脱落的根冠细胞一起为根际微生物提供重要的营养物质，促进根际微生物的生长和繁殖，且其中有些分泌物也是微生物共代谢的基质。

3. 根际的矿化作用去除有机污染物

根际是受植物根系影响的根-土界面的一个微区，也是植物-土壤-微生物与环境条件相互作用的场所。由于根系的存在，增加了微生物的活动和生物量。微生物在根际区和根系土壤中的差别很大，一般为 $5 \sim 20$ 倍，有的高达 100 倍，微生物数量和活性的增长，很可能是使根际非生物化合物代谢降解的结果。而且植物的不同年龄，不同植物的根，有瘤或无瘤，根毛的多少以及根的其他性质，都可以影响根际微生物对特定有毒物质的降解速率。

微生物群落在植物根际区进行繁殖活动，根分泌物和分解物养育了微生物，而微生物的活动也会促进根系分泌物的释放。最明显的例子是有固氮菌的豆科植物，其根际微生物的生物量、植物生物量和根系分泌物都有增加。这些条件可促使根际区有机化合物的降解植物促进根际微生物对有机污染物的转化作用，已被很多研究所证实。植物根际的真菌与植物形成共生作用，有其独特的酶途径，用以降解不能被细菌单独转化的有机物。植物根际分泌物刺激了细菌的转化作用，在根区形成了有机碳，根细胞的死亡也增加了土壤有机碳。这些有机碳的增加可阻止有机化合物向地下水转移，也可增加微生物对污染物的矿化作用。

（四）植物修复技术的展望

1. 深化植物修复机理研究

当前对植物修复机理的研究大多还处于实验现象描述阶段，对机理的探讨带有猜测性。因此，迫切需要深入研究植物修复机理，尤其须加强研究植物体内和根际降解有机污染物的过程及机制。

2. 完善植物修复模型

当前的植物修复模型均基于较多假设，侧重于模拟植物吸收有机污染物的过程，较少涉及植物根际和植物体内对有机污染物的降解过程，适用范围不广。建立适用范围广的动态模拟整个植物修复过程（包括植物根系降解、体内代谢等）的模型具有重要的理论与实践意义。

3. 利用表面活性剂提高植物修复效率

表面活性剂可提高土壤中有机污染物的生物可给性，从而提高植物修复效率，但表面活性剂的最佳用量及如何减少其本身对植物和环境的影响等都有待进一步研究。

4. 加强复合有机污染植物修复研究

当前，植物修复研究大多针对单一有机污染物，但现实环境一般为复合有机污染，因此加强复合有机污染植物修复研究具有重要的现实意义：

四、微生物修复法

微生物修复是通过生物代谢作用或者其产生的酶去除污染物的方式。土壤微生物修复可以在好氧和厌氧的条件下进行，但是更普遍的是好氧生物修复。微生物修复需要适宜的温度、湿度、营养物质和氧浓度。土壤条件适宜时，微生物可以利用污染物进行代谢活动，从而将污染物去除。然而土壤条件不适宜时，微生物生长较缓慢甚至死亡。为了促进微生物降解，有时须向土壤中添加相应的物质，或者向土壤中添加适当的微生物。主要的微生物修复方式包括生物通风、土壤耕作、生物堆、生物反应器等。

微生物修复可分为原位和异位。原位土壤微生物修复是采用土著微生物或者注入培养驯化的微生物来降解有机污染物，强化方法有输送营养物质和氧气。异位土壤微生物修复是将土壤挖出，异位进行微生物降解。该法通常在三个典型的系统中进行：静态土壤反应堆、罐式反应器、泥浆生物反应器。静态生物反应堆是最普遍的形式，该方法将挖掘出的土壤堆积在处理场地，嵌入多孔的管子，作为提供空气的管道。为了促进吸附过程和控制排放，通常用覆盖层覆盖土壤生物堆。

第九章 大气环境、固体废物环境治理与修复

第一节 大气环境治理与修复

一、大气污染、污染物及其危害

（一）大气污染的概念与分类

1. 大气污染的概念

大气即空气，是维持一切生命所必需的基本条件。大气具有热量调节功能，为一切生物提供适宜的温度；大气通过自身的运动完成生态平衡所需要的热量、动量和水、汽的交换以及水源分布的循环、调节过程。大气还阻挡和稀释有害的宇宙射线和紫外线。

大气污染是指有毒、有害物质进入大气，导致大气的固有特性改变，从而危害人类健康和生命安全，以及其他生物生长的现象。关于大气污染，目前理论界以及实践中的认识比较一致，基本没有争议，大家比较认同的观点是：所谓大气污染是指由于人们的生产活动和其他活动，向大气环境排入有毒、有害物质，使大气的物理、化学、生物或者放射性等特性改变，导致生活环境和生态环境质量下降，进而危害人体健康、生命安全和财产损害的现象。一般来说，由于自然环境所具有的物理、化学和生物机能，会使自然过程造成的大气污染，在经过一定时间后能够自动消除（即生态平衡自动恢复）。从这个意义上我们不难看出，大气污染与人类的活动有着必然的联系，一般所讨论的大气污染也是由于人类活动干预或危及了大气环境状况。

人类是污染大气的实施主体，而大气污染则是人类向自然界排放各种废弃物质的必然结果。大气污染的特点是污染速度快，范围大，持续时间也比较长，是社会常见的公害之一。对于大气污染，不同学者有不同理解。有人认为，大气污染是指散播在大气中的有害气体及颗粒物质，积累到大气自净过程中稀释、沉降等作用已经不能再起作用的程度，在持续时间内有害于生物及非生物的现象。因此，只要因人类活动或自然过程引起某些物质进入大气中，呈现出足够的浓度，达到足够的时间，并因此危害了人类的舒适、健康和福

利，或者危害了环境的现象都属于大气污染。所谓对人类舒适、健康的危害，包括对人体正常身体机能的影响，引起急性病、慢性病，甚至死亡；而福利的影响则包括与人类协调并共存的生物、自然资源，以及财产、器物等。总体上，大气污染对人类与环境所造成的负面影响包括：对人体健康的危害、对生物体的危害（如放射性污染物的高能射线能破坏动植物的正常生理过程，甚至使基因产生突变）、对各类物品的危害（如酸雨能使建筑物表层剥落、褪色）、对全球气候变化的影响等。

理论上，自然过程与人类活动都会对大气环境产生影响，一般情况下，由自然过程所引起的大气污染，通过自然环境的自净化作用，经过一段时间后会自动消除，能维持生态系统的平衡。而因人类活动所产生的大气污染物，当污染物总量超过了环境的自净能力，往往很难通过自然的循环在一定时间内得以净化。大气污染与人类活动之间存在着密不可分的联系，人类是大气污染的实施主体与改良主体。大气污染的形成与危害程度，不是以大气存在某种有害物质来衡量的，而是以有害物质作用于生物与非生物的浓度和作用时间来评估的，因此，必须对大气污染物的来源、作用时间、具体影响等进行充分研究，制定有效的制度来应对大气污染。

2. 大气污染的分类

按照污染所涉及的范围，大气污染大致可分为如下四类：

（1）局部地区污染

指的是由某个污染源造成的较小范围内的污染。

（2）地区性污染

如工矿区及附近地区或整个城市的大气污染。

（3）广域污染

即超过行政区划的广大地域的大气污染，涉及的地区更加广泛。

（4）全球性污染或国际性污染

如大气中硫氧化物、氮氧化物、二氧化碳和飘尘的不断增加和输送所造成酸雨污染和大气的暖化效应，已成为全球性的大气污染。

按能源性质和污染物的种类，大气污染可分为如下四类：

①煤烟型（又称还原型）

由煤炭燃烧放出的烟尘、二氧化硫等造成的污染，以及由这些污染物发生化学反应而生成的硫酸及其硫酸盐类所构成的气溶胶污染物。20世纪中叶以前和目前仍以煤炭作为主要能源的国家和地区的大气污染属此类污染。

②石油型（又称汽车尾气型、氧化型）

由石油开采、炼制和石油化工厂的排气以及汽车尾气的碳氢化合物、氮氧化物等造成的污染，以及这些物质经过光化学反应形成的光化学烟雾污染。

③混合型

具有煤烟型和石油型的污染特点。在大气混合污染物中，多种污染物都以高浓度同时存在，它们之间相互耦合，发生复杂的化学反应，形成新的二次污染物。目前我国的一些城市空气中也存在较大量的煤炭和石油燃烧的污染物并存的现象。

④特殊型

特殊型指的是由工厂排放某些特定的污染物所造成的局部污染或地区性污染，其污染特征由所排污染物决定。例如，磷肥厂排出的特殊气体所造成的污染，氯碱厂周围易形成氯气污染等。

（二）大气污染物

1. 气态污染物

气态污染物主要有含硫化合物、含氮化合物、碳氢化合物、碳氧化合物、卤素化合物等。这些气态物质对人类生产、生活以及其他生物所产生的危害主要是其化学行为造成的。典型气体污染物如：

（1）二氧化硫

二氧化硫（SO_2）是含硫化合物中典型的大气污染物。在火山气体、煤和石油等化石燃料中都含有一定量的硫，通过燃烧90%以上的硫被氧化成二氧化硫。据统计，地球大气中有三分之一的二氧化硫是通过化石燃料燃烧排放的。

（2）碳氧化物燃料

燃烧是环境中的碳氧化物（CO 和 CO_2）的重要来源。在燃料燃烧中，氧气不充足就会产生一氧化碳（CO），氧气充足则生成二氧化碳（CO_2）。

CO 是一种无色、无味、毒性极强的气体，也是排放量最大的大气污染物之一。它的天然来源主要包括：甲烷的转化、海水中 CO 的挥发、植物的排放以及森林火灾和农业废弃物焚烧，其中以甲烷的转化最为重要。

CO_2 是一种无毒、无味的气体，对人体没有显著的危害作用。在大气污染问题中，CO_2 之所以引起人们的普遍关注，原因在于它能够吸收来自地面的 $13 \sim 17\mu m$ 的长波辐射，因而能够导致温室效应的发生，从而引发一系列的全球性环境问题。CO_2 的天然来源主要包括：海洋脱气、甲烷转化、动植物呼吸，以及腐败作用和燃烧作用。CO_2 的人为来源主要为矿物燃料的燃烧过程。

（3）氮氧化物

大气中存在的含量比较高的氮氧化物（NO_x）主要包括氧化亚氮（N_2O）、一氧化氮（NO）和二氧化氮（NO_2）。其中 N_2O 是低层大气中含量最高的含氮化合物。低层大气中的 N_2O 非常稳定，是停留时间最长的氮氧化物，一般认为其没有明显的污染效应。因此，这里主要讨论 NO 和 NO_2，化学式采用通式 NO_x 表示。NO 和 NO_2 是大气中主要的含氮污染物，它们的人为来源主要是燃料在空气中的燃烧，也可由氮肥厂、化工厂和黑色冶炼厂的"三废"排放引起。燃烧源可分为流动燃烧源和固定燃烧源。城市大气中的 NO_x（NO和 NO_2）一般有 2/3 来自汽车等流动燃烧源的排放，1/3 来自固定燃烧源的排放。

（4）碳氢化合物

碳氢化合物是大气中的重要污染物。大气中以气态形式存在的碳氢化合物的碳原子数主要为 1~10，包括具挥发性的所有烃类。其他碳氢化合物大部分以气溶胶形式存在于大气中。自然界中的碳氢化合物，主要由生物分解作用产生，而人为的碳氢化合物排入大气，主要是汽车尾气中烃类没有充分燃烧以及石油化工工业裂解石油时排出的废气所致。

（5）卤素化合物

在卤素化合物中，氟与氟化氢、氯与氯化氢是主要污染大气的物质，它们都有较强的刺激性、很大的毒性和腐蚀性，氟化氢可以腐蚀玻璃。卤素化合物一般是工业生产中排放出来的。如氯碱厂液氯生产排放的废气中，就含有 20%~50% 的氯气；提取金属钛时排放的废气中含有 12%~35% 的氯。氯最大的用途是用作漂白纸张、布匹，消毒饮用水等，现代氨碱工业和其他农药、造纸、纺织等工业生产中往往有大量的氯气排放，造成大气污染。氯气在潮湿的大气中，容易形成气溶胶状的盐酸雾粒子，这种酸雾有较强的腐蚀性。冶炼工业中电解铝和炼钢，化学工业中生产磷肥和含氟塑料时都要排放出大量的氟化氢和其他氟化物。

氟污染会给人体健康带来很大的威胁。氟可以和体内的钙、镁、锰等离子结合，抑制许多种酶，使骨细胞能量供应不足，造成骨细胞营养不良。氟化钙还可抑制骨磷酸化酶，使骨中钙代谢紊乱，钙的吸收和积蓄过程减缓，并可从骨组织中游离出来，导致形成氟骨症、氟斑齿症。此外，对造血系统（贫血）、泌尿系统、神经系统、心血管系统等也有影响。

2. 大气颗粒物

大气中除了氮气、氧气、氩气等气体以外，还有各种固体或液体微粒均匀地分散其中形成的一个庞大的分散体系，也可以称之为气溶胶体系。气溶胶体系中分散的各种粒子称为大气颗粒物，它们既可以是无机颗粒物，也可以是有机颗粒物，或者由两者共同组成；可以是无生命的，也可以是有生命的；可以是固态，也可以是液态。

随着近些年空气污染的加剧，大气中各种悬浮颗粒物含量的超标被笼统表述为雾霾。其中雾和霾的区别主要在于水分含量的多少：水分含量达到90%以上者称为雾；水分含量低于80%者称为霾；水分含量介于80%～90%之间者是雾和霾的混合物。雾和霾具有颜色上的区别：雾是乳白色、青白色，霾则是黄色、橙灰色。雾的边界很清晰，过了"雾区"可能就是晴空万里；但是霾则与周围环境边界不明显，城市化和工业化是霾产生的主要因素。在清洁大气中，大气颗粒物较少，而且是无毒的。

在污染大气中，大气颗粒物本身既可以成为一种污染物，同时又可以是重金属、多环芳烃等许多有毒物质的载体。大气颗粒物的污染特征与其物理化学性质以及所引起的大气非均相化学反应有着密切的关系，许多全球性环境问题（如臭氧层破坏、酸雨形成和烟雾事件）的发生都与大气颗粒物的环境作用有关。此外，大气颗粒物对于人体健康、生物效应以及气候变化也有独特的作用。因此，自20世纪90年代以来大气颗粒物已成为大气化学研究的最前沿领域。

（三）大气污染的危害

1. 对人体健康的危害

大气污染对人体健康的危害包括急性和慢性两个方面。急性危害一般出现在污染物浓度较高的工业区及其附近。慢性危害是在大气污染物直接或间接的长期作用下，对人体健康造成的危害。这种危害短期表现不明显，也不易觉察。

人需要呼吸空气以维持生命。一个成年人每天呼吸2万多次，吸入空气达$15～20m^3$。因此，被污染了的空气对人体健康有直接的影响。大气污染物对人体的危害主要表现是呼吸道疾病与生理机能障碍，以及眼鼻等黏膜组织受到刺激而患病。大气中污染物的浓度很高时，会造成急性污染中毒，或使病状恶化，甚至在几天内夺去人的生命。其实，即使大气中污染物浓度不高，但人体成年累月呼吸这种污染了的空气，也会引起慢性支气管炎、支气管哮喘、肺气肿及肺癌等疾病。

2. 对动植物的危害

大气污染物危害动植物的生存、发育和对病虫害的抵抗能力。对植物危害较大的大气污染物主要有二氧化硫、氟化物、二氧化氮、臭氧、氯气和氯化氢等。大气污染物对植物的主要伤害是植物的叶面，植物长期处在高浓度污染物的影响下，会使植物叶表面产生伤斑或坏死斑，甚至直接使植物叶面枯萎脱落；植物长期处在低浓度污染物的影响下，使植物的叶、茎褪绿，减弱光合作用，影响植物的生长，使植物生长减弱，抵抗病虫害的能力减弱，发病率提高。

大气污染物对动物的伤害主要是呼吸道感染和摄入被污染的食物和水，最终使动物体质变弱，危害动物的正常生长，以致死亡。

3. 对器物和材料的损害

大气污染物对金属制品、油漆涂料、皮革制品、纸制品、纺织品、橡胶制品和建筑材料等的损害也十分严重。这些损害包括占沾污性损害和化学性损害两方面。沾污性损害是大气中的尘、烟等粒子落在器物上等造成的，有的可以清扫冲洗去除，有的就很难去除。化学性损害是污染物与器物发生化学作用，使器物腐蚀变质，如硫酸雾、盐酸雾、碱雾等使金属产生产重腐蚀，使纺织品、皮革制品等腐蚀破碎，使金属涂料变质。

4. 对农林水产的危害

大气污染物对我国农业、林业和水产业造成严重的危害，特别是农业和林业受害最大，由 SO_2、NO_x 造成的酸雨导致农业减产、林木衰败、水生生物不能正常生长。

5. 对能见度的影响

大气污染最常见的后果是大气能见度下降。对大气能见度或清晰度影响的污染物，一般是气溶胶粒子，以及能通过大气反应生成气溶胶粒子的气体或有色气体等。能见度降低不仅使人感到郁闷，造成极大的心理影响，而且还会造成安全方面的公害。

6. 对气候的影响

大气污染物不仅污染低层大气，而且能对上层大气产生影响，形成酸雨、破坏臭氧层、气温升高等全球性环境问题，给人类带来更严重的危害。

酸雨通常指 pH 低于 5.6 的降水，但现在泛指酸性物质以湿沉降或干沉降的形式从大气转移到地面上。湿沉降是指酸性物质随雨、雪等降落到地面，干沉降是指酸性颗粒物以重力沉降、微粒碰撞和气体吸收等形式由大气转移到地面。酸雨的危害主要表现在土壤、河流湖泊酸化，农作物减产，森林衰亡，水生生物不能正常生长，严重腐蚀材料、建筑物和文化古迹，造成巨大损失。

在高度 10~50km 的大气圈平流层中，由于强紫外线的作用，O_2 分解生成的原子氧与 O_2 反应生成 O_3；而 O_3 吸收紫外线分解，这种生成与分解达到平衡，在平流层形成臭氧层。臭氧能吸收 99% 以上来自太阳的紫外线辐射，保护地球上的生命。臭氧层的破坏将对地球上的生命系统构成极大的威胁。臭氧层的破坏，大量紫外线辐射将到达地面，危害人类健康。据科学家的预测，如果平流层的臭氧总量减少 1%，则到达地面的太阳紫外线辐射量将增加 2%，皮肤癌的发病率增加 2%~5%，白内障患者将增加 0.2%~1.6%。另外，紫外线辐射增大，也会对动植物产生影响，危及生态平衡。臭氧层的破坏还会导致地球气候出现异常，由此带来灾难。

随着人类生产和生活活动的规模越来越大，向大气中排放的温室气体远远超过了自然所能消纳的能力，结果使全球气温也不断上升，形成所谓的"温室效应"。温室效应的结果，使地球上的冰川大部分后退，海平面上升，影响自然生态系统，加剧洪涝、干旱及其他气象灾害，加大人类疾病危害的概率。

二、生态型大气污染治理与修复的技术及设备

（一）气态污染物的吸收净化技术与设备

1. 气态污染物的吸收净化工艺

（1）烟气的预冷却

生产过程产生的高温烟气须预先冷却到适当温度，一般为333K左右后再进行吸收，常用的冷却方法有：

①直接增湿冷却，即用水直接喷入烟气管道中增湿降温。方法虽简单，但要考虑水冲管壁和形成酸雾腐蚀设备，以及可能造成沉积物阻塞管道和设备等问题。

②在低温热交换器中间接冷却。此法回收余热不多，而所需热交换器太大，若有酸性气体易冷凝成酸性液体而腐蚀设备。

③用预洗涤塔（或预洗涤段）冷却，同时实现降温与除尘，是目前广为采用的方法。

（2）烟气的除尘

某些废气除含有气态污染物外，还常含有一定的烟尘，所以在吸收之前应设置专门的高效除尘设备，如用预洗涤塔同时降温除尘。

（3）设备和管道的结垢与堵塞

结垢和堵塞是影响吸收装置正常运行的主要原因。首先要清楚结垢的机理、影响结垢和造成堵塞的原因，然后有针对性地从工艺设计、设备结构、操作控制等方面来解决。虽然各种净化方法造成的结垢机理不同，但防止结垢的方法和措施却大体相同，如控制溶液或料浆中水分的蒸发量，控制溶液的pH值，控制溶液中易于结晶物质不要过于饱和，严格控制进入吸收系统的尘量，改进设备结构设计，选择不易结垢和堵塞的吸收器等。

（4）除雾

任何湿式洗涤系统都有产生"雾"的问题。雾除了含有水分，还含有溶解了气态污染物的盐溶液。雾中液滴的直径多在10~60mm，所以在工艺上要对吸收设备提出除雾的要求。

（5）气体的再加热

用湿法处理烟气时，经吸收净化后排出的气体，由于温度低，热力抬升作用减少，扩散能力降低，为降低污染，应尽量升高吸收后尾气的排放温度以提高废气的热力抬升高

度，有利于减少废气对环境的污染。如有废热可利用时，可将其用来加热原烟气，使之温度升高后再排空。

（6）塔内降温

为了解决反应过程中产生的热量以降低吸收温度，通常在吸收塔内安置冷却管。

（7）富液的处理

吸收操作不仅达到净化废气的目的，而且还应合理地处理吸收废液。若将吸收废液直接排放，不仅浪费资源，而且更重要的是其中的污染物转入水体中易造成二次污染，达不到保护环境的目的。所以，在采用吸收法净化气态污染物的流程中，须同时考虑气态污染物的吸收及富液的处理问题。如用碳酸钠溶液吸收废气中的 SO_2，就须考虑用加热或减压再生的方法脱除吸收后的 SO_2，使吸收剂恢复吸收能力，可循环使用，同时收集排出的 SO_2，既能消除 SO_2 污染，净化了空气，同时又可以达到废物资源化（SO_2 可用于制备硫酸等）的目的。

2. 气态污染物的吸收净化设备

（1）吸收净化设备的类型

在气态污染物净化中，因气体量大而浓度低，所以常选用以气相为连续相、湍流程度高、相界面大的吸收设备。

工业气态污染物吸收设备结构形式有多种，常用的有填料吸收塔、板式吸收塔、各种喷雾塔，另外还有喷淋吸收塔和文丘里吸收器。填料塔内充填了许多薄壁环形填料，从塔顶淋下的溶剂在下流过程中沿填料的各处表面均匀分布，并与自下而上的气流很好的接触，此种设备由于气、液两相不是逐次而是连续接触，因此这类设备称为连续（微分接触）式设备。板式塔内各层塔板之间有溢流管，吸收液从上层向下层流动，板上设有若干通气孔，气体由此自下层向上层流动，在塔板内分散成小气泡，两相接触面积增大，湍流程度增强，气、液两相逐级接触，两相组成沿塔高呈阶梯式变化，因此这类设备称为逐级接触（级式接触）设备。

（2）吸收净化机械设备的结构

①填料吸收塔

填料塔以填料作为气液接触的基本构件，塔体为直立圆筒，筒内支撑板上堆放一定高度的填料。气体从塔底送入，经填料间的空隙上升。吸收剂自塔顶经喷淋装置均匀喷洒，沿填料表面下流。填料的润湿表面就成为气液连续接触的传质表面，净化气体最后从塔顶排出。填料塔具有结构简单、操作稳定、适用范围广、便于用耐腐蚀材料制造、压力损失小、适用于小直径塔等优点。塔径在 800mm 以下时，较板式塔造价低、安装维修容易，但用于大直径塔时，则存在效率低、质量大、造价高及清理检修麻烦等缺点。随着新型高效、高负荷填料的研发，填料塔的适用范围在不断扩大。

②湍球吸收塔

湍球塔是高效吸收设备，属于填料塔中的特殊塔型。它是以一定数量的轻质小球作为气液两相接触的媒体。塔内装有开孔率较高的筛板，一定数量的轻质小球置于筛板上。吸收液从塔上部的喷头均匀地喷洒在小球表面，而需要处理的气体由塔下部的进气口经导流叶片和筛板穿过湿润的球层。当气流速度达到足够大时，小球在塔内湍动旋转，相互碰撞。气、液、固三相接触，由于小球表面的液膜不断更新，使得废气与新的吸收液接触，增大了吸收推动力，提高了吸收效率。净化后的气体经过除雾器脱去湿气，从塔顶部的排出管排出塔体。

湍球塔的优点是气流速度高、处理能力大、设备体积小、吸收效率高；能同时对含尘气体进行除尘；由于填料剧烈的湍动，一般不易被固体颗粒堵塞。其缺点是随着小球运动，有一定程度的返混；段数多时阻力较高；塑料小球不能承受高温，且磨损大，使用寿命短，须经常更换。湍球塔常用于处理含颗粒物的气体或液体以及可能发生结晶的过程。

③板式吸收塔

板式吸收塔通常是由一个呈圆柱形的壳体和沿塔高按一定间距水平设置的若干层塔板所组成。操作时，吸收剂从塔顶进入，依靠重力作用由顶部逐板流向塔底排出，并在各层塔板的板面上形成流动的液层；气体由塔底进入，在压力差的推动下，由塔底向上经过均布在塔板上的开孔，以气泡形式分散在液层中，形成气液接触界面很大的泡沫层。气相中部分有害气体被吸收，未被吸收的气体经过泡沫层后进入上一层塔板，气体逐板上升与板上的液体接触，被净化的气体最后从塔顶排出。

板式吸收塔的类型很多，主要按塔内所设置的塔板结构不同分为有降液管和无降液管两大类。在有降液管的塔板上，有专供液体流通的降液管，每层板上的液层高度可以由溢流挡板的高度调节，在塔板上气液两相呈错流方式接触，常用的板型有泡罩塔、浮阀塔和筛板塔等；在无降液管的塔板上，没有降液管，气液两相同时逆向通过塔板上的小孔呈逆流方式接触，常用的板型有筛孔和栅条等形式。除此以外，还有其他类型的塔盘，如导向筛板塔、网孔塔、旋流板塔等。与填料塔相比，板式塔的空塔速度高，因而生产能力大，但压降较高。直径较大的板式塔，检修清理较容易，造价较低。在大气污染治理中用得比较多的板式塔主要是筛板塔和旋流板塔。

④喷淋（雾）吸收塔

喷淋塔结构简单、压降低、不易堵塞、气体处理能力大、投资费用低。其缺点是效率较低、占地面积大，气速大时，雾沫夹带较板式塔重。在喷淋塔内，液体呈分散相，气体为连续相，一般气液比较小，适用于极快或快速化学反应吸收过程。为保证净化效率，应注意使气、液分布均匀、充分接触。喷淋塔通常采用多层喷淋，旋流喷淋塔可增加相同大小的塔的传质单元数，卧式喷淋塔的传质单元数较少。喷淋塔的关键部件是喷嘴。

目前，国内外大型锅炉烟气脱硫大部分采用直径很大（>10m）的喷淋塔，由于新的通道很大的大型喷头的使用，尽管钙法脱硫液中悬浮物的体积分数高达20%~25%，也不会堵塞。一般采用很大的液气比以弥补喷淋塔传质效果差的不足。

机械喷洒吸收器是利用机械部件回转产生的离心力，使液体向四周喷洒而与气体接触。其特点是效率高、压降低，适合于用少量液体吸收大量的气体；缺点是结构复杂，需要较高的旋转速度，因此消耗能量较多，同时它还不适用于处理强腐蚀性的气体和液体。带有浸入式转动锥体的吸收器，通过附有圆锥形喷洒装置的直轴转动，从而将液体喷散，达到气液两相接触进行传质。气体是沿盘形槽间曲折孔道通过机械喷洒吸收器。当液体自上而下通过各层盘形槽流动时，附着于轴上的喷洒装置将液体截留，使其沿机械喷洒吸收器的横截面方向喷洒。这样，不仅使液体通过机械喷洒吸收器的时间延长，更重要的是，能使气液两相密切接触。

⑤连续鼓泡层吸收塔

在鼓泡吸收塔的圆柱形塔内存有一定量的液体，气体从下部多孔花板下方通入，穿过花板时被分散成很细的气泡，在花板上形成一鼓泡层，使气液间有很大的接触面。由于该塔型可以保证足够的液相和足够的气相停留时间，故它适于进行中速或慢速反应的化学吸收。鼓泡塔中易发生纵向环流，导致液体在塔内上下翻滚搅动、纵向返混，效率降低，可采用塔内分段或设置内部构件、加入填料等措施减少返混的影响。

鼓泡塔中液体可以流动，也可以不流动；液体与气体可以逆流，也可以并流。鼓泡塔的空塔速度通常较小（一般为30~1000m/h）不适宜处理大流量气体；压力损失主要取决于液层高度，通常较大。国内有用鼓泡塔进行废气治理（如软锰矿浆处理含SO_2烟气）的报道，治理效果很好。

⑥文丘里吸收塔

文丘里吸收塔有多种形式。气体引流式文丘里吸收器，依靠气体带动吸收液进入喉管，与气体接触进行吸收。液体引射式文丘里吸收器是靠吸收液引射气体进入喉管的吸收器，这样可以省去风机，但液体循环能量消耗大，仅适用于气量较小的场合，气量大时，需要几台文丘里吸收器并联使用。

在文丘里吸收器中，由于喉管内气速低，一般为20~30m/s，液气比要较文丘里除尘器的高得多，通常为5.5~11L/m^3。文丘里吸收器是一种并流式吸收器，随着气体分子不断被吸收，逐渐接近平衡浓度，直到没有更多地吸收发生为止。

（二）气态污染物的吸附净化技术与设备

1. 气态污染物的吸附净化工艺

（1）固定床吸附工艺流程

在废气治理中最常用的是将两个以上固定床，组成一个半连续式吸附工艺流程。废气连续通过床层，当一个达到饱和时，就切换到另一个吸附器进行吸附，而吸附达到饱和的吸附床则进行再生和干燥、冷却，以备重新使用。

（2）移动床吸附工艺流程

吸附气态污染物后的吸附剂，送入脱附器中进行脱附，脱附后的吸附剂再返回吸附器循环使用。该流程的特点是吸附剂连续吸附和再生，向下移动的吸附剂与待净化气体逆流（或错流）接触进行吸附。

（3）流化床吸附工艺流程

吸附剂在多层流化床吸附器中，借助于被净化气体的较大的气流速度，使其悬浮呈流态化状态。

2. 气态污染物的吸附净化设备

（1）吸附净化设备的类型

吸附净化设备，按吸附操作的连续与否可分为间歇吸附、半连续吸附和连续吸附；按照吸附剂在吸附器中的工作状态，吸附设备可分为固定床吸附器、移动床吸附器、流化床吸附器和旋转床吸附器等类型。按吸附床再生的方法又可分为升温解吸循环再生（变温吸附）、减压循环再生（变压吸附）和溶剂置换再生等。

（2）几种吸附净化设备的结构

①固定床吸附器

固定床吸附器是一种最古老的吸附装置，但目前仍然应用最广。固定床吸附器内的吸附剂颗粒均匀地堆放在多孔支撑板上，成为固定吸附剂床层，仅是气体流经吸附床，根据气流流动方向的不同，固定床可分为立式、卧式和环式三种。其中一段式固定床层厚为1m 左右，适用于浓度较高的废气净化，其他形式固定床层厚约为 0.5m，适用于浓度较低的废气净化。由于固定床吸附器的结构简单、工艺成熟、性能可靠，特别适用于小型、分散、间歇性的污染源治理。

②移动床吸附器

移动床吸附器内固体吸附剂在吸附床上不断地移动，一般固体吸附剂是由上向下移动，而气体或液体则由下向上流动，形成逆流操作。吸附剂在下降过程中，经历了冷却、降温、吸附、增浓、汽提、再生等阶段，在同一装置内交错完成了吸附、脱附过程。如果被净化气体或液体是连续而稳定的，固体和流体都以恒定的速度流过吸附器，其任一断面的组分都不随时间而变化，即操作达到了连续与稳定的状态。适用于稳定、连续、量大的废气净化。其缺点是动力和热量消耗较大，吸附剂磨损严重。

③流化床吸附器

在流化床吸附器内，废气以较高的速度通过床层，使吸附剂呈悬浮状。流化床吸附器的吸附段和脱附段设在一个塔内，塔上部为吸附工作段，下部为脱附工作段。气体混合物从塔的中间进入吸附段，与多孔板上较薄的吸附剂层逆流接触，吸附剂颗粒通过溢流管从上一块板位移到下一块板。经再生的吸附剂由空气提升到吸附段顶部循环使用，这种流化床的缺点是由床层流态化造成的吸附剂磨损较大，动力和热量消耗较大，吸附剂强度要求高。与固定床相比，流化床所用的吸附剂粒度较小，气流速度要大 3~4 倍以上，气、固接触相当充分，吸附速度快，流化床吸附器适用于连续、稳定的大气量污染源治理。

④旋转床吸附器

旋转床吸附器由能旋转的吸附转筒、外壳、过滤器、冷却器、分离器、通风机等部分组成，可用来净化含有机溶剂的废气。此设备在圆鼓上按径向以放射性分成若干个吸附室，各室均装满吸附剂，待净化的废气从圆鼓外环室进入各吸附室，净化后不含溶剂的空气从鼓心引出。再生时，吹扫蒸气自鼓心引入吸附室，将吸附的溶剂吹扫出去，经收集、冷凝、油水分离后，有机溶剂可回收利用。蒸气吹扫之后，吸附剂没有冷却，因而温度可能较高，吸附程度可能受到一定的影响，这是一个缺点。但是，旋转床解决了移动床吸附剂移动时的磨损问题。为了保证废气净化达到要求的程度，吸附操作在吸附剂未饱和前，就应进入再生。

这种吸附器的优点是能实现连续操作，处理气量大，易于实现自动控制，且气流压力损失小，设备紧凑。其缺点是动力耗损大，并需要一套减速传动机构，转筒与接管的密封比较复杂。

（三）气态污染物的生物净化技术与设备

1. 气态污染物的生物净化工艺

（1）洗涤工艺

生物洗涤工艺一般由吸收器和废水生物处理装置组成。气态污染物从吸收器底部通入，与水逆流接触，污染物被水或生物悬浮液吸收后由顶部排出，污染了的水从吸收器底部流出，进入生物反应器经微生物再生后循环使用。

目前，生物洗涤工艺常用的方法如下：

①活性污泥法

利用污水处理厂剩余的活性污泥配制混合液，作为吸收剂处理废气。活性污泥混合液对废气的净化效率与活性污泥的浓度、pH 值、溶解氧、曝气强度等因素有关，还受营养盐的投入量、投加时间和投加方式的影响。在活性污泥中添加 5%（质量分数）粉状活性炭，能提高分解能力，并起消泡作用。吸收设备可用喷淋塔、板式塔或鼓泡反应器等。该方法对脱除复合型臭气效果很好，脱除效率可达 99%，而且能脱除很难治理的焦臭。

②微生物悬浮法

用由微生物、营养物和水组成吸收剂处理废气。该方法的原理、设备和操作条件与活性污泥法基本相同，由于吸收液接近清液，设备堵塞可能性更少，适合于吸收可溶性气态污染物。

（2）过滤工艺

废气首先经过预处理，然后经过气体分布器进入生物过滤器，废气中的污染物从气相主体扩散到介质外层的水膜而被介质吸收，同时氧气也由气相进入水膜，最终介质表面所附的微生物消耗氧气而把污染物分解或转化为二氧化碳、水和无机盐类。微生物所需的营养物质则由介质自身供给或外加。生物滤池由滤料床层（生物活性充填物）、砂砾层和多孔布气管等组成。多孔布气管安装在砂砾层中，在池底有排水管排出多余的积水。

按照所用的固体滤料的不同，生物滤池分为土壤滤池、堆肥滤池、生物过滤箱和生物滴滤池。

2. 气态污染物生物净化反应器

在气态污染物生物处理过程中，根据系统中微生物的存在形式，可将生物处理工艺分成悬浮生长系统和附着生长系统。悬浮生长系统的微生物及其营养物存在于液体中，气相中的有机物通过与悬浮液接触后转移到液相，从而被微生物降解，其典型的形式有鼓泡塔、喷淋塔及穿孔板塔等生物洗涤器。而附着生长系统中微生物附着生长于固体介质表面，气态污染物通过由滤料介质构成的固定床层时，被吸附、吸收，最终被微生物降解。典型的形式有土壤、堆肥、填料等材料构成的生物过滤塔。生物滴滤塔则同时具有悬浮生长系统和附着生长系统的特性。

按照生物净化反应器中的液相是否流动以及微生物群落是否固定，反应器可分为三类：生物过滤器、生物洗涤器、生物滴滤器。

（1）生物洗涤器（也称生物吸收塔）

生物洗涤器是利用由微生物、营养物和水组成的微生物吸收液处理废气，适合于吸收可溶性气态污染物。吸收了废气的含微生物混合液再进行好氧处理，去除液体中吸收的污染物，经处理后的吸收液再循环使用。因此，该工艺通常由吸收或吸附与生物降解两部分组成。当气相的传质速度大于生化反应速度时，可视为一个慢化学反应吸收过程，一般可采用这一工艺。其典型的形式有喷淋塔、鼓泡塔及穿孔板塔等生物洗涤器。

（2）生物过滤器（也称生物滤池）

含有机污染物的废气经过过滤器中的增湿器，具有一定的湿度后，进入生物过滤器，通过约 0.5~1m 厚的生物活性填料，有机污染物从气相转移到生物层，进而被氧化分解。在目前的生物净化有机废气领域，该法应用最多，其净化效率一般在 95% 以上。生物活性填料是由具有吸附性的滤料（土壤、堆肥、活性炭等），附着能降解、转化有机物的微生物构成的。滤料不同，脱除效果及适宜的工艺参数也有所不同，可分为土壤过滤及堆肥过滤两种。

（3）生物滴滤器（生物滴滤池）

生物滴滤器由生物滴滤池和贮水槽构成。生物滴滤池内充以粗碎石、塑料、陶瓷等一类不具吸附性的填料，填料表面是微生物体系形成的几毫米厚的生物膜。填料比表面积为 $100~300m^2/m^3$，这样的结构使得气体通道较大，压降较小，不易堵塞。

与生物滤池相比，生物滴滤池的工艺条件可以很容易地通过调节循环液的 pH 值、温度来控制，因此，滴滤池很适宜于处理含卤代烃、硫、氮等有机废气的净化，因为这些污染物经氧化分解后有酸产生。同时，由于生物滴滤池的单位体积填料层内微生物浓度较高，处理废气的能力是相应的生物滤池的 2~3 倍。

（四）粉尘污染物治理技术与设备

1. 机械式除尘技术与设备

（1）重力沉降

①粉尘沉降原理

重力沉降室是通过尘粒自身的重力作用使其从气流中分离的简单除尘装置。含尘气流在风机的作用下进入沉降室后，由于突然扩大了过流面积，使得含尘气体在沉降室内的流速迅速下降。开始时尽管尘粒和气流具有相同的速度，但气流中较大的尘粒在重力作用下，获得较大的沉降速度，经过一段时间之后，尘粒降至室底，从气流中分离出来，从而达到除尘的目的。

②重力沉降室结构

重力沉降室的结构通常可分为水平气流沉降室和垂直气流沉降室两种。常见的垂直气流沉降室有屋顶式沉降室、扩大烟管式沉降室和带有锥形导流器的扩大烟管式沉降室等三种结构形式。

水平气流沉降室在运行时，都要在室内加设各种挡尘板，以提高除尘效率。根据实验测试，以采用人字形挡板和平行隔板结构形式的除尘效率较高，这是因为人字形挡板能使刚进入沉降室的气体很快扩散并均匀地充满整个沉降室，而平行隔板可减少沉降室的高度，使粉尘降落的时间减少，致使相同沉降室的除尘效率一般比空沉降室提高15%左右。沉降室也可用喷嘴喷水来提高除尘效率，例如以电场锅炉烟气为试样，在进口气速为0.538m/s时，其除尘效率为77.6%，增设喷水装置后，除尘效率可达88.3%。

（2）惯性除尘

①惯性沉降原理

惯性除尘器的主要除尘机理是惯性沉降。通常认为，气流中的颗粒随着气流一起运动，很少或不产生滑动。但是，若有一静止的或缓慢运动的如液滴或纤维等障碍物处于气流中时，则成为一个靶子，使气体产生绕流，使某些颗粒沉降到上面。颗粒能否沉降到靶上，取决于颗粒的质量及相对于靶的运动速度和位置。

②惯性除尘器结构

a. 碰撞式惯性除尘器

碰撞式惯性除尘器又称冲击式惯性除尘器，是在含尘气流前方加挡板或其他形状的障碍物。碰撞式惯性除尘器可以是单级型，也可以是多级型，但碰撞级数不宜太多，一般不超过3~4级，否则阻力增加很多，而效率提高不显著。还可以为迷宫型，可有效防止已捕集粉尘被气流冲刷而再次飞扬。这种除尘器安装的喷嘴可增加气体的撞击次数，从而提高除尘效率。

b. 折转式惯性除尘器

弯管型和百叶窗型折转式惯性除尘器与冲击式惯性除尘器一样，常用于烟道除尘。百叶窗型折转式惯性除尘器常用作浓聚器，常与另一种除尘器串联使用，它是由许多直径逐渐变小的圆锥体组成，形成一个下大上小的百叶式圆锥体，每个环间隙一般不大于6mm，以提高气流折转的分离能力。一般情况，90%的含尘气流通过百叶之间的缝隙，通常急折转150°，粉尘撞击到百叶的斜面上，并返回到中心气流中；粉尘在剩余10%的气流中得到浓缩，并被引到下一级高效除尘器。

多层隔板塔型除尘器主要用于烟尘分离，它能捕集几个微米粒径雾滴。通常压力损失在1000Pa左右。在没有装填料层的隔板塔中，空塔速度为1~2m/s，压力损失为200~300Pa。

含尘气流撞击或改变方向前的速度越高，方向转变的曲率半径越小，转变次数越多，则净化率越高，但压力损失越大。

惯性除尘器宜用于净化密度和粒径较大的金属或矿物粉尘，对于黏性和纤维性粉尘，因易堵塞，不宜采用。由于气流方向改变的次数有限，净化效率不高，也多用于多级除尘的第一级，捕集 $10 \sim 20\mu m$ 以上的粗尘粒，除尘效率约为70%，其压力损失依形式而异，一般为 $100 \sim 1000Pa$。

2. 湿式除尘技术与设备

（1）除尘机理

湿式除尘器内含尘气体与水或其他液体相碰撞时，尘粒发生凝聚，进而被液体介质捕获，达到除尘目的。气体与水接触有以下过程：尘粒与预先分散的水膜或雾状液相接触；含尘气体冲击水层产生鼓泡形成细小水滴或水膜；较大的粒子在与水滴碰撞时被捕集，捕集效率取决于粒子的惯性及扩散程度。

因为水滴与气流间有相对运动，气体与水滴接近时，气体改变流动方向绕过水滴，而尘粒受惯性力和扩散的作用，保持原轨迹运动与水滴相撞。这样，在一定范围内尘粒都有可能与水滴相撞，然后由于水的作用凝聚成大颗粒，被水流带走。通常情况下，水滴小且多，比表面积加大，接触尘粒机会就多，产生碰撞、扩散、凝聚效率也高；尘粒的容重、粒径以及与水滴的相对速度越大，碰撞、凝聚效率就越高；但液体的黏度、表面张力越大，水滴直径大，分散不均匀，碰撞凝聚效率就越低；亲水粒子比疏水粒子容易捕集，这是因为亲水粒子很容易通过水膜的缘故。

（2）湿式除尘器结构

湿式除尘器的主要结构由烟气进口、分流板净化室、沉淀池、撞击脱水板、防雾格栅、烟气出口、溶液箱、除灰机等部分组成。湿式除尘器的种类很多，不同类型有不同的结构。

①重力喷雾塔洗涤器

重力喷雾塔洗涤器是湿式除尘器中构造最简单的一种，也称喷雾塔。在塔内，含尘气体通过喷淋液体所形成的液滴空间时，由于尘粒和液滴之间的碰撞、拦截和凝聚等作用，使较大较重的尘粒靠重力作用沉降下来，与洗涤液一起从塔底排走。为了防止气体出口夹带液滴，常在塔顶安装除雾器，经除雾后净化的气体从上部排入大气，从而实现除尘的目的。

重力喷雾塔洗涤器按其内截面形状，可分为圆形和方形两种。根据除尘器中含尘气体与捕集粉尘粒子的洗涤液运动方向的不同可分为交叉流、向流和逆流三种不同类型的喷淋洗涤除尘器。在实际应用中多用气液逆流型洗涤器，很少用交叉流型洗涤器。向流型喷淋洗涤器主要用于使气体降温和加湿等过程。重力喷雾塔洗涤器的压力损失较小，一般在

250Pa 以下，操作方便、运行稳定，但净化效率低（对于小于 10μm 尘粒捕集效率较低），耗水量大，设备庞大，占地面积较大，与高效除尘器联用，起预净化和降压、加湿等烟气调质作用；也可处理含有害气体的烟气。

②湿式离心除尘器

湿式离心除尘器可分为两类，一类是借助离心力加强液滴与粉尘粒子的碰撞作用，达到高效捕尘的目的，如中心喷水切向进气的旋风洗涤器、用导向机构使气流旋转的除尘器、周边喷水旋风除尘器等。另一类是使粉尘粒子借助于气流做旋转运动所产生的离心力冲击于被水湿润的壁面上，从而被捕获的离心除尘器。如立式旋风水膜除尘器和卧式旋风水膜除尘器。

③泡沫式除尘器

泡沫式除尘器是依靠含尘气体流经筛板产生的泡沫捕集粉尘的除尘器，又称泡沫洗涤器，简称泡沫塔。这类除尘器一般分为无溢流泡沫除尘器和有溢流泡沫除尘器两类。

泡沫式除尘器通常制造成塔的形式，根据允许压力降和除尘效率，在塔内设置单层或多层塔板。塔板通常为筛板，通过顶部喷淋（无溢流）或侧部供水（有溢流）的方式，保持塔板上具有一定高度的液面。含尘气流由塔下部导入，均匀通过筛板上的小孔而分散于液相中，同时产生大量的泡沫，增加了两相接触的表面积，使尘粒被液体捕集。被捕集下来的尘粒，随水流从除尘器下部排出。

有溢流泡沫除尘器利用供水管向筛板供水。通过溢流堰维持塔板上的液面高度，液体横穿塔板经溢流堰和溢流管排出。筛孔直径为 4~8mm，开孔率为 20%~25%，气流的空塔速度为 1.5~3.0m/s，耗水量为 0.2~0.3L/m³。

无溢流泡沫除尘器采用顶部喷淋供水，筛板上无溢流堰，筛孔直径为 5~10mm，开孔率为 20%~30%，气流的空塔速度为 1.5~3.0m/s，含尘污水由筛孔漏至塔下部污泥排出口。泡沫式除尘器的除尘效率取决于泡沫层的厚度，泡沫层越厚，除尘效率越高，阻力损失就越大。

④文丘里洗涤器

湿式除尘器要想得到较高除尘效率，必须实现较高的气液相对运动速度和非常细小的液滴，文丘里洗涤器就是基于这个原理发展起来的。文丘里洗涤器是一种高效湿式洗涤器，常用于除尘和高温烟气降温，也可用于吸收液态污染物。对 0.5~5μm 的尘粒，除尘效率可达 99% 以上。但阻力较大，运行费用较高。

第二节 固体废物环境治理与修复

一、固体废物的分类、特点与危害

（一）固体废物的分类

1. 按固体废物的化学特性划分

按固体废物的化学特性，可分为无机废物和有机废物两大类。有机废物又可分为快速降解有机物、缓慢降解有机物和不可降解有机物。例如，食品废物、纸类等属于快速降解有机物，皮革、橡胶和木头等属于慢速降解有机物，而聚乙烯薄膜和聚苯乙烯泡沫塑料餐盒等为不可降解有机物。

2. 按固体废物的物理形态划分

按固体废物的物理形态，可分为固体（块状、粒状、粉状）的和泥状（污泥）的废物。有些废物的使用价值与其形状有很大关系。例如，发电厂燃煤产生的粉煤灰作为脱硫剂原料，颗粒大小、空隙率、孔径大小及比表面积等都是重要参数。

3. 按固体废物的危害性划分

按固体废物的危害性，可分为有害废物（指腐蚀、腐败、剧毒、传染、自燃、爆炸、放射性等废物）和一般废物。

4. 按来源不同划分

按来源不同，可分为矿业固体废物、工业固体废物、城市垃圾、农业固体废物和危险废物。

（1）矿业固体废物

矿业固体废物主要是矿业开采和矿石洗选过程中产生的废物，包括煤矸石、废石和尾矿。煤矸石是在成煤过程中与煤层伴生的一种含碳量低、比较坚硬的黑色岩石，是在采煤和洗煤过程中排放出来的固体废物；废石是指各种金属、非金属矿山开采过程中从主矿上剥离下来的各种围岩；尾矿是在选矿过程中提取精矿以后剩下的尾渣。

（2）工业固体废物

工业固体废物是指工业生产过程和工业加工过程中产生的废渣、粉尘、碎屑、污泥等。

（3）城市固体废物

城市固体废物主要为居民生活垃圾、粪便、建筑垃圾、绿地落叶、街道清洁物、商业清洁物、商业废旧机具等。主要来自城镇居民生活、养殖和加工过程，及商业、机关、街道。

（4）农业固体废物

农业固体废物是指农业生产、畜禽饲养、农副产品加工以及农村居民生活活动排出的废物，如植物秸秆、腐烂的蔬菜和水果、果树枝、糠秕、落叶等植物肥料以及人和畜禽粪便、农药、农用塑料薄膜等。

（5）放射性固体废物

放射性固体废物包括核燃料的生产和加工，同位素的应用，核电站、核研究机构、医疗单位、放射性废物处理设施产生的废物。如从含铀矿石提取铀的过程中产生的废矿渣；受人工或天然放射性物质污染的废旧设备、器物、防护用品等；放射性废液经过浓缩、固化处理形成的固体废物等。

（6）有害固体废物

有害固体废物国际上称之为危险固体废物。这类废物泛指放射性废物以外，具有毒性、易燃性、反应性、腐蚀性、爆炸性、传染性而可能对人类的生活环境和健康产生危害的废物。基于环境保护的需要，许多国家将这部分废物单独列出加以管理。

（二）固体废物的特点

1. "资源"和"废物"的相对性

从固体废物定义可知，它是在一定时间和地点被丢弃的物质，是"放错地方的资源"。因此，此处的"废物"，具有明显的时间和空间的特征。

（1）从时间方面看，固体废物仅仅相对于当前的科技水平还不够高、经济条件还不允许的情况下暂时无法加以利用。但随着时间的推移，科技水平的提高及经济的发展，资源滞后于人类需求的矛盾也日益突出，今天的废物势必会成为明日的资源。

（2）从空间角度看，废物仅仅相对于某一过程或某一方面没有使用价值，但并非在一切过程或一切方面都没有使用价值，某一生产过程中的废物，往往会成为另一生产过程中的原料。例如，煤矸石发电、高炉渣生产水泥、电镀污泥中回收贵重金属等，都是此处产生的废物，彼处成为资源加以利用。

相对于日趋枯竭的不可再生资源，固体废物成为一类量大而源广的新资源将是必然趋势。"资源"和"废物"的相对性是固体废物最主要的特征。

2. 成分的多样性和复杂性

固体废物成分复杂、种类繁多、大小各异，既有无机物又有有机物，既有非金属又有金属，既有无味的又有有味的，既有无毒物又有有毒物，既有单质又有合金，既有单一物质又有聚合物，既有边角料又有设备配件，其构成可谓五花八门、琳琅满目。"垃圾为人类提供的信息几乎多于其他任何东西"，成分的多样性和复杂性决定了其处理、处置方法的多样性，增加了处理工作的难度。

3. 危害的潜在性、长期性和灾难性

固体废物对环境的污染不同于废水、废气和噪声。它呆滞性大、扩散性小，它对环境的影响主要是通过水体、大气和土壤进行的。其中污染成分的迁移转化，如浸出液在土壤中的迁移，是一个比较缓慢的过程，其危害可能在数年甚至数十年后才能发现。从某种意义上讲，固体废物，特别是危险废物对环境造成的危害可能要比废水、废气造成的危害严重得多。

4. 污染"源头"和"终态"的双重性

废水和废气既是水体、大气和土壤环境的污染源，又是接受污染物的环境。固体废物则不同，它们往往是许多污染成分的终极状态。例如，一些有害气体或飘尘，通过污染大气处理技术，最终富集成废渣；一些有害溶质和悬浮物，通过水处理技术，最终被分离出来成为污泥或残渣；一些含重金属的可燃固体废物，通过焚烧处理，有害金属浓集于灰烬中。但是，这些"终态"物质中的有害成分，在长期的自然因素作用下，又会流入水体、进入大气和渗入土壤中，成为水体、大气和土壤环境污染的"源头"。许多固体废物因毒性集中和危害性大，暂时无法处理，对环境污染和人类健康有很大潜在威胁。

固体废物的这些特点和特性决定了其对环境和人类的危害性及危害途径，并可以此为依据对其进行有效的控制和管理。

（三）固体废物的危害

1. 侵占土地

固体废物的堆放要占用大量的土地。估计 10 000 t 固体废物占用土地约 667 m^2。煤矸石是我国目前排放量和累计存量最大的工业废弃物。这些煤矸石山不仅占用了大量土地，还造成地下水污染。

2. 污染土壤

固体废物及其淋洗和渗滤液中所含的有害物质会改变土壤的性质和土壤结构，并对土

壤微生物的活动产生影响。土壤是许多细菌、真菌等微生物聚居的场所，这些微生物与其周围环境构成一个生态系统，在大自然的物质循环中，担负着碳循环和氮循环的一部分重要任务。工业固体废物特别是有害固体废物，经过风化、雨雪淋溶、地表径流的侵蚀，有些高温和有毒液体渗入土壤，能杀害土壤中的微生物，破坏土壤的腐解分解能力，甚至导致草木不生。这些有害成分的存在，还会在植物有机体内积蓄，通过食物链危及人体健康。

3. 污染水体

许多国家把大量的固体废物直接向江河湖海倾倒，不仅减少了水域面积，淤塞航道，而且污染水体，使水质下降；固体废物随着天然降水和地表径流进入江河、湖泊，粉尘废物随风飞扬落入地面水，也造成地面水污染；也有的固体废物产生的有害物质随雨水下渗，污染地下水。

4. 污染大气

固体废物在收运、堆放过程中如果未做密封处理，经日晒、风吹、雨淋、焚化等作用，会挥发大量废气、粉尘。据研究表明：当发生 4 级以上的风力时，在粉煤灰或尾矿堆表层的直径为 1~1.5 cm 以上的粉末将出现剥离，其飘扬的高度可达 20~50 m；一些有机固体废物，在适宜的湿度和温度下被微生物分解，能释放出有害气体、产生毒气或恶臭，造成地区性空气污染。煤矸石因自燃能放出 SO_2、CO 等气体，造成大气污染。

采用焚烧法处理固体废物，已成为有些国家大气污染的主要污染源之一。

5. 影响环境卫生

我国生活垃圾、粪便的清运能力不高，无害化处理率低，很大一部分垃圾堆存在城市的一些死角，严重影响环境卫生，对市容和景观产生"视觉污染"，给人们的视觉带来不良刺激。城市堆放的生活垃圾，非常容易发酵腐化，产生恶臭，招引蚊蝇、老鼠等滋生繁衍，容易引起疾病传染；在城市下水道的污泥中，还含有几百种病菌和病毒。长期堆放的工业固体废物有毒物质潜伏期较长，会造成长期威胁。

二、生态发展背景下固体废物的治理措施

（一）固体废物的物理处理

1. 压实

压实是利用外界的压力作用于固体废物，使其聚集程度增大，达到增大容重和减小表观体积的目的，以便于运输、贮存和填埋。压实主要用于处理压缩性能大而恢复性小的固

体废物，例如生活垃圾、机械加工行业排出的金属丝、金属碎片、家用电器、小汽车及各类纸制品和纤维等。而对于某些原来较密实的固体，如木头、玻璃、金属、硬质塑料块等则不宜采用。对于有些弹性废物采用压实处理效果也不理想，因为它们在解除压力后几分钟内，体积就会发生膨胀。

压实的原理主要是减少空隙率。对大多数固体废物来讲，它们都是由不同颗粒和颗粒间的空隙所组成的集合体。当受到外界压力时，颗粒间则互相挤压、变形和破碎，孔隙率减小，容重增大。例如城市垃圾经压实后密度可增大到 320 kg/m³，表观体积可减少 70%左右。

应当指出的是，如果采用高压压实，除减少空隙率外，还可能产生分子晶格的破坏，从而使物质变性。

2. 破碎

（1）破碎的作用

破碎是利用外力使大块固体废物分裂为小块的过程。固体废物的破碎主要达到以下几个目的：

①使固体废物减容和增大密度，便于运输和贮存。

②为分选和进一步加工提供合适的粒度，以有利于综合利用。

③增大固体废物的比表面积，提高焚烧、热分解的处理效率。

④防止粗大、锋利的固体废物损坏处理设备。

⑤减少臭味，防止鼠类、蚊蝇繁殖，减少火灾发生机会。

（2）破碎工艺分类

①单纯破碎流程

具有简单、易操作、占地面积小等优点，但只适于对粒度要求不高的场合。

②带有预先筛分的流程预先分离出不需破碎的细粒物料，减少了破碎量。

③带检查筛分破碎工艺可将破碎产物中大于要求粒度的颗粒分离出来，返回破碎机再破碎，使产品粒度全部符合要求。

④带预先筛分和检查筛分破碎工艺同时具有②③两种工艺的优点。

3. 分选

（1）筛分

筛分是根据固体废物粒度大小而进行分选的方法。将不同粒度的物料通过具有均匀筛孔的筛面时，小于筛孔的细粒物料则可透过筛面，从而实现粗细物料的分离。

在筛分过程中，由于各种因素的影响，总会有部分小于筛孔的细粒不能通过筛孔而随粗粒一起排出，因而存在一个筛分效率问题。

（2）风力分选

风力分选是在气流作用下使固体废物颗粒按密度和粒度进行分选的一种方法。由于不同物质的密度不同，因而在一定气速的气流中有着不同的沉降速度，从而达到轻重颗粒分离的目的。

按照气流吹入分选设备内的方向不同，风选设备可分为两种类型：①卧式风力分选机；②立式风力分选机。

（3）磁力分选

磁力分选是利用固体废物中各种物质的磁性差异在不均匀磁场中进行分选的一种处理方法。将固体送入磁选设备之后，磁性颗粒则在不均匀磁场的作用下被磁化，从而受到磁场吸引力的作用，使磁性颗粒吸在磁选机的转动部件上，被送至排料端排出，实现了磁性物质和非磁性物质的分离。在磁选的过程中，固体颗粒在非均匀磁场中同时受到两种力的作用——力和机械力（包括重力、摩擦力、介质阻力、惯性力等）的作用。当磁性物质所受到的磁力大于与它相反的机械力的合力时，则可以被分离出来。而非磁性物质所受磁力很小，机械力的作用占优势，所以仍留在物料层中。磁选只适用于分离出铁磁性物质，可以作为一种辅助手段用于回收黑色金属。

（4）电力分选

电力分选是利用固体废物中各种组分在高压电场中电性的差异来实现分选的一种方法。电力分选的原理：分选器由接地的金属圆筒板（正极）和放电板（负极）组成，放电极与圆筒间有适当距离，而在极间发生电晕放电，产生电晕电场区。物料随滚筒转动进入电晕电场区后，由于空间带有电荷使之获得负电荷。物料中的导电颗粒荷电后立即在滚筒上放电，当滚筒进入静电场之后，导电颗粒负电荷释放完毕并从滚筒上获得正电荷而被排斥，在电力、重力、离心力的综合作用下排入料斗。而非导体颗粒不易在滚筒上失去所荷负电荷，因而与滚筒相吸被带到滚筒后方用毛刷强制刷下，从而完成了分选过程。

（5）分选回收系统

为了有效地回收和综合利用固体废物中的有用物质，常根据废物中各组分的性质和回收要求，将若干个分选单元操作组合起来组成分选回收系统。

4. 脱水与干燥

（1）脱水

固体废物的脱水主要用于污水处理厂排出的污泥及某些工业企业所排出的泥浆状废物的处理。脱水可达到减容及便于进行运输的目的，有利于进一步处理。脱水有机械脱水及自然干化脱水两种，以前者应用较多。

（2）干燥

固体废物经破碎、分选之后所得的轻物料，如须进行能源回收或焚烧处理时，必须进行干燥处理。干燥通常在转筒干燥器内进行，其主要部件是一个轴线与水平线有一定倾角的旋转圆筒，物料自高端向低端，热气流自低端向高端逆流接触，使物料得以干燥。

（二）固体废物的化学处理

1. 中和法

中和法主要用于处理化工、冶金、电镀等行业所排出的酸性或碱性废渣。它是采用适当的中和剂与废渣中的碱性或酸性物质发生中和反应，使之接近中性，以减轻它们对环境的危害。

对酸性废渣的处理，中和剂多采用石灰以降低处理费用。而对碱性废渣的处理，中和剂一般可选用硫酸或盐酸。如果在距离较近的不同企业同时有碱性和酸性废渣排出，则可根据所排废渣的性质，将两者按一定的比例直接混合来达到中和的目的，这是最经济有效的处理方法。

中和反应设备可采用罐式机械搅拌或池式人工搅拌。前者用于处理量较大的场合，而后者用于间歇小规模的处理。

2. 氧化还原法

氧化还原法是通过氧化或还原反应，使废物中价态可发生变化的有毒成分转化为无害或低毒且具有化学稳定性的成分，以便进一步处理和处置。

3. 化学浸出法

化学浸出法是选择合适的化学溶剂（浸出剂，如酸、碱、盐水溶液等）与固体废物发生作用，使其中有用组分发生选择性溶解然后进一步回收的处理方法。该法可用于含重金属的固体废物的处理，特别是在石化工业中废催化剂的处理上得到广泛应用。

（三）固体废物的生物转化处理

生物转化处理适用于含可生物降解性有机物的固体废物，例如城市生活垃圾、发酵工业废渣、农业固体废物等。通过生物转化处理，使有机物得到降解，同时可获得许多有用的转化产品，如沼气、饲料蛋白等，达到了资源化和无害化的目的。

生物转化处理的主要方法有好氧生物转化、厌氧生物转化两种。

（四）固体废物的焚烧和热解

1. 焚烧法

焚烧法是将可燃固体废物置于高温炉内，使其中可燃成分充分氧化的一种处理方法。焚烧法的优点是可以回收利用固体废物内潜在的能量，减少废物的体积（一般可减少80%~90%），破坏有毒废物的组成结构，使其最终成为化学性质稳定的无害化灰渣，同时还可彻底杀灭病原菌、消除腐化源。所以，用焚烧法处理可燃固体废物能同时实现减量、无害和资源化的目的，是一种重要的处理处置方法。焚烧法的缺点是只能处理含可燃物成分高的固体废物（一般要求其热值大于3350 kJ/kg），否则必须添加助燃剂，使运行费用大大提高。另外，该法投资比较大，处理过程中不可避免地会产生可造成二次污染的有害物质，从而产生新的环境问题。

焚烧是高温条件下的强氧化过程。焚烧时固体废物中的可燃成分与空气中的氧完全反应，发生氧化分解，最终变成简单成分的气体（主要是 CO_2、水分、硫、磷、氮的氧化物、卤化酸、可挥发的金属氧化物及某些气态有机物等）和固体废渣（灰、金属、氧化物及其他不易燃物质），并放出大量的热，从而达到了无害化和热量回收的目的。

影响焚烧的因素主要有四个方面，即温度、时间、湍流程度和供氧量。为了尽可能焚毁废物，并减少二次污染的产生，因此焚烧时最佳操作条件是：①足够的高温，一般为900~1200℃；②气体在炉中停留时间不少于2 s；③良好的湍流；④充足的氧气，一般为化学计量的2倍。在上述条件下，大多数固体废物中有害成分都可以完全安全有效地被破坏。

适合焚烧的废物主要是那些不可再循环利用或安全填埋的有害废物，如难以生物降解的、易挥发和扩散的及含有重金属及其他有害成分的有机物、生物医学废物（医院和医学实验室所产生的须特别处理的废物）等。

2. 热解

多数有机化合物都具有热不稳定性的特征，如果将它们置于高温缺氧的条件下，这些化合物将会发生裂解，转化为分子量较小的组分，我们把这一过程称之为热解。热解应用于工业生产已有很长的历史，如木材和煤的干馏、重油的裂解等。近几十年来，将热解的原理用于处理固体废物已日益为人们所注重，成为一种很有前途的处理方法，特别适用于废塑料、废橡胶、城市垃圾、农用固体废物等含有机物较多的固体废物处理。

固体废物的热解是一个极其复杂的化学反应过程，它包含大分子的键断裂、异构化和小分子的聚合等反应过程。

三、生态发展背景下固体废物的资源化利用

（一）矿业固体废物的处理与资源化

1. 煤矸石的处理与资源化

（1）煤矸石的定义

煤矸石是夹在煤层中的岩石，是煤的共生资源，成煤过程中与煤伴生，是采煤和洗煤过程中排出的固体废弃物。

煤矸石是聚煤盆地煤层沉积过程中的产物，是成煤物质与其他沉积物质相结合而成的可燃性矿石。煤炭开采时带出来的碳质泥岩、碳质砂岩叫作煤矸石；同时煤矸石也是煤矿建井和生产过程中排出来的一种混杂岩体，主要包括在井巷掘进时排出的矸石、露天煤矿开采时剥离的矸石和洗选加工过程中排出的矸石。

（2）煤矸石的形成途径

煤矸石的形成途径主要有以下两个方面：

①在煤层沉积过程中成煤物质与其他沉积物质相结合而生成的热值不高的可燃性矿石。

②在煤层的开采过程中以及后续的分选和加工等过程中产生的煤与废弃岩石混合形成纯度不高的混合物。

（3）煤矸石的危害

①对生产的危害

煤矸石的存在会破坏可采煤层，导致煤层的应力分布的改变，降低开掘效率，减少开采量，提高成本。

②大气污染

煤矸石造成的大气污染可分为固体微粒悬浮物污染和有毒有害气体污染。由于煤矸石易于风化，堆积的矸石表面在半年到一年后产生约 10 cm 厚的风化层，长期的风化效果使颗粒及粉尘更细，极易飘散到大气中。在有风的天气下，粉尘大量飘散，空气中的悬浮微粒增加，造成大气污染；另外近 1/3 的煤矸石由于硫铁矿和含碳物质的存在，经堆放后在一定条件下发生自燃，自燃煤矸石每燃烧 1 m³，将向大气排出 10.8 kg 一氧化碳，6.5 kg 二氧化硫，2 kg 的硫化氢和氮氧化物，释放的大量有毒气体严重污染环境，使周围地区常常尘雾蒙蒙，造成大气污染及生态破坏。

③对水的影响

长期露天堆放于地表的煤矸石，表面的颗粒在雨水的冲刷作用下，形成的黑色淤泥流

进附近的河道湖泊中，导致河道湖泊的淤积使河床抬高、通航能力下降、行洪能力减弱、调蓄能力降低、水体严重污染，直接影响生产生活。

水体的污染主要是由于煤矸石在大气、雨雪的共同风化淋滤作用下，生成了大量的无机盐物质。这些物质一部分随着地表径流、大气环流进入矿区附近的地面水体，污染地表水；另一部分随着水体运移进入地下含水层，污染地下含水层，采矿造成的裂隙加剧了地下水的污染。检测表明，经污染的地下水 pH 值可达到 3，呈现高矿物化度、高硬度，硫酸盐、镁、钠、钾离子及铅、砷、铬等有害重金属离子含量升高，造成严重的区域性的地表水与地下水污染。特别是煤矸石内硫化物的氧化产生酸性矿山废水（AMD），因其较强的酸性及高浓度的重金属等有毒元素，对矿区及周围居民和动、植物生命带来直接危害。

④对人体生物的危害

煤矸石对人和动物的影响主要是由于其含有大量微量元素，如砷、铜、锡、铬、铅、锌、铁、锰、氟、汞、硒、氯、镓、铀等通过被污染的饮用水、食物进入人或动物体内，扰乱了体内微量元素平衡，造成慢性中毒、癌症、婴儿畸形等。

由煤矸石释放的有害气体污染了大气环境，使附近居民慢性气管炎和气喘病患者增多，周围树木落叶庄稼减产。矸石山内的可燃气体在富集到一定浓度而得不到释放的情况时，还会发生可燃气体爆炸，这将威胁附近群众的生命安全。矸石中含有的微量重金属被生物摄取后不易被生物降解，重金属就会通过食物链发生生物放大、富集，最后在人体内积蓄造成慢性中毒。煤矸石中的放射性元素的含量均高于土壤，对生活在其附近的居民和动物的安全是潜在的威胁。

⑤对土壤的危害

煤矸石的大量堆存必然要占用大量的很难再生的耕地资源。土壤是由多种细菌、真菌组成的生态系统。煤矸石中多种重金属元素，如铅、锡、汞、砷、铬等有害成分运至地表被土壤吸附而富聚到表土层中，从而破坏土壤的有机养分，杀死土壤中的微生物，使土壤腐解能力降低或丧失、土地生产力下降，甚至草木不生。煤矸石山溢流水的污染使土壤盐分升高，导致土地盐碱化，使农作物生长发育受到影响甚至无法耕种。

⑥地质灾害

矸石山多为自然松散堆积，由于风化作用，结构稳定性很差，在强降水或人工挖掘等外因破坏作用下极容易发生崩塌、滑坡、泥石流等地质灾害。特别是矸石山的自燃加剧了滑坡崩塌的可能性。国内外都曾发生煤矸石堆滑坡事故，以致埋没村庄等，造成人员伤亡事故。

⑦其他影响

煤矸石引起地面高温。煤矸石一般呈黑色或红色，表面吸热极强，夏天中午煤矸石地表温度常可达40℃，使得矿区气温增高，影响居民正常生活。自燃产生的二氧化硫、粉尘和烟雾与空气中的水分接触会形成酸雨，酸雨会腐蚀建筑物，破坏自然景观。

2. 粉煤灰的处理与资源化

粉煤灰是目前排量较大、较集中的工业废渣之一。随着电力工业的发展，燃煤电厂的粉煤灰、灰渣和灰水的排放量逐年增加。大量的粉煤灰不加处理时，会产生扬尘，污染大气；排入水系会造成河流淤塞，而其中有毒的化学物质还会对人体和生物造成危害。因此粉煤灰的处理和利用问题引起了人们广泛的注意。

（1）粉煤灰的概念

从煤燃烧后的烟气中收捕下来的细灰称为粉煤灰，粉煤灰是燃煤电厂排出的主要固体废物。

粉煤灰的燃烧过程即煤粉在炉膛中呈悬浮状态燃烧，燃煤中的绝大部分可燃物都能在炉内烧尽，而煤粉中的不燃物（主要为灰分）大量混杂在高温烟气中。这些不燃物因受到高温作用而部分熔融，同时由于其表面张力的作用，形成大量细小的球形颗粒。在锅炉尾部引风机的抽气作用下，含有大量灰分的烟气流向炉尾。随着烟气温度的降低，一部分熔融的细粒因受到一定程度的急冷呈玻璃体状态，从而具有较高的潜在活性。在引风机将烟气排入大气之前，上述这些细小的球形颗粒，经过除尘器，被分离、收集，即为粉煤灰。

（2）粉煤灰的形成

粉煤灰的形成过程大致可以分为三个阶段：

第一阶段，粉煤在开始燃烧时，其中气化温度低的挥发分，首先自矿物质与固定碳连接的缝隙间不断逸出，使粉煤灰变成多孔性碳粒。此时的煤灰，颗粒状态基本保持原粉煤灰的不规则碎屑状，但因多孔性，使其比表面积极大。

第二阶段，伴随着多孔性碳粒中的有机质完全燃烧和温度的升高，其中的矿物质也将脱水、分解、氧化变成无机氧化物，此时的炭灰颗粒变为多孔玻璃体，尽管其形态大体上仍与多孔碳粒相同，但比表面积明显得小于多孔碳粒。

第三阶段，随着燃烧的进行，多孔玻璃体逐步熔融收缩而形成颗粒，其孔隙率不断降低，圆度不断提高，粒径不断变小，最终由多孔玻璃体转变为密度较高、粒径较小的密实球体，颗粒比表面积下降为最小。不同粒度和密度的灰粒具有明显的化学和矿物学方面的特性差别，小颗粒一般比大颗粒更具有玻璃性和化学活性。

最后形成的粉煤灰（其中80%~90%为飞灰，10%~20%为炉底灰）是外观相似、颗粒较细而不均匀的复杂多变的多相物质。

（3）粉煤灰对环境危害

①粉煤灰对大气的污染

在煤烟型污染城市，大气气溶胶是主要污染物，在我国大多数城市，燃煤飞灰是悬浮颗粒物的主要来源，在冬季因燃煤活动上升，导致空气中飞灰的增加。煤中有害元素的富集问题。大于 $2\mu m$ 的颗粒沉积在鼻咽区，小于 $2\mu m$ 的沉积在支气管、肺泡区，被血液吸收，送到人体各个器官，对人体健康的危害也更大。另外，细颗粒能长时间漂浮在大气环境中（一般 7~10 d），随气流进行远距离输送，造成区域环境污染。

②粉煤灰对地表水及地下水的污染

被除尘器捕获的飞灰，若采用湿排，飞灰中有害元素会溶于冲灰水中，造成污染。堆放在储灰池中的粉煤灰，因雨水淋滤，会污染地表水及地下水。

粉煤灰是冶炼厂、化工厂和燃煤电厂排放的非挥发性煤残渣，包括漂灰、飞灰和炉底灰三部分。根据煤炭灰分的不同，粉煤灰的产生量相当于电厂煤炭用量的 2.5%~5%。

（4）粉煤灰的综合利用

①粉煤灰在建材工业中的应用

A. 粉煤灰生产水泥及其制品。粉煤灰与黏土成分类似，并具有火山灰活性，在碱性激发剂下，能与 CaO 等碱性矿物在一定温度下发生"凝硬反应"，生成水泥质水化凝胶物质。作为一种优良的水泥或混凝土掺和料，它减水效果显著，能有效改善和易性，增加混凝土最大抗压强度和抗弯强度、增加延性和弹性模量、提高混凝土抗渗性能和抗蚀能力，同时具有减少泌水和离析现象、降低透水性和浸析现象、减少混凝土早期和后期干缩、降低水化热和干燥收缩率的功效。因此，在各种工程建筑中，粉煤灰的掺入不仅能改善工程质量、节约水泥，还降低了建设成本、使施工简单易行。

B. 粉煤灰砖。粉煤灰烧结砖是以粉煤灰、黏土为原料，经搅拌成型，干燥、焙烧而制成的砖。粉煤灰掺加量为 30%~70%，生产工艺与普通黏土砖大体相同，可用于制烧结砖的粉煤灰要求含 SO_3 量不大于 1%，含碳量 10%~20% 左右，用粉煤灰生产烧结砖既消化了粉煤灰，节省了大量土地，同时还降低燃料消耗。

粉煤灰蒸养砖是以粉煤灰为主要原料，掺入适量生石灰、石膏，经坯料制备、压制成型，常压或高压蒸汽养护而制成的砖。粉煤灰蒸养砖配比一般为：粉煤灰 88%、石灰 10%、石膏 2%，掺水量 20%~25%。

C. 小型空心砌块。以粉煤灰为主要原料的小型空心砌块可取代砂石和部分水泥，具有空心质轻、外表光滑、抗压保暖、成本低廉、加工方便等特点，称为近年来有较大发展的绿色墙体材料，其进一步的发展方向是：

a. 加入复合无机凝胶材料，充分激发粉煤灰活性，提高早期强度；

b. 利用可替换模具的优势使产品多样化，亦可生产标砖；

c. 采用蒸养工艺生产蒸养制品，必须控制胶骨比和单位体积的胶凝材料用量；

d. 提高原料混合的均匀度，减少砌块强度的离散性，提高成型质量。

②粉煤灰在农业上的应用

粉煤灰农用投资少、用量大、需求平稳、发展潜力大，是适合我国国情的重要利用途径。目前，粉煤灰农用量已达到5%，主要方式为土壤改良剂、农肥和造地还田等。

A. 改良土壤。粉煤灰松散多孔，属热性砂质，细砂约占80%，并含有大量可溶性硅、钙、镁、磷等农作物必需的营养元素，因此有改善土壤结构、降低密度、增加空隙率、提高地温、缩小膨胀率等功效。可用于改造重黏土、生土、酸性土和碱盐土，弥补其黏、酸、板、瘦的缺陷。上述土壤掺入粉煤灰后，透水与通气得到明显改善，酸性得到中和，团粒结构得到改善，并具有抑制盐、碱作用，从而利于微生物生长繁殖，加速有机物的分解，提高土壤的有效养分含量和保温保水能力，增强了作物的防病抗旱能力。

B. 堆制农家肥。用粉煤灰混合家禽粪便堆肥发酵比纯用生活垃圾堆肥慢，但发酵后热量散失也少，雨水不易渗下去，这对防止肥效流失有利；另外粉煤灰比垃圾干净，无杂质、无虫卵与病菌，有利于田间操作及减少病虫害的传播；把粉煤灰堆肥施在地里不仅能改良土壤、增加肥效，还可以增加土壤通气与透水性，有利于作物根系的发育。

C. 粉煤灰肥料。粉煤灰含有丰富的微量元素，如铜、锌、硼、钼、铁、硅等。可作一般肥料用，也可加工成高效肥料使用。粉煤灰含氧化钙2%~5%，氧化镁1%~2%，只要增加适量磷矿粉并利用白云石作助溶剂，即可生产钙镁磷肥。粉煤灰含氧化硅50%~60%，但可被吸收的有效硅仅1%~2%，在用含钙高的煤高温燃烧后，可大大提高硅的有效性，作为农田硅钙肥施用，对南方缺钙土壤上的水稻有增产作用。除此以外，还以粉煤灰为原料，配加一定量的苛性钾、碳酸钾或钾盐生产硅钾肥或钙钾肥。

③生产功能性新型材料

粉煤灰可作为生产吸附剂、混凝剂、沸石分子筛与填料载体等功能性新型材料的原料，广泛用于水处理、化工、冶金、轻工与环保等方面。如粉煤灰在作为污水的调理剂时有显著的除磷酸盐能力；作为吸附剂时可从溶液中脱除部分重金属离子或阴离子；作为混凝剂时，COD与色度去除率均高于其他常用的无机混凝剂；而利用粉煤灰制成的分子筛，质量与性能指标已达到或超过由化工原料合成的分子筛。

A. 复合混凝剂。粉煤灰复合混凝剂的主要成分为铝、铁、硅的聚合物或混合物，因配比、操作程序、生产工艺不同而品种各异。其中利用粉煤灰中的SiO_2来制备硅藻类化合物和在粉煤灰中添加含铁废渣是应用研究的一大趋势，其目的是提高絮凝能力，并充分利用粉煤灰的有效成分。

B. 沸石分子筛。粉煤灰合成沸石分子筛的方法有水热合成法、两步合成法、碱熔融水热合成法、盐-热（熔盐）合成法、痕量水体系固相合成法等。

C. 催化剂载体。国外很早就采用粉煤灰、纯碱和氢氧化铝为原料制备 4A 分子筛，作为化学气体和液体的分离净化剂和催化剂载体。采用粉煤灰制备分子筛具有节约原料、工艺简单等特点，已大规模用于工业化生产中。

D. 高分子填料。以粉煤灰为原料，加入一定量的添加剂和化学助剂，可制成一种粉状的新型高分子填料，这种材料耐水、耐酸、耐碱、耐高低温、耐老化，广泛应用于楼房、地面、隧道工程等作为防水、防渗材料。

3. 矿山废石与尾矿的处理与资源化

冶金矿业固体废物是指金属和非金属矿石开采过程中所排出的固体废物，包括废石和尾矿。矿山生产过程中排出的固体废物的数量十分惊人，这些废石和尾矿堆放在地面，占用了大量土地，废物中所含的有害组分还会对周围的环境造成污染。另外，由于废石堆、尾矿库的不稳定还会产生滑坡、岩堆移动、泥石流等意外事故，造成巨大的生命财产损失。随着科学技术的发展和人们环境保护意识的提高，矿山废石与尾矿的综合利用已日益被人们所重视。

（二）城市生活垃圾的综合利用

1. 餐厨垃圾的资源化

改革开放以来，我国国民经济长足进步，城市人口迅速增长，人民生活水平不断提高，城市餐饮业不断繁荣，餐厨垃圾的产生量空前增长。

（1）餐厨垃圾的特点

餐厨垃圾具有一定的物理、化学及生物特性。含水率较高，80%左右脱水性能较差，高温易腐蚀，发生难闻的异味。同时油腻腻、湿淋淋的外观对人和周围环境造成不良影响。餐厨垃圾具有高的挥发分，化学元素组成中氮元素含量较高。从化学组成上，有淀粉、纤维素、蛋白质、脂类和无机盐等。其中有机组分为主，含有大量淀粉和纤维素等，无机盐中 NaCl 的含量较高，同时含有一定的钙、镁、钾、铁等微量元素。与其他垃圾相比，餐厨废弃物中有机物含量较高，含有较丰富的营养物质。

（2）餐厨垃圾的饲料化处置

餐厨垃圾是食品废物的一种，营养成分丰富，餐厨垃圾的饲料化处置，能充分利用餐厨垃圾中的有机营养成分，餐厨垃圾的饲料化处置主要有以下三种形式：

第一种方式，餐厨垃圾直接作为动物饲料。由于其不能达到环境安全的要求，国外多数国家均严格禁止餐厨垃圾的这种处置利用方式。

第二种方式，通过高温干化灭菌、高温压榨等处理手段对餐厨垃圾中的细菌、病毒等污染物的控制，然后制成动物饲料进行资源化利用。日本对餐厨垃圾采用明火加热煮沸的方式，进行餐厨垃圾的消毒；亦采用分选、蒸煮、压榨、脱油工序进行了餐厨垃圾处理生产蛋白质饲料的激素研究工作。高温、压榨等处理手段对减少餐厨垃圾的细菌、病毒污染具有明显的效果，但仍然存在安全隐患。

第三种方式，是采用餐厨垃圾饲料特定非食物性生物，然后进行转化物质的提取应用。耿土锁等于 20 世纪 80 年代即进行了餐厨垃圾等食品垃圾饲养蚯蚓提取动物蛋白的生产性试验。该方法通过餐厨垃圾得到动物蛋白，应该说，相比餐厨垃圾直接应用为动物饲料，进入食品循环，具有较高的环境安全性，但在蚯蚓饲养过程中存在环境影响的控制，蚯蚓蛋白的进一步利用途径安全性等，尚须进一步的研究确认。

（3）餐厨垃圾堆肥

餐厨垃圾高温机械堆肥工艺包括餐厨垃圾的前处理、一次发酵、二次发酵和后处理等工序。

①餐厨垃圾的前处理

餐厨垃圾的含水率高，堆肥前须调节水分到堆肥要求的最佳水分 50%~60%，然后进行破碎、配料。配料时加入一定量的填充料，保证堆肥的颗粒分离以及一定的孔隙率、营养比，并进行微生物接种；前处理系统可简单表示为：餐厨垃圾–自然渗漏–离心脱水–破碎配料。

另外，有研究表明，餐厨垃圾经过厌氧处理（1~2 d）后，再进行好氧堆肥，可明显缩短堆肥周期，提高堆肥效率。

②一次发酵和二次发酵

餐厨垃圾堆肥的一次发酵和二次发酵，与其他原料的堆肥工艺类似。在餐厨垃圾堆肥过程中，由于餐厨垃圾的有机含量很高，对氧的需求量大，在运行参数上有一定区别。

③后处理

餐厨垃圾中杂物少，后处理主要有造粒、储存等系统，旨在提高堆肥品质及利用价值。

餐厨垃圾进入厂区后首先称重计量，取样测定水分后进行脱水、配料处理，调节含水率到 50%~60%。水分调节后通过破碎机对餐厨垃圾中粗大物料进行破碎处理，再由装载机送入地面带有通分装置的一次发酵池内，强制通分 12~15 d 后进行二次发酵。二次发酵产物可作为成品非直接销售。为了提高堆肥产品的品质，可对堆肥产品进行精加工，制成精品堆肥销售，可获得较好的经济效益。

（4）餐厨垃圾的其他资源化技术

①生物发酵制氢技术。

②蚯蚓处理技术。

③真空榨油技术。

④提取生物性降解塑料技术。

2. 废旧塑料的再生利用

塑料作为合成材料之一，已被广泛应用于人们的生活生产中。随着我国塑料产品的使用，废旧塑料也急剧增加，如各种塑料包装物、购物袋、农膜、编织袋、车辆保险杠、家用电器外壳、计算机外壳、工业废旧塑料制品、塑料门窗、聚酯制品（聚酯薄膜、矿泉水瓶、可乐瓶等）以及塑料成型加工过程中的废料等，形成了严重的"白色污染"，这种状况也已成为社会的突出问题。由于它们不能自行分解，若不进行处理或处理不当，将对生态环境产生不利的影响。因此，必须采取积极措施，加强对废旧塑料的回收利用，促进塑料工业的健康发展。

常采用的回收利用方式有：①原形利用：废旧塑料经简单清洗后重新利用，这种方式的应用很有局限性；②化学利用：包括高温裂解、气化、降解方式；③加工利用：包括简单的机械回收、改性回收等方式；④热燃烧利用：粉碎废旧塑料作为燃料使用，尤其适用于那些因为过度污染、分离困难或塑料性质恶化等因素不能被加工回收的废旧塑料。

（1）废旧塑料的直接利用

废旧塑料的直接利用系指不须进行各类改性，将废旧塑料经过清洗破碎、塑化，直接加工成型，或与其他物质经简单加工制成有用制品。国内外均对该技术进行了大量研究，且制品已广泛应用于渔业、建筑业、工业和日用品等领域。例如，将废硬聚氨酯泡沫经细磨碎后加到手工调制的清洁糊中，可制成磨蚀剂；将废热固性塑料粉碎、研磨为细料，再以30%的比例作为填充料掺加到新树脂中则所得制品的物化性能无显著变化；废软聚氨酯泡沫破碎为所要求尺寸碎块，可用做包装的缓冲料和地毯衬里料；粗糙、磨细的皮塑料用聚氨酯黏合剂黏合，可连续加工成板材；把废塑料粉碎、造粒后可作为炼铁原料，以代替传统的焦炭，可大幅度减少二氧化碳的排放量。

（2）改性生产新材料

以废旧塑料为原料生产新材料，如建筑材料、涂料等，这是当前研究的热门领域，开发应用前景十分广阔。

①生产建筑材料

以废弃的泡沫塑料为原料，生产出一种绿色环保砌筑砂浆，有望取代普通砂浆，恢复和完善加气混凝土的保温功能。试验结果表明，该砂浆保温性和抗压强度都满足要求，工程实践证明，其可作为加气混凝土砌筑砂浆，是值得广泛推荐的建筑材料。

改性沥青是废旧塑料作为建筑材料的另一个用途，随着废旧塑料的加入，道路沥青的抗变形能力大大增加。在减少环境污染的同时，废旧塑料的附加值得以体现，变"废"为"宝"。且废旧塑料改性道路沥青实验条件并不苛刻，如温度条件在室温和200℃之间。废旧塑料大幅度改善了基质沥青的高温性能，对于道路沥青有着良好的改性效果。

②生产涂料

目前，市场上流通的乳胶漆、绝缘漆、清漆等五花八门的涂料，都能够利用废旧塑料生产出来。在消除白色污染的同时，可创造很好的经济效益。以废旧的聚苯乙烯泡沫塑料等为原料在大量对比实验的基础上得出了最佳的涂料生产配方，生产的涂料为乳白色黏稠液体，常温下速干，漆面平整光滑，而且涂料的防水性、防腐性、稳定性指标符合涂料生产要求。还有根据聚苯乙烯比重轻、耐水、耐光、耐化学腐蚀等特点，将回收的废聚苯乙烯泡沫塑料经过加工、溶制改性、乳化等工序，制成用于内外墙使用的乳胶漆涂料。利用废旧塑料除了用来生产建筑材料外，也可以生产色漆、绝缘漆、复合材料等。

（3）废旧塑料热解转化利用

废旧塑料的裂解转化利用技术是将以清除杂质的废旧塑料通过热裂解或催化热裂解等方式，使其转化成低分子化合物或低聚物。这些技术可用于以废旧塑料为原料，生产燃料油、燃气、聚合物单体及化石、化工原料。裂解无须对废旧塑料进行严格分选，前处理过程有所简化，特别适合混合废塑料的处理，既能净化环境，又能开发新能源，使废旧塑料成为有价值的工业原料，实现了材料再循环，提高了经济效益，是大有前途的开发项目。

（4）废旧塑料的燃烧处理与热能利用

废旧塑料的燃烧也是一种常用的处理办法。由于塑料具有很高的燃烧热值，聚乙烯为46.63 GJ/kg，通过控制燃烧温度，可以充分利用废塑料燃烧产生的热量。废旧塑料燃烧回收热能不需要繁杂的预处理，也不需要与生活垃圾分离，焚烧后废塑料的质量和体积可分别减少80%和90%以上，焚烧后的残渣密度较大，再掩埋处理也很方便。因此，废旧塑料的热能利用具有极大的潜力，热能回收利用技术在国内外日益受到重视，在国际上已成为新的投资热点。由于我国废旧塑料回收再利用的综合技术比较落后，所以焚烧废旧塑料利用其热能也很适合我国国情。

废旧塑料能量回收的关键问题：一是焚烧技术，二是燃烧废气的处理。前者因塑料的热值较高以及废旧塑料种类不同，所以对焚烧炉的设计有一定的要求；后者由于环境保护的要求，排出的废气要无公害，所以必须进行处理。

3. 废纸的资源化利用

由于当今世界环境日趋恶化，人们的环保意识日益增强，为了节约能源减少污染负荷，减少森林砍伐，废纸的回收利用近十年来引起了越来越大的重视。特别是废纸回收利用带来的节省投资、降低成本以及减少废水治理等方面的好处，更给废纸的回收利用带来了巨大的推动力。此外，再生纸生产使用的化学药剂量比原生纸少，对河流的污染也要比原生纸少得多。可见，废纸再生与利用对减少污染、改善环境、节约能源及木材、保护森林资源等方面是非常有益的。

（三）污泥的综合利用

1. 污泥及其危害

污水污泥的成分很复杂，它是由多种微生物形成的菌胶团及其吸附的有机物和无机物组成的集合体，除含有大量的水分外，还含有用资源，如污泥中含有大量的 N、P、K 等植物营养元素，也含有对植物生长有利的微量元素，如硼、钼、锌、锰等；污泥中含有的有机质和腐殖质对土壤的改良也有很大的帮助；污泥中含有的蛋白质、脂肪、维生素等是有价值的动物饲料成分；污泥中的有机物还含有大量的能量，但也含有难降解的有机物、重金属和盐类以及少量的病原微生物和寄生虫卵等对环境不利的因素。未经处理的污泥，不仅会对环境造成新的污染，而且会浪费环境中的有用资源。

2. 污泥的"三化"处理与利用

（1）堆肥与农用资源化

①堆肥化

污泥堆肥是在一定控制条件下，利用微生物将有机物分解和转化成较为稳定的腐殖质的过程。这一过程可以杀灭污泥中的病原菌、寄生虫卵和病毒，提高污泥的肥分，污泥堆肥是一种无害化、减量化、稳定化的污泥综合处理技术。堆肥按堆肥过程对氧气的需要程度不同可分为好氧法和厌氧法。污泥中含有足够的水分和有、无机营养成分，因此影响污泥堆肥化的主要因素是空气（氧）的供应、温度控制和 pH 值。

②农用化

城市污水处理厂污泥含有氮、磷等农作物生长所必需的肥料成分，其有机腐殖质是良好的土壤改良剂，将之农用具有良好的环境效益和经济效益，有广阔的应用前景。污泥农用的种类主要是污泥堆肥肥料和干燥污泥肥料。

（2）焚烧与能源化

污泥的主要成分是有机物，其中一部分能够被微生物分解，产物是水、甲烷和二氧化碳；另外干污泥具有热值，可以燃烧，所以可通过直接燃烧、制沼气、制燃料等方法，回收污泥中的能量。

①利用污泥生产沼气

沼气是有机物在厌氧细菌的分解作用下产生的以甲烷为主的可燃性气体，是一种比较清洁的燃料。沼气中甲烷的体积分数约为 50%~60%，二氧化碳的体积分数为 30% 左右，另外还有一氧化碳、氢气、氮气、硫化氢和极少量的氧气。1 m³ 沼气燃烧发热量相当于 1 kg 煤或 0.7 kg 汽油。污泥进行厌氧消化即可制得沼气。

②通过焚烧回收能量

污泥中含有大量的有机物和一定的木质素纤维，脱水后有一定的热值，污泥的燃烧热值与污泥的性质有关。其中，干化污泥作为燃料的开发潜力大。通过焚烧既可以达到最大限度的减容，又可以利用热交换装置回收热量，用来供热发电。但焚烧过程中会产生二次污染问题，如废气中含 SO_x、NO_x、HCl，残渣含重金属等。

脱水污泥的含水率高于 75%，如此高的含水率不能维持焚烧过程的进行，所以焚烧前应对污泥进行干燥处理，使污泥的含水率符合不同设备的要求。

最主要的焚烧设备有立式多层炉、回转炉窑、喷射焚烧炉等，应用最广泛的是流化床焚烧炉。流化床焚烧炉的特点是焚烧时固体颗粒激烈运动，颗粒与气体间的传热、传质速率快，所以处理能力大；结构简单，造价便宜。缺点是废物破碎后才能入炉。

污泥焚烧的热量可以用来生产蒸汽，供热采暖或发电。另外，还可用污泥与煤混合，制成污泥煤球等混合燃料。

③低温热解

低温热解是目前正在发展的一种新的热能利用技术。即在 400~500℃，常压和缺氧条件下，借助污泥中所含的硅酸铝和重金属（尤其是铜）的催化作用将污泥中的脂类和蛋白质转变成碳氢化合物，最终产物为燃料油、气和炭。热解前的污泥干燥就可利用这些低级燃料的燃烧来提供能量，实现能量循环；热解生成的油还可以用来发电。

（3）材料化和经济效益

污泥的材料利用，目前主要是制造建筑材料，其处理（预处理和建材制造）的最终产物是可在各种类型的建筑工程中使用的材料制品，故无须依赖土地作为其最终消纳的载体。同时它还可能替代一部分用于制造建筑材料的原料，因此，同时具有资源保护的意义。

污泥作为建筑材料的制造原料利用，基本途径可按对污泥预处理方式的不同分为两类：一是污泥脱水、干化后，直接用于制造建材；二是污泥进行以化学组成转化为特征的处理后，再用于制造建材，其中典型的处理方式是焚烧和熔融。一般而言，前者适合于主要由无机物组成的污泥，而后者适合于有机组成多的污泥。

参考文献

[1] 谷金锋. 环境生态学 [M]. 北京：化学工业出版社，2022.

[2] 张宝军，黄华圣，朱幸福. 大气环境监测与治理职业技能设计 [M]. 北京：中国环境出版集团，2021.

[3] 徐静，张静萍，路远. 环境保护与水环境治理 [M]. 长春：吉林人民出版社，2021.

[4] 吴婉娥. 化学与环境 [M]. 西安：西北工业大学出版社，2021.12.

[5] 王芬，李利红. 微生物与环境的互作及新技术研究 [M]. 吉林科学技术出版社有限责任公司，2021.

[6] 杨保华. 环境生态学 [M]. 新 2 版. 武汉：武汉理工大学出版社有限责任公司，2021.

[7] 徐雅琦，朱洁. 环境监测与治理研究 [M]. 西安：西北工业大学出版社，2018.

[8] 胡荣桂，刘康. 环境生态学 [M]. 武汉：华中科技大学出版社，2018.08.

[9] 王亚林，贾金平. 环境监测实验简明教程 [M]. 北京：化学工业出版社，2023.

[10] 李花粉，万亚男，蒋静艳. 环境监测 [M]. 第 2 版. 北京：中国农业大学出版社，2022.

[11] 张艳著. 环境监测技术与方法优化研究 [M]. 北京：北京工业大学出版社有限责任公司，2022.

[12] 金民，倪洁，徐葳. 环境监测与环境影响评价技术 [M]. 长春：吉林科学技术出版社，2022.

[13] 盛梅，蒋晓凤. 环境分析与监测实验 [M]. 上海：华东理工大学出版社，2022.

[14] 殷丽萍，张东飞，范志强. 环境监测和环境保护 [M]. 长春：吉林人民出版社，2022.

[15] 李向东. 环境监测与生态环境保护 [M]. 北京：北京工业大学出版社有限责任公司，2022.

[16] 刘作云，姬瑞华. 环境监测理实一体化教程 [M]. 沈阳：东北大学出版社，2022.

[17] 代玉欣，李明，郁寒梅. 环境监测与水资源保护 [M]. 长春：吉林科学技术出版社，2021.

［18］隋鲁智，吴庆东，郝文．环境监测技术与实践应用研究［M］．北京：北京工业大学出版社，2021.

［19］王海萍，彭娟莹．环境监测［M］．北京：北京理工大学出版社有限责任公司，2021.

［20］崔虹．基于水环境污染的水质监测及其相应技术体系研究［M］．北京：中国原子能出版传媒有限公司，2021.

［21］刘刚，徐慧，谢学俭．大气环境监测［M］．第2版．北京：科学出版社，2021.

［22］李军栋，李爱兵，呼东峰．水文地质勘查与生态环境监测［M］．汕头：汕头大学出版社，2021.

［23］李冰冰，匡旭，朱涛．生态环境监测技术与实践研究［M］．哈尔滨：东北林业大学出版社，2021.

［24］李龙才，冒学勇，陈琳．污染防治与环境监测［M］．北京：北京工业大学出版社，2021.

［25］吴文强，陈学凯，彭文启．基于无人水面船的水环境监测系统研究［M］．郑州：黄河水利出版社，2021.

［26］张宝军，黄华圣，朱幸福．大气环境监测与治理职业技能设计［M］．北京：中国环境出版集团，2021.

［27］聂文杰．环境监测实验教程［M］．徐州：中国矿业大学出版社有限责任公司，2020.

［28］李丽娜．环境监测技术与实验［M］．北京：冶金工业出版社，2020.

［29］王森，杨波．环境监测在线分析技术［M］．重庆：重庆大学出版社，2020.

［30］李秀红．生态环境监测系统［M］．北京：中国环境出版集团，2020.

［31］白义杰，潘昭，李丰庆．环境监测与水污染防治研究［M］．北京：九州出版社，2020.